全国高等院校家具专业统编"十三五"规划教材

板式家具五金概述与应用实务

刘晓红　王瑜　著

中国轻工业出版社

图书在版编目（CIP）数据

板式家具五金概述与应用实务 / 刘晓红，王瑜著. —北京：中国
轻工业出版社，2017.12

全国高等院校家具专业统编"十三五"规划教材

ISBN 978-7-5184-1502-1

Ⅰ.①板…　Ⅱ.①刘…②王…　Ⅲ.①家具 – 五金配件 – 联结件 –
高等学校 – 教材　Ⅳ.①TS914.6

中国版本图书馆 CIP 数据核字（2017）第 165806 号

责任编辑：陈　萍

策划编辑：林　媛　陈　萍　　责任终审：孟寿萱　　封面设计：锋尚设计

版式设计：锋尚设计　　　　责任校对：吴大鹏　　责任监印：张　可

出版发行：中国轻工业出版社（北京东长安街 6 号，邮编：100740）

印　　刷：北京君升印刷有限公司

经　　销：各地新华书店

版　　次：2017 年 12 月第 1 版第 2 次印刷

开　　本：787×1092　1/16　印张：16.75

字　　数：370 千字　插页：1

书　　号：ISBN 978-7-5184-1502-1　定价：59.00 元

邮购电话：010-65241695

发行电话：010-85119835　传真：85113293

网　　址：http://www.chlip.com.cn

Email：club@ chlip.com.cn

如发现图书残缺请与我社邮购联系调换

171606J2C102ZBW

刘晓红，博士，教授，硕士生导师，现任教于顺德职业技术学院。国际 ISO/TC 136 WG1 委员，全国家具标准化技术委员会 SAC/TC 480 专家委员，担任世界技能大赛中国"家具制作"项目专家组组长，中国家具协会科学技术委员会和设计工作委员会副主任委员，广东高校家具制造工程技术开发中心主任，广东家具制造工程与装备数字化技术协同创新中心执行主任，广东省高等学校省级"千百十工程"培养人才。连续 12 年担任上海、广州、深圳国际家具展设计奖评委。主要从事家具设计与制造领域的相关教学和研究，主持并完成制定国家和行业标准 6 项，发表文章 100 余篇，出版专著 6 部，主持 30 余项国家、省部级和横向科研课题，担任国内知名家具企业的高级顾问，担任多个核心期刊编委，是家具行业报刊的特邀撰稿人，在全行业内完成培训和讲座 200 余场，在推进企业实施精益生产和应用工业工程以及指导企业实施家具定制模式和数字化制造取得了一定的成果，为家具行业培养了很多优秀的专业人才，得到同行的高度认可。

王瑜（1969.1—　），毕业于西南财经大学，曾接受过中欧商学院领导力的培训，明珠家具股份有限公司副总裁，也是公司主要创始人之一。从事家具制造行业 33 年，公司成立 28 年来，主要负责整个集团公司的技术和制造运营，在探索和实践中国家具行业板式家具数字化制造体系的建立和运行以及企业精益生产方面取得了令人瞩目的成绩；同时，在国家公共平台的建设上也成绩斐然，赢得了广泛的影响力和美誉度，使明珠公司成为首批全国家具标准化技术委员会委员单位，获得了全家具行业首个板式家具领域的"国家认定企业技术中心"，中国 500 最具价值品牌，中国环境标志产品认证，中国家具协会副理事单位等，其公司的家居检测中心也获得了 CNAS 国家实验室认证。

五金是板式家具的灵魂

——为《板式家具五金概述与应用实务》之序

刘晓红教授

顺德职业技术学院

《板式家具五金概述与应用实务》这本专著即将出版问世之际，搁笔静思，心中不免感慨。其实撰写这本书的历程，就是我们认识家具和走进行业的历程，是见证行业高速发展的历程，是学习新观念、新模式和新技术的历程，也是五金技术和行业形成与高速发展的历程，更是五金从后台开始被重视，并旗帜鲜明地站在台前的历程。虽缘起于五金，却也书写着自己的人生轨迹，从一个门外汉到今天可以做这件事，难免不感慨，不能不感恩。

一、板式家具与五金的关系

无论过去还是现在，无论定型家具还是定制家具，板式家具一直是我们生活中的主角，以时尚、简约、功能性、组合性、工业化和平板包装等特点为优势，成为当代人，尤其是年轻人喜欢的类型，至少占据了家具市场70%左右的份额。目前，在中国市场，规模最大、制造手段最先进、信息化水平最高、人均产出最高的家具企业基本都是板式家具制造商，如明珠家具股份有限公司，就是中国家具行业唯一的一个获得"国家认定企业技术中心"的板式家具企业，其制造技术、设备以及企业管理都是世界一流的，在行业里起到了很好的引领作用。后起之秀的新型定制企业，如尚品宅配、索菲亚、欧派等，都是板式家具的制造者，也是引领者。

与板式家具关系最紧密的当属五金配件了。对于板式家具而言，板件是基础，孔位是关键，五金是灵魂。我们常说，板式家具就是"部件即产品"，之所以"部件"就可以成为"产品"，主要靠五金把零部件通过孔位装配起来，成为具有空间和功能的产品，同时可以实现拆卸，并可以实现平板包装。没有五金，就不存在板式家具。五金对于板式家具来说，就是灵魂，它决定着家具的属性、功能、质量和品位以及家具的寿命。

五金，说它是板式家具的灵魂，更重要的是今天五金基本完成了功能性的使命，它更是家具的独特性、价值和品位的承载者，如奢侈品对于人的意义。用什么五金，用什么品牌的五金，用什么技术等级的五金，都决定了消费者的身份和企业的地位。因此，五金不再是一个小角色，而是家具身份和价值的标志，更是消费者地位和品位的象征。

从技术的层面讲，在产品体系中，与五金关系最大、决定着五金是否能正确安装、安装质量如何、以及五金能否正常发挥其作用的，就是板件上各式各样的孔位了。

因此，板式家具的核心要素就是板件的尺寸和形状精度，孔位的正确与精度和与之对应的五金及其装配了。无论是传统的板式家具，还是今天定制的板式家具，技术的关键问题都是以上三点。所不同的是，传统的板式家具这几个要素在设计完成之后都是确定的，其关键点是生产的精度和安装的精度；定制家具不同的是，每个产品都是变化的，之间的

1

位置关系和装配关系也是变化的，不确定的，必须依据信息化的手段和标准化的体系，通过软件技术快速准确地应对变化，这对孔位设计和五金配件的选择也提出了更大的挑战。

所以，我们必须要研究互联网时代，借助信息化技术，我们该如何正确、快速与灵活地应用五金，必须要研究从处理单个产品到通过系统解决大量变化的订单的解决方法。

二、为什么要写这本书

五金如此重要，奇怪的是，中国家具行业发展了30多年，从几百亿做到了1万多亿，企业数量从几百家发展到几万家，在我们的知识体系中，却从没有出现过专门的关于家具五金的书籍，尤其是今天的定制，五金如此重要，却始终没有专门介绍五金以及五金如何在设计软件系统中建立数据库，并能随时、精准和定量地调用五金的书籍。可见，五金还没有得到社会和企业的高度认识和重视。

尽管在其他关于家具的书籍里，也有介绍五金的，但都是蜻蜓点水，既不系统，也不全面，更没有结合今天的设计和技术软件系统去阐述五金的角色、地位、作用和应用。

基于以上的原因，我们从去年开始就着手整理资料，编写本书的大纲，并向中国轻工业出版社提出了出书的申请，得到了出版社的大力支持。

之所以选择板式家具的五金来写，是因为板式家具与五金的关系更紧密，使用五金的种类也更多，使用量更大，作用也更显著，并且产品最后的质量和价值跟五金也息息相关。今天的实木家具，或板木家具，尽管也会用到很多五金，但毕竟实木家具要体现出的是实木的榫卯结构，而不是依靠五金构成产品的功能。而且，实木家具的很多五金，也跟板式的五金有一些不同，为了体现出专业性，只聚焦于板式家具的五金。

三、书籍背后的力量

一本书，背后都有它强大的力量在支持。早在20年前，本人在南京林业大学读硕士就开始学习32mm系统及其孔位的设计原则，并着重学习五金与孔位的结合方式；后来接触到德国的海蒂诗、海福乐五金，每年去上海家具展了解它们的产品；再后来就有机会去它们的德国总部去学习，并得到产品手册。那时候这些手册都是我们学习五金最重要的资源。

这几年，我们有了更多更好地学习机会，得到了奥地利百隆五金公司的大力支持，尤其是百隆中国华南分公司李志强总经理的大力帮助，给我和我的学生们提供了很多机会学习五金和亲密接触五金的机会；给我们捐赠五金展柜，供我们教学使用；给我们的学生提供去广州展厅参观、培训和动手实践的机会，这三年，我去了四次奥地利百隆总公司和各生产厂，不断地去学习五金的设计、生产和服务等方面的知识，也学习了精湛的管理思维和方法，开拓了眼界，增长了见识，提升了我对五金的认识。

我还有幸结识了瑞士的Lamello（拉米诺）公司，学习了它的核心产品"P连接系统""INVIS隐形磁性螺丝"和"木片连接系统"等新型结构连接件，这些产品极大地改变了家具结构的灵活性和家具的美观性，受到世界著名家具品牌的青睐，并得到极大地发挥，同时，拉米诺的饼干榫也是几十年来世界技能大赛中指定使用的结构连接件，对于选手来说，这些都是必须要掌握的加工技术和使用方法。这些独一无二的专利技术，使家具拆卸更为便利，强度更高，同时又都是隐藏式，为创造一流的板式家具提供了保障。为此，我们也把这部分内容写进来，让更多的设计师和消费者了解一些新技术。

另外，我们身处顺德的家具集聚区，其中勒流镇就是中国家具行业的五金专业镇，这里有几百家大大小小的五金生产和销售企业，我们也时常跟这里的一些骨干企业有一些往来与合作，并从中学到很多关于家具五金的知识。另一个学习和参与五金研究的渠道，就是本人作为"全国家具标准化技术委员会"的专家委员，八年来多次参与了关于五金的国家、行业和团体标准的评审，从中也知晓了一些五金前沿的技术和面临的问题。

其实，我们获得的支持远不止于此。我们背后有这么强大的产业支撑，有这么多国内外一流企业的支持，我们一定要做好这项工作，为提升中国板式家具的品质和价值提供一些智力支持。

四、家具定制时代更应重新认识五金的价值与作用

回顾这么多年的教学和实践历程，在学生学习过程中和在家具企业遇到的质量问题中最多的就是"孔位设计"和"孔位不良"的问题，常常占到企业产品质量问题的30%左右，这些都是结构问题，都会影响到后期的五金安装和产品质量。因此，板式家具结构问题应该引起专业老师和企业的高度重视。

自32mm系统传入中国以来，我们的设计系统和制造系统也一直都在使用这个设计原则，但是客观地说，到今天都没有几个企业在家具的结构方面研究得很透彻，在产品设计中也没有将32mm系统应用得很灵活、很巧妙。这也是造成"孔位不良"高频率发生的根本原因。由于行业长期不重视这个问题，导致目前在家具行业，最短缺的技术人才就是结构工程师。

32mm系统很强大，应用得好，可以提高互换性、通用性、组合性等，并且可以大大提高零部件的标准化程度，减少零部件的数量。尤其对于今天的定制企业来说，正确、科学、巧妙地使用32mm系统，更有经济价值和社会意义。很多板式定制家具企业零部件的标准化率不到65%（包括零部件外形尺寸的标准化、零部件结构的标准化和零部件生产工艺的标准化等几个方面），大大增加了异形（非标）零部件的数量，直接导致生产系统的复杂性，大大降低了生产效率，增加了出错率，直接影响客户的满意度。假如能在标准化的范畴提高5%的应用，企业的收益都无法用千万元来衡量，不仅如此，增加的客户满意度对企业来说更为重要。

写了这么多，我无非想表达五金对于今天的板式定制家具企业来说更加重要，需要企业高度重视，重点去研究；需要努力简化结构而不是复杂化；需要努力提高标准化的能力和普遍性，而不仅仅是提高标准件的数量和比例。对于今天的家具行业来说，成品的标准化和零部件的标准件越来越少，但整个技术体系和管理体系的标准化要求却越来越高。即使软件和设备都有了更大的柔性，标准化依然很重要。另外，希望企业能将五金纳入到整个产品体系中去考虑问题，而不能就五金说五金，站在局部去解决问题。

五、致谢我的团队和未来的读者

一本书，就是一项系统工程。这绝不是一个人能完成、能做好的，需要一个综合的专业的强有力的团队，共同来完成这本涉及广泛、技术性强、信息量大、前沿性高的书籍。因此，我要感谢我的团队。这个团队由使用五金的专家、五金生产、销售和服务专家，五金应用系统软件的工程师，以及培养人才的教师组成，涵盖了家具的整个供应链，可以从各个角度阐述五金的相关内容，使大家能更好地认识五金、用好五金。

团队的核心成员之一，是使用五金的资深专家——王瑜先生，他是明珠家具股份有限公司的副总裁，从业33年，一个真正将理论与实践很好结合的家具制造和管理专家之一。

他是中国最早开始做板式家具的领军人物，也是很早用世界一流的设备和技术大规模、工业化、自动化和数字化做板式家具的领导者，经历了家具的变迁，并在中国家具发展的历程中成为探索者、创新者和引领者。非常感谢王总加入我们的团队，给予我们在思路上和专业上极大的支持。核心成员之二，是五金销售和客户服务的资深专家——李志强先生，国内名牌大学毕业，德国留学五年，成为奥地利百隆公司在中国大陆的第一位市场开拓者，数十年来，将先进的家具设计理念和先进技术，不遗余力地传播到家具行业中，建立了上下游之间、国内外行业之间广泛地联系和协同共赢的合作。他对定制、对五金、对行业都有很深的造诣，在搭建中国家具行业供应链方面做出了重要的贡献。核心成员之三，是我的学生陈庆颂，他是法国 Missler 软件公司 TopSolid Wood 软件的实施工程师，先后在国内著名家具企业从事产品结构方面的研发工作，对五金在家具产品中和定制系统中的应用都有一定的经验，在整个书籍的编写过程中也做了很多具体的工作。

我还要隆重地介绍另外一些对我们支持很大的专家。朱选龄先生，五金方面的资深专家，他代理和经营瑞士 Lamello 和世界其他著名家具五金配件已有 20 多年的历史，对世界品牌及其产品了如指掌，并在中国获得了广泛的影响力和用户资源。当今，五金之所以能大规模在产业上的精准高效地应用，主要得益于制造各种五金连接结构的先进的数控设备和配套技术。因此，我们这本书，也邀请了国内外一流的家具生产设备商——金田豪迈木工机械有限公司和国内数控钻铣做得很好的广东先达数控机械有限公司的参与，在五金结构孔槽的加工设备与技术指导上给予支持，因此，也特别感谢金田豪迈的关健华董事长和先达的刘乐球董事长的大力支持。最后，也感谢张俊明博士，德国费斯托公司中国区的总经理，他对家具制造使用的工具、设备及其相应地技术，以及与产品相配合的五金配件，都有非常精深的研究和广泛的世界资源，他在很多方面也给予我们很多帮助。

感谢之词已难以表达感恩之情。行业，正是有一批这种大爱的人，敬业的人，专业的人，才成就了行业的发展和繁荣，哪怕是一本专业书籍的诞生，都是无数行业人士默默付出的结果。谨以此书献给所有兢兢业业奋斗在家具行业，并为此做出贡献的人们！

我想，无论如何，这本即将出版的《板式家具五金概述与应用实务》，会帮助很多初学者认识板式家具，认识定制家具，认识五金的应用；会帮助很多从业者，系统地了解一下五金的昨天、今天和明天，获得对五金全面的认识。这本书可做教材，也可做参考书；这本书可以给学生用，也可以作为企业培训手册。也希望此书，能让更多的人了解五金，关注五金，重视五金，用好五金，提高产品的价值和品质，为人们创造更美好的生活。

无论如何努力，能力总是有限的，从内容上既无法包罗万象，也无法解决一切关于五金的问题；而且由于认识的偏颇，在书中还难免有错误、疏漏和瑕疵，请读者谅解，并不吝赐教，帮助我们改正和提高。

关于序，从今年的春节，写到夏至，仍然意犹未尽，仍然不尽人意。序，总要有个结束，而研究与思考却永远不会停止。

刘晓红　于顺德家中
2017 年 6 月 30 日

板式家具之筋骨——五金配件

——为《板式家具五金概述与应用实务》之序

明珠家具股份有限公司　副总裁　王瑜

与刘教授相识已有十几年了，她对我和明珠家具股份有限公司（以下简称"明珠"）都非常了解，也参与了明珠很多大事的决策。这次没有想到，她邀请我来参加《板式家具五金概述与应用实务》这本书的编写工作，我感到很荣幸，同时也觉得有点压力。虽然我从事家具这个行业33年，办企业也已经有28年的历史了，也从一个小木工坊，建成了今天现代化的、年产几十亿的大公司，对家具而言，应该来说已经深入骨髓，成为自己生命的一部分，但写书却是头一回，不免要好好想想，认认真真做好这件事，不辜负刘教授的厚爱，也从知识传播和经验分享的角度，给行业做点贡献。在明珠企业，本人一直负责技术和制造，对板式家具及其使用的五金，应该说也非常熟悉，也有一定的研究和积累，想到这些，心里又稍稍平静了一点，那就把我知道的、觉得重要的内容和一些经验，分享给大家。非常感谢刘教授给我这样学习和交流的机会，可以跟刘教授以及其他专家一起讨论，一起工作，一起出书，是一件有意义并快乐的事情。

大家常说：家具是木头的艺术，木匠通过凹凸相扣的榫卯结构将这门艺术延续了千百年。木头与生俱来的朴素感与可塑性使其至今仍是家具主角。不过在时代的更迭下，家具舞台也从实木的一枝独秀到多种材料和多种结构并存的繁荣时代。

其中，板式家具以高度工业化、高效生产力和时尚多样性的绝对优势成为焦点。现代五金随板式家具的兴起和繁荣，也与板式生产技术并驾齐驱地发展了起来，成为板式家具工业不可或缺的一部分。板式家具依靠现代五金代替榫卯结构，以达到板式家具的零部件化，实现了拆装性和组合性。总而言之，五金对板式家具来说就像是人的关节，家具功能构件的任何开合抬落、曲折弯转都需要依靠它而得以实现。

1989年，明珠从院坝作坊的劈、削、锯、刨、钉起家，到现在的工业化、标准化生产，始终坚守"品质"二字。无论是座椅、沙发还是箱、床、橱柜等，所有家具都需满足消费者使用频率高、周期长的要求，满足各种标准和各种技术指标的检验。细节决定成败，五金就是板式家具起决定作用的细节所在。五金件在很大程度上决定着板式家具的属性、功能和使用寿命。如何提升产品品质，从而延长使用周期、优化用户体验始终是明珠努力的方向和秉持的原则。

明珠公司作为全国唯一获得"国家认定企业技术中心"的板式家具企业，并建有通过CNAS实验室认可的检测中心，非常重视对优质五金的选用。目前，明珠采用的是钛铝合金、中国的DTC铰链、德国的海蒂斯道轨和瑞士拉米诺的饼干榫等，同时也根据自己产品的特点和要求开发一些五金件，从而保证产品的特色和品质。除去五金本身的品质和满足国标的各项要求外，对于板件在生产中的孔位、五金在家具安装中的精度都精准到毫米。

《板式家具五金概述与应用实务》一书系统地阐释了五金件的发展演变与实际运用，建立了板式家具五金应用技术的理论体系，对板式家具的产品研发、生产技术、品牌打造和客户满意度，都有现实的可操作性的意义，是家具行业不可多得的一本工具书。

再次感谢社会各阶层对成都明珠公司的大力支持和厚爱，感谢刘晓红教授对我的信任和邀请！书中有什么问题，也欢迎大家指导和批评。

王瑜 2017 年夏于成都

前　言

家具五金是现代家具结构与功能的载体，是家具重要的组成部分，是板式家具的灵魂。可以说，没有现代家具五金就没有现代家具。家具五金在现代家具功能、结构、工艺、造型、装饰以及品牌的打造等诸要素中都发挥着重要的作用。

家具五金的定义包含两个方面，分别是家具和五金两个概念。传统的五金为"小五金"，是指金、银、铜、铁、铝五种金属，如今泛指各种金属，以及与之相结合的其他材料。家具五金指的是能满足家具的造型与结构要求，在家具中起连接、活动、紧固、支承和装饰等功能作用的金属制件（《GB/T 28202—2011 家具工业术语》）。

家具品种的多样化，导致了家具基材的多样化、结构的复杂化和功能的多样化，也使家具五金连接件在家具上的作用不再仅仅是装饰和部分活动部件的连接，而是上升到了影响企业的品牌效益、产品的价值提升和消费者的满意度的层面上。因此，家具五金，也具有两种属性，即物质性和精神性，也可以理解为功能性和装饰性，它不再是没有生命的冷冰冰的金属件，而是具有社会性和阶层性的一种标志，是家具的独特性、价值和品位的承载者。因此，五金不再是一个小角色，而是家具身份和价值的标志，更是消费者地位和品位的象征。

家具的机械化生产，无论是批量生产还是定制生产，对家具五金连接件在通用性、互换性、功能性、装饰性等方面提出了更高的要求。家具的定制化生产，更是增加了五金连接件在通用性和互换性方面的难度。家具定制目前最大的问题就是差错率，很多定制企业的差错率达到 50% 以上，其中 30% 左右的错误都跟结构有关系，也就是跟孔位和五金有关系。

长久以来，家具行业对五金都不是很重视，也导致中国家具产品的品质一直无法跟发达国家的相比，很多家具的质量问题都是由于五金连接件的问题而导致的。另外一方面，行业发展 30 多年来，都没有出版过关于家具五金专题的教材。国内的五金制造企业，能跟国外的优秀五金企业相提并论的，也几乎没有，不是规模的问题，而是在研发的能力、技术的领先性和制造水平、产品的引领性和附加值等方面差之甚远。

《板式家具五金概述与应用实务》这本专著，就是为了填补这一空白而做了一点开创性的工作，希望抛砖引玉，让更多的人重视五金，用好五金，让五金为家具创造价值。

本专著对板式家具使用的五金做了系统介绍，尤其是面对目前主流的定制家具使用的五金和应用五金的软件和平台，做了比较详细的解读，对于用好五金的基本条件——标准与标准化也做了专题分析与阐述；重点和详细地阐述了家具五金系统在家具中的使用规范，以及它对建立家具企业的产品研发和技术平台的重要意义；最后通过一个市场比较主流的定制设计平台软件——TopSolid Wood，就如何在它的设计系统中建立五金数据库做了案例分析，供板式家具定制企业在信息化建设时借鉴与参考。

本书总计包括 7 章，4 个拓展知识和 2 个附录。分别是：第 1 章　家具五金概述；第 2 章　现代板式家具设计与定制；第 3 章　家具五金标准化与应用；第 4 章　家具五金系统在家具中使用规范；第5章　家具五金安装的规范与标准；第6章　国外最新五金连接件及其应用；第7章　基于软件系统下的五金件应用。另外，还增加了拓展知识，如家具五金件来料检验要求、板式家具常用功能尺寸设计、橱柜的制图标准及设计规范和百隆（Blum）活力空间厨房设计；补充了相关标准明细和家具材料标准体系，使大家更好地认识五金连接件的应用。

本专著的读者可以是家具专业的学生，家具企业或五金企业的从业人员、专业人员，以及社会上希望学习和从事家具行业的人士，这本书都可以作为他们入门的工具，帮助他们正确认识五金和使用五金，在保证和提升家具产品质量和服务水平等方面的基础上，力求提升家具成品的附加值，增强企业的竞争力。

本专著得到了"广东高校家具制造工程技术开发中心"项目（粤教科函【2013】120号文）和"广东家具制造工程与装备数字化技术协同创新中心"项目（粤教科函【2014】52号文）的资助。

最后，要感谢所有给予这本书帮助的企业和个人。首先要感谢明珠家具股份有限公司的副总裁王瑜先生能参与这本书的撰写，为这本书增加了很多精彩的内容；感谢广东先达数控机械有限公司的董事长刘乐球先生和营销总监曹志刚先生在制造五金连接结构的数字化设备和技术方面给予的大力支持；感谢奥地利百隆五金有限公司中国华南分公司的总经理李志强先生，销售经理郑伟先生、VIP客户经理郭永丰先生和培训经理成玲女士，为本书提供了大量的资料和专业指导，并为学校的教学提供了很多直接的帮助；感谢瑞士拉米诺公司中国总代理朱选龄先生在新型五金配件及其使用技术方面给予的大力支持；感谢德国费斯托公司中国分公司总经理张俊明博士；感谢金田豪迈木工机械有限公司关健华董事长和华南区销售总经理侯松杰先生对五金结构数字化生产技术方面给予的大力支持；感谢德国海蒂诗五金制品公司中国区技术总监赵小矛教授和研发经理叶小青先生对教学和书籍的支持，感谢广东安帝斯智能家具组件有限公司的董事长霍泰安先生与我们建立校企合作，对我们在科研方面的支持；感谢顺德职业技术学院设计学院姚美康院长、专业负责人王荣发老师对这个项目的支持；感谢法国Missler Software软件中国公司董事总经理刘振新先生的大力支持；感谢我的学生陈庆颂和袁海翔对这本书的大力帮助；感谢中国轻工业出版社林媛主编和陈萍编辑的大力支持；也感谢我的先生高新和教授和儿子高翰生，在很多方面给我无微不至的关心和对我工作的理解。正是得益于各方人士的大力帮助，才使这本专著得以出版。

这本专著仅仅是个开始，我们将继续深入研究板式家具五金的新技术和新应用，也将研究五金在实木家具领域的应用。敬请各位专业人士不吝赐教，一起为行业做点事情，填补更多的空白，推动行业健康、高质、高效地发展，为大众创造更美好的生活。

刘晓红　盛夏于顺德家中

2017-06-30

目　　录

第1章　家具五金概述

学习目标

通过对家具五金的发展历史和家具五金定义分类的学习，初步认识家具五金，了解家具五金的起源与发展，从中掌握家具五金在整个历史发展进程中的一般性规律和其发展的特殊性。

知识重点

- 了解传统家具五金与现代家具五金的区别
- 掌握传统家具五金与现代家具五金发展的几个阶段的特点
- 掌握家具五金的定义及分类特点
- 了解家具五金的未来的发展趋势

1.1　家具五金的定义

家具五金是现代家具结构的载体，是家具重要的组成部分，没有现代家具五金就没有现代家具，家具五金在现代家具功能、结构、制造工艺、造型等要素中发挥着重要的作用。

1.1.1　五金的名词解释

传统的五金制品也称"小五金"，是指铁、钢、铝等金属经过锻造、压延、切割等物理加工制造而成的各种金属器件。例如五金工具、五金零部件、日用五金、建筑五金以及安防用品等。

《现代汉语词典》中五金指金、银、铜、铁、锡，泛指金属。

《辞海》中五金指金、银、铜、铁、锡而言，今常用为金属或铜铁等制品的统称。《吴越春秋·阖闾内传》："臣闻越王元常使欧冶子造剑五枚，……一名湛卢，五金之英，太阳之精。"按《汉书·食货志》上"金、刀、龟、贝"注："金谓五色之金也，黄者曰金，白者曰银，赤者曰铜，青者曰铅，黑者曰铁。"后来通称金、银、铜、铁、锡为五金。

1.1.2　标准对家具五金件定义

国家标准《GB/T 28202—2011 家具工业术语》对家具五金件的定义是："能满足家具造型与结构要求，在家具中起连接、活动、紧固、支撑和装饰等功能作用的金属制件。"

国家标准《GB/T 28202—2011 家具工业术语》还对各类家具五金进行了定义，如表1-1所示。

表 1-1　　　　　　　　　**GB/T 28202—2011 对各类家具五金的定义**

序号	名词术语	名词术语解释
1	铰链（hinge）	家具中能使柜门、翻门（翻板）实现开启和关闭，或能使零部件之间实现折叠的活动连接件。可分为明铰链、暗铰链、门头铰、玻璃门铰等
1.1	明铰链/合页（rolled hinge）	安装时合页的销钉部分外露于家具表面，门绕着销钉作回转移动而实现开启与关闭
1.2	暗铰链（concealed hinge）	安装时隐藏于家具内部而不外露，门没有固定的回转中心，而是靠连杆机构转动实现开启与关闭，主要有杯状暗铰链、百叶暗铰链、翻板门铰、折叠门铰等
1.3	门头铰（pivot hinge）	安装在柜门的上下两端与柜体的顶底结合，使用时也不外露，可使门的上下两端绕铰链上的销轴回转而实现开启与关闭，主要有片状门头铰、弯角片状门头铰、套管门头铰等
1.4	玻璃门铰（glass door hing）	专用于玻璃门安装、启闭的一类铰链，可分为玻璃门暗铰链、玻璃门头铰两种形式
2	连接件（connector；fitting）	是拆装式家具中各种部件之间的紧固构件，具有多次拆装性能的特点，可分为偏心式、螺旋式、挂钩式等
2.1	偏心连接件（eccentric connector）	由偏心锁杯、连接拉杆、胀塞、装饰盖等组成的连接件，常通过偏心锁杯与连接拉杆钩挂形成连接
2.2	螺旋式连接件（screw connector）	由各种螺栓或螺钉与各种形式的螺母配合的连接件
2.3	钩挂式连接件（hook type connector；bracket connector）	由钩挂螺钉与连接片或两块连接片之间相互挂扣、钩拉或插扎所形成的连接件
3	抽屉导轨（drawer runners；drawer guide）	主要用于使抽屉（含键盘、搁板等）推拉灵活方便，不产生歪斜或倾翻的导向支承件，按安装位置可分为托底式、侧板式、槽口式、搁板式等，按拉伸式可分为两节轨和三节轨，先进的抽屉滑轨具有轻柔的缓冲（阻尼）技术和自动关闭技术等
4	移门导轨（sliding door guide）	主要用于使各种移门、折叠门等滑动开启的导向支承件，一般由滑动槽、导向槽、滚轮和导向配件等组成
5	翻门吊撑/牵筋（flap stay；flap fittings）	主要用于翻门（或翻板），使翻门绕轴旋转，最后被控制或固定在水平位置，以作搁板或台面等使用的支承件
6	桌面拉伸导轨（extension table guide）	位于桌（台）面之下，使桌（台）面可实现推拉、伸缩、收展等功能的导向支承件
7	转盘（revolving table bearing）	位于转台和桌面之间，用于支撑转台并可转动的机构或部件
8	背板连接件/背板扣（rear panel connector；back panel fastener）	用于柜体背板的安装和固定的紧固连接件
9	拉手（handle；knob）	安装于家具的柜门或抽屉面板上，使其完成启、闭、移、拉等功能要求，并具有装饰作用的配件

续表

序号	名词术语	名词术语解释
10	锁（lock）	主要用于门或抽屉等部件的固定，使门或抽屉能够关闭或锁住，不至于被随便碰开的配件。家具上最常用的普通锁有抽屉锁和柜门锁之分，办公家具（如写字台）中的一组抽屉常用整套联动锁（连杆锁或转杆锁）
11	门吸（door catcher）	主要用于柜门的定位，使柜门关闭后不至于自开，但又能保证柜门能被轻轻拉开的配件
12	关门阻尼器（door damper）	可以直接插入门边孔或插入安装支架，用于缓冲门的关闭，达到静音关闭门的效果
13	搁板撑/层板销（shelf supports）	主要用于柜类轻型搁板的支承和固定的支撑件，主要有活动搁板销（套筒销）、固定搁板销、搁板销轨、搁板夹等种类
14	挂衣棍承座（rail supports）	主要用于衣柜内挂衣横管的支撑件，有侧向型（固定在衣柜的旁板上）、吊挂型（固定在衣柜顶板或搁板上）和提升架式等种类
15	拉篮（extensions basket）	主要用于橱柜、衣柜等柜类家具中存放的金属拉伸部件，常可全拉伸，并带自闭功能和内置阻尼
16	转篮（corner revolving basket）	主要用于橱柜家具（通常在橱柜转角处）中存放物品的金属旋转部件，并附带旋转机构及制动器或阻尼装置，便于存储和拿取物品，能最大限度利用橱柜的转角部分空间
17	吊码（hanger）	主要用于将吊柜安装在墙体上的一种吊挂式或挂钩式金属构件，一般有隐（暗）藏式和明式两种类型
18	滚轮（castor）	安装在家具底部，可使家具向各个方向移动的活动支承件
19	转脚（rotary feet；swivel feet）	安装在家具底部，可使家具向各个方向转动的活动支承件
20	脚套（feet pad）/脚垫	套于或安装于家具腿脚的底部，减少其与地面的直接接触和磨损，同时增加家具的装饰作用
21	支脚/桌架（table base；tale frame）	适用于桌台类家具的快装式金属桌架支撑系统或结构支承部件，用于承受家具重量，通常含有高度调整装置，用于调节家具的高度和水平
22	液晶屏支架（swivel arm falt screen）/平板显示器旋转臂	在办公家具中专门用于支撑液晶显示屏，并可灵活调节方向、前后或高度的金属支撑臂架
23	线槽（cable trunking；cable trough；cable outlet）/线盒	办公家具（如办公桌、电脑桌、屏风）中用于电器走线而特别设计的五金配件

　　家具五金作为家具工业重要的原辅材料，家具五金名词术语的规范对于家具行业的发展同样具有重要的意义，对家具五金行业的经营、管理、销售、合作、交流等都具有重要的意义。

1.2 家具五金的分类

1.2.1 家具五金分类状况

20 世纪 80 年代，家具五金品种已达数万种，门类相当齐全，质量也有了充分的保证。因此，德国、美国、日本、英国等相继制定了家具五金的相关标准。其中 1980 年至 1983 年间，德国（原西德）制定了现代家具五金的分类标准和质量检验标准，该组系列标准成为 1987 年国际标准化组织（ISO）制定现代家具五金系列国际标准的参考蓝本。1987 年国际标准化组织（ISO）制定的现代家具五金系列国际标准如表 1 – 2 所示。

表 1 – 2   1987 年 ISO 制定的家具五金系列标准

标准号	标准名称	标准状态
ISO8555 – 1	家具五金件—家具配件的名词术语第一部分：装配件	作废
ISO8555 – 2	家具五金件—家具配件的名词术语第二部分：铰链和翻板铰链	作废
ISO8555 – 3	家具五金件—家具配件的名词术语第三部分：抽屉导轨和移门滑轨	作废
ISO8555 – 4	家具五金件—家具配件的名词术语第四部分：定位件、翻板拉杆、盖板撑条	作废
ISO8555 – 5	家具五金件—家具配件的名词术语第五部分：可调脚架、家具脚、底架	作废
ISO8555 – 6	家具五金件—家具配件的名词术语第六部分：搁板支撑件、挂衣棍、柜用挂座	作废
ISO8555 – 7	家具五金件—家具配件的名词术语第七部分：拉手、球形拉手、锁眼盖、锁眼插	作废
ISO8555 – 8	家具五金件—家具配件的名词术语第八部分：脚轮、滑轮	作废
ISO8554 – 87	家具五金件—家具锁的名词术语（含四项分标准）	作废

据此，按照国际标准化组织制定的家具五金分类标准将家具五金分为九大类：锁、连接件、铰链、滑动装置、位置保持装置、高度调节装置、支撑件、拉手、脚轮和脚座。然而根据国际标准化组织 ISO8554、ISO8555 家具五金分类标准对家具五金进行的分类于 1999 年废止。废止的原因有多方面：

其一，随着家具五金行业的发展，家具五金的门类不断扩大，家具五金的种类已经突破了标准中所诠释的范围。

其二，标准在现代家具五金产生的初期促进了家具五金行业的发展，随着家具五金种类的扩大，行业规模的壮大，传统的分类又成为阻碍家具五金发展的障碍。为了促进家具五金的发展，旧的标准需要废止、更新、再修订等后续的工作。

其三，这九大类的五金产品名词的内涵意义已经发生变化。现代家具五金已经突破了标准中名词的含义，从功能、技术、艺术等方面都不能再用该标准进行衡量和检验。因此，标准的废止是行业发展的必然趋势。

该标准的废止并不意味着这九种家具五金产品不复存在。事实上，现代家具五金是以这九种产品为中心不断向外扩展的，因此现代家具五金的种类在此基础上需要进行新的研究。

1.2.2　家具五金分类方法

根据不同的研究方法，家具五金可以进行不同的分类。根据家具五金在家具上的作用，可以把家具五金分为结构五金、装饰五金和功能五金；根据家具五金不同的功能又可以分为连接五金、升降五金等；根据家具的不同种类又可以分为板式家具五金，实木家具五金等。下面就分别讲述不同分类五金的特点。

（1）根据家具五金在家具上的作用

① 装饰五金：是指安装在家具外表面，起装饰和点缀作用的五金件。装饰五金是家具形态要素的组成部分，是家具形式的补充与延伸。

② 结构五金：是指连接板式家具骨架结构，实现板式家具使用功能，起结构支撑作用的五金件。结构五金是家具功能的实现要素，是家具结构连接的支撑，家具形式的载体。结构五金有连接功能五金、支撑功能五金、翻转功能五金、推拉功能五金、拖拉功能五金、折叠功能五金、升降功能五金、旋转功能五金、悬挂功能五金等。

③ 功能五金：是指除装饰和接合以外的，致力于家具空间拓展应用，或在家具使用中进行辅助功能拓展和衍生的五金件。功能五金是使用者在使用家具中与家具进行互动的媒介。以金属材料代替木质材料，对家具的使用功能进行拓展和延伸，体现舒适、便捷、人性化的应用特点，这是功能五金的特色。功能五金包括储藏功能、调节功能、防护功能、安全功能以及隐藏功能（线缆等）。

家具结构五金和功能五金已经兼具装饰功能，在满足基本功能需要的前提下，更呈现装饰性的特点。很多功能五金在实现某种物理功能的同时，也具有愉悦精神、反映或配合家具风格需要的精神功能。因此，结构五金、功能五金与装饰五金的分类概念是相对的，其中具有代表性的是家具拉手。

（2）根据五金实现的功能

无论是结构五金、装饰五金还是功能五金都是家具实现某种物理和精神功能的产品。从功能上来说，装饰五金、结构五金和功能五金可以进行进一步的二级划分，如图 1-1 所示。

（3）根据家具种类

随着科技的发展以及人们对家具功能需求的不断提高，家具五金用于各种家具中，呈现不同的形式和不同的功能状态，因此，可以从家具的种类对家具五金进行分类。

以这种分类方法进行分类之前，要明确一个问题，即有相当数量和种类的五金是适用于各种家具的，这种适用于多种家具的五金配件可以称为通用五金件。因此，从家具种类的角度对家具五金进行分类可以从两个部分来分类，即各种家具通用五金件和各种家具专用五金件。

从大概念上说，家具五金分为实木家具五金、板式家具五金、玻璃及钢家具五金等种类。

上述三种分类方法，涵盖了目前市场上所有的家具五金种类，但是这是一种概念性的分类方式，具体到每一种类的五金产品，其分类更加繁杂，种类庞大。应该说，面对数万种家具五金件，分类工作相当繁杂。

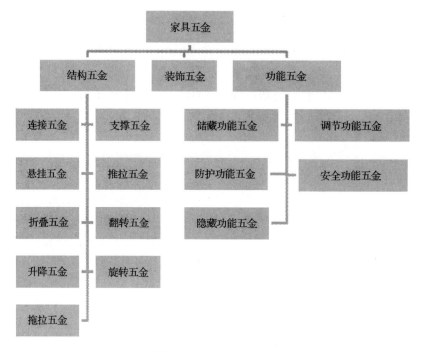

图 1-1　结构、装饰和功能五金的二级分类

1.2.3　家具五金制造企业的产品分类

家具五金产品的分类最直接的体现是在各家具五金研发与制造企业产品图册中。由于家具五金企业规模、生产与运营状况不同，生产的产品种类不同，其产品分类也呈现不同的特点，譬如奥地利的优丽思百隆有限公司。

百隆产品主要应用于橱柜家具的铰链和抽屉系列，公司着重于自身的技术创新，目前在全球已拥有 1200 多项专利，铰链和滑轨更是名列前茅。表 1-3 所示为百隆的发展简史。

表 1-3　　　　　　　　　　　　　　百隆发展简史

时间	事件	时间	事件
1952 年	1952 年 3 月 1 日创立，第一个产品是马蹄防滑钉	1984 年	美国制造厂开始生产家具铰链和抽屉滑道
1958 年	公司生产的第一款家具五金件：ANUBA，应用在柜门、窗户及家具上的铰链	1985 年	百隆推出不需工具安装的 CLIP 快装铰链系列
1964 年	第一款百隆铰链：开始生产隐藏式家具铰链	1987 年	METABOX 普通钢板抽系列投入生产
1966 年	第一款滚轮导轨排入生产计划	1989 年	全体客户利益成为百隆的经营理念。推出 TANDEM 隐藏静音木抽导轨系列
1970 年	开始职业培训	1991 年	百隆成为家具五金行业第一家通过 ISO 9001 国际质量管理体系认证的企业
1981 年	百隆德国公司成立	1993 年	抽屉系列和 INSERTA 按入胀紧技术问世

续表

时间	事件	时间	事件
1996 年	全拉式抽屉提升了厨房操作的舒适度	2003 年	百隆 DYNAMIC SPACE 活力空间创意展示了优化厨房使用和提高运动质量的新思路
1997 年	百隆通过 ISO 14001 国际环保认证	2005 年	AVENTOS 上翻门五金件系列在科隆国际家具配件展上首次亮相
1999 年	CLIP top 顶级快装铰链以其简便的调节和精美的外观迅速占领市场	2010 年	SERVO – DRIVE 电动伺服系统也可以应用在上翻门系列中
2001 年	BLUMOTION 阻尼是完美动感、柜门和抽屉的轻柔关闭运动的代名词	2013 年	推出适用于 LEGRABOX 乐拉超薄金属抽的内分隔件系列
2002 年	在中国设立办事处	2015 年	全新的安装工具 App 能在日常的安装工作中为安装工人带来极大的便利

百隆公司家具五金的分类按照五金产品族进行归类合并，这种分类在一定程度上符合了现代家具设计特别是定制家具设计中的单元标准件的设计思想。如表 1 – 4 所示。

表 1 – 4　　　　　　　　　　百隆五金的分类表

序号	系列	产品族
1	上翻门系列	AVENTOS HF – 上翻折叠门
		AVENTOS HS – 上翻斜移门
		AVENTOS HL – 上翻平移门
		AVENTOS HK – 上翻支撑门
		AVENTOS HK – S – 迷你上翻门
		AVENTOS HK – XS – 小精灵支撑
2	抽屉系列	TANDEMBOX intivo 豪华金属抽百变星
		TANDEMBOXantaro 豪华金属抽方杆
		TANDEMBOXplus 全拉式金属抽屉
		METABOX 普通钢板抽屉
3	铰链系列	CLIPtop 顶级快装铰链
		MODUL 插装铰链
4	导轨系列	TANDEM 隐藏静音木抽导轨
5	内分隔件系列	ORGA – LINE 内分隔
		ORA – LINE 厨房小帮手
6	动感技术	门阻尼
		SERVO – DRIVE 电动伺服系统用于 TANDEMBOX 系列
		SERVO – DRIVE 用于 TANDEM 隐藏静音木抽导轨
		SERVO – DRIVE 用于 AVENTOS 上翻门系列
		TIP – ON for doors 柜门机械触碰式开启
		TIP – ON 机械触碰式开启用于 TANDEMBOX 系列
		TIP – ON 机械触碰式开启用于 AVENTOS 上翻门系列

百隆的五金分类方法与其他企业的分类方法略有不同，但是家具五金制造企业只要符合自己企业及下游企业的配套关系，符合家具企业的使用习惯和现代软件设计的对应关系都是比较合理的。目前来说还没有一个统一、标准的分类方法。

1.3　家具五金简史

家具五金的发展历史的划分以时间为轴线，以社会发展进程为节点，可分为五金的昨天、今天和明天。这样的分割遵循了整个人类历史的发展进程，五金的发展历史也充分体现了不同时期的社会、人文和科技特点，也是历史的写照。

1.3.1　家具五金的昨天

家具五金的发展与当时社会人文和科技的发展息息相关，家具五金的历史可追溯到公元前2000年的青铜器时代，从科技技术与工业化发展的时间节点来看，公元前2000年到19世纪末可划分为家具五金的昨天，这时间段的家具五金也可以称为传统的家具五金。从整个世界来看，由于地域和人文的差异，中国和国外家具五金的表现也不同。

1.3.1.1　中国传统家具五金

中国传统家具五金可根据中国不同时期家具五金工艺技术和表现形式的不同来划分，分为4个阶段，分别是：商朝至三国时期；两晋至五代时期；宋、辽、金代与元代时期；明清时期。

（1）商朝至三国时期的家具五金

这个时期出现的家具五金材料以青铜、白铜为主，以青铜为多。家具五金品种包括青铜扣、铜合页、金属提环、锁、乳钉、用于胡床上的金属轴。其加工工艺主要为木胎包铜工艺、镶嵌工艺、铆合工艺、金银错工艺、镏金工艺等。表1-5所示为出土的该时期文物中所表现的家具五金。

表1-5　　　　　　　　不同时期文物中家具五金的表现

序号	文物名称	年代	馆藏/出土	家具五金形式	图示
1	兽面纹双层底铜方鼎	商	恭王府馆藏	铜插销扣合：此鼎两次铸接成心形，活门先铸，鼎体浑铸，并与活门连接，横向下腹和鼎底可见铜芯撑	

续表

序号	文物名称	年代	馆藏/出土	家具五金形式	图示
2	刖人鬲	西周	故宫博物院	开门形式，门用铜制，合页作开启连接；刖人铸在前门上身侧和门连铸，右手见于腹前，右臂回环处恰作门闩插孔	
3	龟鱼纹方盘	战国	故宫博物院	铜提环：盘作长方体，口沿外翻，浅腹，平底，四兽首衔环，底部铸有四兽形足	
4	绿釉陶柜	东汉	河南陕县刘家渠东汉墓出土	锁、合页、乳钉等五金：其状呈长方形，下有四足，柜顶中部设可开启的柜盖，并装以暗锁，柜身以乳钉作装饰	

（2）两晋至五代时期的家具五金

魏晋至唐五代时期，是家具从低型向高型过渡的时期。家具造型和装饰也有所变化，家具五金配件也从实用性向装饰性与实用性并重方向转变。

两晋、南北朝时期开始出现高足家具，床、榻也开始增高、增大。这个时期家具五金有合页、锁、插销、包角、提环、具有拆卸功能的床帐角等。

唐代的家具五金已经具有装饰性，例如橱柜的蝶形合页、橱门插销、橱门锁等。现藏于南京大学的王齐翰《勘书图》（五代）中的五代时期的屏风，如图1-2所示，其折叠连接就是采用蝶形图案的铜合页。唐代时期用于储藏的常见顶式盖箱，是银质的质地，盖子上有子母口，正面有锁钮、明锁，两侧有提手，背面以两格叶形的钩环使盖与器镶边，如图1-3所示。西安王家坟村90号唐墓出土的三彩柜，四足粗壮，柜身较高，周身装饰乳钉，柜子顶部正中开启柜盖，正面有暗锁，如图1-4所示。

图1-2　五代屏风

图1-3　顶式盖箱

图1-4　唐三彩柜

（3）宋、辽、金代与元代时期的家具五金

这个时期家具五金的装饰功能增强，具有装饰功能的家具五金出现，比如圈、环子、拉手等五金配件；锁、合页、包角等五金配件更加注重装饰。镏金工艺在家具五金上应用，使得家具五金表面形成具有一定吉祥寓意的装饰纹样。

1956年，在整修苏州虎丘塔时发现的宋代经箱，各棱角和接缝处都包镶银质镏金花边，迎面的搭扣上还装有精妙的錾花镏金锁，其式样与明时期的箱子相差无几，如图1-5所示。元代家具出现了带抽屉的小桌，而且抽屉上都安装有金属拉环，山西文水北裕口元墓壁画（备餐图）所绘抽屉桌，桌面上装有两个抽屉，抽屉面上安装拉环，如图1-6所示，此时期出土的各类条桌抽屉都配拉环。

（4）明清时期家具五金

明清时期家具五金件除具有实用功能外，其装饰性也提升到影响家具"身价"的重要地位。这个时期的家具五金件材质主要为黄铜、白铜，其中以白铜制作为多，白铜是以镍为主要添加元素的铜镍合金，呈银白色，有金属光泽，故名白铜。五金配件的种类齐全，式样繁多，造型丰富，如图1-7和图1-8所示。

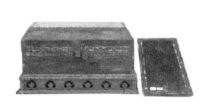

图 1-5　宋代经箱

图 1-6　元代抽屉小桌

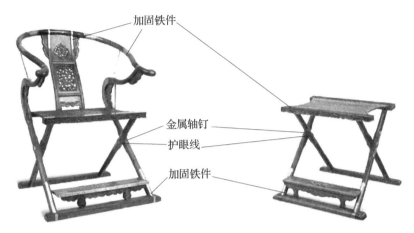

图 1-7　黄花梨交椅、马扎

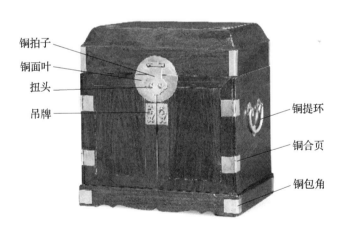

图 1-8　明黄花梨官皮箱五金配件

　　合页是指安装在箱子的上盖、柜子的门边，使门、盖便于开启、活动的构件。它由两块铜板共同包裹一根圆轴组成，因铜板可开合故名合页，如图 1-9 所示。

　　面叶是指在柜子或箱子中间衬托扭头、吊牌的饰件。有两块或三块组成，通常用两块，有的左右排列、有的上下用。面叶表面或者光素，或者凿刻和镂有花饰。面叶常为圆形、长方形、如意形、寿字形、蝴蝶形、蝙蝠形等，如图 1-10 所示。如果两门中间加活动立栓，则需加一长条形面叶，俗称"面条"。

图1-9 合页

图1-10 面叶

中国传统家具五金总结:

按照中国传统家具五金的功能特征,可以把中国传统家具五金分为如下几种,见表1-6所示。

表1-6 中国传统家具五金不同特点表现

序号	功能	家具中表现	图示说明
1	提拿功能	例如拉环、提环等,如图示:柏木冰箱铜提环	
2	推拉功能	例如吊牌、吊环等,如图示:明黑漆百宝嵌婴戏图立柜吊牌	
3	安全功能	例如锁鼻、锁、门闩杆等,如图示:黑漆描金山水图顶箱立柜的锁	

续表

序号	功能	家具中表现	图示说明
4	防护功能	例如包角、铁叶、面叶、套腿、衔套、护眼线等，如图示：紫檀嵌染牙菊花图宝座包角	 
5	开启功能	例如合页等，如图示：明黑漆百宝嵌婴戏图立柜合页	
6	结构连接	带螺纹或不带螺纹的金属轴钉、钉子、金属轴销等配件，如图示：清金漆龙纹交椅金属轴	

从中国传统家具五金的发展可以来看，中国传统家具是榫卯结构，家具五金是具有装饰和保护作用的五金配件。除了金属轴钉以外尚未出现结构五金件。

1.3.1.2　国外传统家具五金

国外传统家具五金源于古埃及的家具，是王权和地位的象征。因此，家具以黄金包镶，并且在数千年的发展历程中，金属包镶是西方家具的主要装饰。而家具五金的产生也源于金属冶炼和制造技术，但是与中国不同的是这种金属制造与冶炼技术一旦产生，就应用于家具上，在家具装饰与家具结构上都有体现。国外传统家具五金按照时间发展轴线可分为 6 个阶段，分别是古埃及、古希腊、古罗马时期、拜占庭、中世纪早期和哥特风格时期、文艺复兴时期、巴洛克时期、洛可可风格时期、新古典主义风格时期。

（1）古埃及、古希腊、古罗马时期家具五金

从现代的标准看，古埃及、古希腊和古罗马时期家具种类数量少，讲求舒适，做工精良，结构合理。这个时期的家具五金主要是起结构连接作用的金属钉或木钉等，这个时期最能代表的是第十八王朝时期杜坦曼墓中的装饰凳（图1-11所示），该凳金属镶嵌和装饰，合钉固定。凳子四周配有镀金铁花格，凳子四脚为铜板包镶，以金属钉作为结构连接，金属钉如图1-12所示。

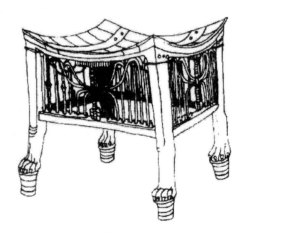

图1-11　第十八王朝时期杜坦曼墓装饰凳，镀金铁花格　　　　图1-12　木合钉与铁钉

（2）拜占庭、中世纪早期和哥特风格时期家具五金

拜占庭时期的家具豪华尊贵。用黄金做桌子，象牙雕刻椅子等，金属被嵌入家具中作为装饰，在家具中采用了合页。这个时期的家具五金主要体现是以金属配件实现多种功能的家具。

柜子和箱子是民间哥特式风格时期迁移途中必备的储物器并兼坐具和卧具功能的用具。这时的家具以橡木为主，造型是没有装饰的素面盒子，用铁箍紧固，上盖与箱体之间配上粗重的合页和铁锁，方便开启的金属铰链还起着装饰、紧固的作用，铁合页和锁页作装饰十分精美、简洁，如图1-13所示。哥特式时期的后期已经不用铁加固家具，但是铁装饰却作为一种艺术形式被保留下来。

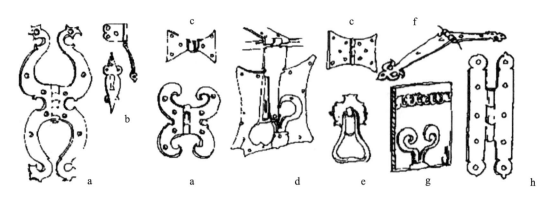

图1-13　合页、锁页、拉手等金属件

a—鸡头形合页　b—鼠尾形合页　c—碟形合页　d—搭扣形合页　e—拉手　f—皮带形合页　g—铁饰件　h—H形合页

（3）文艺复兴时期家具五金

公元 1400 年，资产阶级的萌芽和发展，神学至上的基督教会对现实生活的控制受到了当时由个人探究得出的新的道德准则和社会准则的挑战，并最终被后者取代。文艺复兴时期人们对事物的看法，都是从美学和哲学的角度出发的。因此，这个时期的家具五金件装饰性强于实用性，有合页、锁、拉手等，已经不再使用铁条或铁包角。但是 16 世纪用铁作装饰的丰富多彩的木箱却十分流行。在意大利和德国产生了用铁、钢和铜作材料来铸造装饰附件。这种装饰附件用酸腐蚀，形成特殊的金属镶嵌装饰的效果。高度复杂的制锁工艺也使得这些有盖木箱成为艺术品。这种铁装饰件被用于床、桌等家具上。铁件后来流行于文艺复兴时期的诸多国家。

（4）巴洛克风格时期家具五金

17 世纪整个欧洲的设计潮流都有一种烦琐、夸张的倾向。这时的家具成为华丽的炫耀品，以夸张的比例、超大的尺寸和宏大的规模著称。家具注重表面装饰，因此雕刻、镶嵌出现在各种家具产品上。金属镶嵌成为家具宏大与豪华的重要表达方式。镀金件、青铜、白铁皮、马口铁等金属件是镶嵌和装饰的主角，例如椅子上的铜制泡钉兼具装饰和加固作用。路易十四时期的青铜冶炼和锻制技术已相当高，所以青铜被大量用在镶嵌和金属配件上，如图 1 – 14 所示。

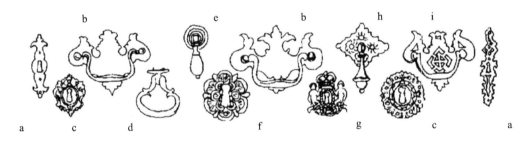

图 1 – 14　家具拉手、锁眼板

a—花形锁眼板　b—天鹅颈形拉手　c—梨形垂式拉手　d—马镫形拉手　e—小圆柱形垂式拉手

f—安娜女皇垂式拉手　g—尾部分叉下垂式拉手　h—橡子形垂式拉手　i—平弧形拉手

（5）洛可可风格时期家具五金

洛可可艺术是 18 世纪初在法国宫廷形成的一种室内装饰和家具设计手法，随后传到欧洲其他国家，成为流行于欧洲的装饰和造型艺术风格。金属饰件继续应用于家具上，在家具装饰上加工最费时的就是金属件。在一般的家具上，青铜件具有结构的特殊作用，如拉手、锁及锁页、钥匙、金属脚或用来保护脆弱木皮的金属压线和金属包角，具有极重要的结构作用并具有一定的装饰效果。洛可可时期用于家具上的青铜饰件纤巧秀雅，在家具上起到画龙点睛作用，如图 1 – 15 所示是洛可可风格家具配件。

（6）新古典主义风格时期家具五金

这个时期的家具所使用的金属饰件仍然以青铜、白铜为主，饰件有兼具装饰性和功能性的拉手、合页、锁、钥匙、包角等，还有纯粹装饰功能的金属镶嵌件。其中，法国路易十六式家具最能够体现出这个时期家具五金的特点，在家具五金上继续沿用镀金、镶嵌金属等装饰做法，装饰题材为古典纹样。青铜蚀画等被应用于桌子、书橱等家具的装饰细部，例如抽屉的边角以青铜或青铜镀金的模制件来包镶。图1-16为家具拉手、脚轮、锁眼板等金属配件。

图1-15　洛可可时期家具青铜饰件

图1-16　法国路易十六时期家具用金属饰件

国外传统家具五金的特点：

国外传统家具五金分为三种，一种是结构用五金件，以金属钉为代表；另一种是装饰性功能五金件，如铰链、拉手、锁、铁饰件、包角等；第三种是装饰性五金件，镶嵌在家具表面，黄铜或黄金镶嵌为家具表面增添艺术魅力。

1.3.2　家具五金的今天

"现代社会"一词广义上是从18世纪末开始，西方世界在始于17世纪的政治革命、科学革命和18世纪下半叶开始的工业革命的推动下，迅速走到了世界的前列。资产阶级革命扫除了阻碍生产力发展的封建障碍，科学给人们带来新的宇宙观和新的世界观，这些又为新思想新技术的产生提供了条件，而工业革命则给西方世界带来了从前难以想象的巨大生产力和似乎是无限的商业机会，各种新技术、新工艺、新材料层出不穷，在这个大背景下现代家具五金得到了大力的发展并迅速崛起。因此，以现代社会的发展从20世纪末到21世纪这一个世纪时间节点划分为家具五金发展的今天。区别于传统的家具五金，这个时期的称为现代家具五金。

1.3.2.1　现代家具五金的缘起

现代家具五金起源于家具材料变化而带来的家具结构的重大变革。传统家具以木材为主材，以榫结合为结构形式。第一次世界大战后，欧洲受到严重破坏，建筑的重建需要大量的木材，家具行业也需要应对大量的消费需求。针对新型材料——人造板材在家具上利用的研究率先在德国展开。

1960 年，德国 Häfele 公司推出了名为"Variante32 系统"的家具五金件，该五金件系统建立了"32mm"系统，即在旁板上，排孔的孔距均为 32mm 或 32mm 的倍数；从旁板前沿到第一竖排孔之间的距离为 37mm，竖排孔的直径为 5mm；所有孔必须被精密定位以保证配件安装自如，海福乐公司首次发布 Minifix、Rasant、Confirmat 三个系列的结构五金件以及门铰链等配套五金件的资料。Minifix 系列五金件有严格的安装模数，即安装时配件总是处在搁板一半厚度的中点上，而旁板排孔线上的第一个孔位也在板 1/2 厚处。如图 1-17 所示为海福乐公司首次发布"Variante32 系统"的资料。

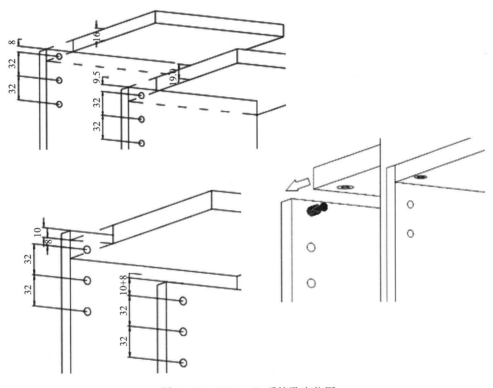

图 1-17　"32mm"系统孔定位图

1.3.2.2　现代家具五金发展历程

这一时期的中国工业水平和科技水平远远落后于西方国家，因此家具五金的"今天"的发展历程主要是指国外家具五金的发展历程。把家具五金这一个世纪按照时间节点划分为 4 个阶段，分别是：20 世纪 40—50 年代逐步形成的萌芽时期、60 年代的崛起时期、70-80 年代的发展时期和 90 年代的腾飞时期。现代家具五金发展的历程及其标志如图 1-18 所示。

萌芽阶段 现代家具萌芽，家具的工业化生产以及金属冶炼、制造技术的进步，促进了现代家具五金的发展。现代家具五金的特点是出现配合拆装家具、自装配家具使用的可拆装的五金件，螺钉、螺栓被广泛采用。

崛起阶段 1960年，德国Hafele公司推出了名为"Variante32系统"的家具五金件，以及门铰链、抽屉滑道等配套五金件。该系列五金件的开发和面世标志着现代家具五金研究与开发的开始，此后现代家具五金的开发与应用研究大规模展开。

发展阶段 家具五金品种已达数万种，门类相当齐全，质量也有了充分的保证。这个时期的家具五金品种囊括在1987年国际标准化组织（ISO）制定的现代家具五金系列国际标准中。

腾飞阶段 在"以人为本""可持续发展"上进行了诸多创新，如铰链的开启角度和自弹能力的研究、抽屉滑道防反弹性能、灶台高度可调性、沙发等家具的智能化等，都在向着以人为中心的方向迈进。

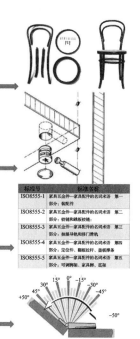

图1-18　现代家具五金的发展历程

（1）现代家具五金萌芽时期

这一时期最具代表五金连接件发展水平的是托奈特的曲木弯曲家具和美国振旦派教徒家具。托奈特的曲木家具结构连接采用螺钉，如图1-19螺钉数量有10个，用户自行组装。托奈特自己动手制作了一些机械设备，如蒸煮材料的蒸汽釜、螺丝机和打孔定位的钻床。由于新材料的应用，家具结构和连接方式开始发生变化。结构性的家具五金连接方法陆续出现。

图1-19　米歇尔·托奈特的第十四号椅和组合件

（2）20世纪60年代家具五金崛起时期

20世纪60年代是世界现代家具业的发展时期，更是现代家具五金工业的崛起阶段。

由于人造板材的应用，现代家具工业不断出现创新，家具制造的技术、家具结构都在发生着日新月异的变化，这个时期是现代家具五金的崛起时期。以西德（现德国）为代表的一些西欧国家开发和生产了适合于现代家具结构的各类家具五金连接件和装饰件，开始形成了家具五金生产行业或公司集团。第一只杯状暗铰链以及第一批 32mm 系列五金产品的开发都发生在 20 世纪 60 年代。这一时期企业的产品都是内向型的，产品以满足国内市场为主，技术和机械化程度有很大提高，产品门类扩大，但还没有形成系列。

（3）20 世纪 70 至 80 年代家具五金发展时期

20 世纪 70 至 80 年代是现代家具五金工业的蓬勃发展阶段，也是家具五金走向世界化的时代。首先是西欧的家具五金生产企业普遍实现了自动化流水生产线，建立了家具五金科技研究机构开发和生产各类新型的家具五金件，门类齐全，形成体系企业转为外向型，产品向世界扩展。这个时期的家具五金品种囊括在 1987 年国际标准化组织（ISO）制定的现代家具五金系列国际标准中。1980—1983 年，德国（原西德）全面制定了现代家具五金的分类标准和质量检验标准，共计 24 项，该组系列标准成为 1987 年国际标准化组织（1987）制定现代家具五金系列国际标准的参考蓝本。

（4）20 世纪 90 年代家具五金的腾飞时期

随着经济全球化，家具五金贸易活动越来越世界化。家具五金制品从技术、质量都超越了 80 年代的水平，家具五金产业纳入世界范围，成为全球贸易与经济的重要组成部分。随着国际标准化（ISO）的实施，世界家具以新材料、新技术、新工艺、新结构为基础着眼于产品零部件的标准化、系列化、规格化、通用化和专业化以及大批量生产。根据互换性、模数制、公差与配合的原理使得组合、多变、拆装的家具已经进入全面系统设计阶段，其功能与形式的结合更为完美。KD 家具（Knock - Down Furniture）、RTA 家具（Ready - To - Assemble Furniture）、ETA 家具（Easy - To - Assemble Furniture）、"32mm"系列家具以及"部件＝产品""部件＋五金接口""购买＋组装"等现代制造技术概念与理论的建立、传播、应用充分显示了标准化、拆装化家具在设计、生产、贮存、运输、安装和使用方面的优越性，是实现"全球化经营模式"的发展方向。家具五金紧跟家具的发展进程，为家具的发展变革提供支持和保证。

现代家具五金的发展始于家具材料的变化，没有人造板材的出现，就没有现代家具，也就没有现代家具的结构连接方法，而这一切都源自高速发展的科学技术。科学技术的发展和工业化水平的提高是现代家具五金发展的基础。

1.3.3　家具五金的明天

家具五金的应用范围已经涉及家具制造的方方面面，同时也关系到人们的日常生活。家具五金早已经从家具"配角"的地位跃居家具接口的重要地位。家具行业以及消费者对家具五金提出了更高的要求：外形美观、突出个性，更多地反映时代特征和现代人的心态；手感舒适，通过触觉强烈地体现产品的精致和灵巧，以及产品的工艺美，甚至成为陈列的工艺品，安装简易等。因此，家具五金应该以具有实用性、多功能性、舒适性、保健性、装饰性等为发展方向。家具五金产业发展出现了五个新趋势。

（1）家具五金将继续反映时代的风格和面貌

家具五金是以家具作为载体传递信息，实现功能，随着家具对五金件装饰功能的依赖，家具五金已成为现代家具风格的重要组成部分。目前，家具五金结构简单，是现代简洁时尚风格的重要辅助品。不管未来的设计风格发生怎样的变化，家具五金都会紧跟潮流，符合并反映时代的特征和面貌。

（2）家具五金将成为家具产品的重要部件

家具五金的传统概念正被颠覆，现代家具产品五金所占的比例很高，在厨房家具中，五金成本可以占到家具总成本的 50%。因此，家具五金配角的角色将会被颠覆，家具五金将成为家具的一个部件。例如智能型的沙发，其金属框架已经不是五金配件的概念，而是沙发的一个部件；升降式的电视机柜，其升降装置也是家具功能实现的重要部件；多功能家具的功能实现，依靠的是金属五金件的机械装置。这种趋势将是家具五金未来的发展方向。

（3）家具五金的发展应继续把"以人为本"作为设计理念的核心

家具五金不仅需要连接、开启、转动等基本功能，更需要人为操作的合理性。贴近于人性习惯，合理的、人性化的设计思潮会继续在家具五金设计领域扩展开来并产生强大的生命力。现代家具设计与制造系统朝着敏捷、高效、大规模定制方向进行，在时间就是金钱和效益的现代社会，家具五金产品的设计朝着节约时间、降低成本的方向发展。"一拍即合"的"免工具拆装"产品，体现了"把时间设计到产品中"的设计理念，为了提高家具加工与安装的效率，家具五金产品将尽量减少安装动作，做到一次到位，为家具生产企业提供便于加工与安装的产品，为消费者提供最简单的安装模式。

（4）智能化家居设计是家具五金的发展目标

在今天，众多的家具实现升降、推拉、移动、支撑等功能时，都采用了机械结构。随着信息时代步伐的加快，智能化将是家具发展的趋势和方向，而家具五金是家具实现智能化的载体。因为家具智能化是依赖机械原理、电子计算机技术、信息集成技术等产生的，因此家具五金的智能化是实现家具智能化的重要保障。家具的智能化为家具五金的开发并利用新材料、新技术，实现新的功能，提出了新的思路和新的要求，新品种五金件的产生依赖于此。

（5）与定制家具配合，家具五金进入定制时代

家具五金作为接口的五金件，已经由传统家具的配角转化为现代家具不可或缺的重要组成部分，因此，现代家具五金伴随着定制家具的发展不断发展，呈现着强大的生命力。

① 家具五金的通用性、标准性是定制家具批量生产的理论支撑，因此，家具五金应向着高度标准化、通用化的方向发展，在种类、材料、制造工艺等方面都体现通用化和标准化的技术特征。

② 大规模定制家具为顾客在安装中提供了二次设计的可能。因此，家具五金应该具有快速、便捷的安装固定方式，符合客户自装配的需要。

③ 家具五金的多次拆装性是现代家具可定制生产的依托。因此，现代家具五金应具有更高的抗拆装性能，在材料、加工、制造等方面都体现着这一趋势和特征。

④ 家具五金为结构连接方式支撑的制造系统是大规模定制生产的技术保障。因此，新型现代家具五金的开发和利用都是在现代"32mm"制造系统的支持下完成的。

⑤ 符合大规模定制经济的家具五金应该在设计制作等环节具有更多的灵活性。家具

五金应该具有可以提供即时、高效的产品和服务的能力，即在定制服务上要以符合现代家具行业定制经济的速度为依据。

家具五金本身需要具有定制特性，其材料选择、结构设计、制造应该具有与家具定制经济特征相符合的特点：即时、高效、便捷。因此，伴随定制经济模式的家具五金材料、结构、工艺、技术等的变革会缓慢产生，这也是五金发展的方向。

本 章 小 结

家具五金定义以及其分类是家具五金庞大体系的重要理论支撑。以国家标准确定家具五金定义的准确性。本章从家具五金实现的功能角度、家具种类的角度和家具五金制造企业的分类上进行探讨，提出了新的分类方法。

家具五金的发展简史可以分为家具五金的昨天、家具五金的今天和家具五金的明天。

家具五金的昨天是指传统的家具五金，我国和国外传统家具又有不同，我国传统家具五金配件既具有功能性又具有装饰性，五金配件到明清时期发展到高峰。实现的功能主要有提拿功能、推拉功能、安全功能、防护功能、开启功能等。国外传统家具五金配件分为两种，一种是纯粹装饰效果的镶嵌配件，以铜、白铜、黄金、白银等金属为多；一种是具有装饰效果和功能性的五金配件。

家具五金的今天指的是现代家具五金，其发展可以分为 4 个阶段：20 世纪 40 至 50 年代逐步形成的萌芽时期、20 世纪 60 年代的崛起时期、20 世纪 70 至 80 年代的发展时期和 20 世纪 90 年代的腾飞时期。

家具五金的明天指的是家具五金的发展趋势，可以概括为家具五金将继续反映时代的风格和面貌；家具五金应继续把"以人为本"作为设计理念的核心；家具五金将成为家具产品的重要部件；智能化家居设计是家具五金的发展目标；与定制家具配合，家具五金进入定制时代。

第 2 章　现代板式家具设计与定制

学习目标

通过学习板式家具的基础概念，学习和掌握板式家具常见材料的特性及其应用，掌握现代板式家具设计中应用到的基础设计原理和设计准则，了解定制家具发展现状。

知识重点

- 掌握板式家具常用材料的特性及其应用
- 掌握人体工程学尺寸的设计原理及尺寸
- 掌握"32mm 系统"设计原理和应用
- 了解定制家具生产的体系

板式家具（panel furniture）是由以木质人造板为基材，经过表面装饰处理的板件构成了基本单元和主体的家具（引用《QB/T 2913.2—2007 板式家具成品名词术语第 1 部分：桌（台）类家具成品名词术语》）。

最早的板式家具指的是人造板制造的家具，结构是拆装式的。现在的板式家具已经有了很多的外延，它可以由很多材料构成，也可以添加实木、塑料、石材、皮革、竹藤、纺织品等材料，更多侧重的内涵是板式结构，即建立在 32mm 系统的基础上，便于拆装和互换，便于实施标准化的设计、生产和销售。

2.1　板式家具主要基材及特性

人造板是制造板式家具的主要材料。人造板种类很多，常用的有胶合板、刨花板、纤维板和细木工板等。

人造板有许多优点，主要表现为：有良好的尺寸稳定性；表面质量较好，易装饰处理；有较好的物理力学强度；有良好的握钉力及胶合性能；有良好的封边性能、加工性能；幅面大，可按需要加工生产；质地均匀，变形小。

但是随着现代板式家具生产的发展，对人造板的要求也越来越高，在人造板中，刨花板和中密度纤维板是最常用的材料，因此刨花板和中密度纤维板的质量直接影响着板式家具的质量，而胶合板大多应用在弯曲零部件和弯曲木家具的制造上；在转椅、沙发中，主要应用于骨架结构制造上。随着技术的不断提高，也大量应用于整体橱柜、衣柜中。

2.1.1　刨　花　板

刨花板（Particleboard，PB）是利用木材加工中的碎料（刨花、碎木片、锯屑等）与胶料拌和，经过热压制成的。按制造方法分为挤压法、平压法等。平压法刨花板的平面上强度较大。按结构可分为单层、三层、渐变结构等。单层结构刨花板由拌胶刨花不分大小地铺装后压成，这种刨花板饰面时较困难；三层结构刨花板，外层用较细的机械刨花，用胶量较大，芯层用较粗的刨花，用胶量较小，这种刨花板适于制造家具。

（1）刨花板的优点

平面上各个方向的性质较一致，结构比较均匀；可按照需要加工成较大幅面的板材，可根据用途选择需要厚度规格，使用时不需在厚度上再加工；不需干燥可直接使用；便于实现生产自动化、连续化。

（2）刨花板的缺点

容积重较大，因而用它制成的木制品较重；刨花板边缘暴露在空气中容易吸湿，并使边部刨花脱落，影响质量；握钉力低。三层结构的刨花板内层容积重小，故握钉力也低于表层。

（3）刨花板使用时应注意的事项

① 存放：为保持刨花板质量而不遭受损坏要适当存放。存放于室内且湿度控制在 60% 以下；平坦堆积于垫板上垫板离地面 10 ~ 20cm，距离墙壁 25cm 以上；最上面应以淘汰的刨花板保护；侧面以 PE 膜包覆。

② 贴单板：刨花板为稳定材料，故贴单板仅须采用简单的三层构造，即刨花板上下贴相同的单板或厚度相等不同材质的单板都可以。

③ 埋牙、锁螺丝：一般工厂内使用的刨花板中间层较粗，故不可在刨花板端部埋牙及锁木螺丝，锁木螺丝于正面应距边端 15mm 以上。

（4）刨花板规格

常用厚度规格：12、15、18、23、25、30mm；

制板平台规格：

① 长度：406.4mm（16in）、457.2mm（18in）、558.8mm（22in）、609.6mm（24in）（延时另加）；

② 宽度：101.6mm（4in）、127mm（5in）（延时另加）；

③ 厚度：6、9、12、15mm……

英寸（吋）：1（in）＝25.4mm

2.1.2　纤　维　板

纤维板有很多种类，按照密度分有高密度纤维板、中密度纤维板和低密度纤维板；还可以按照功能分类，按照生产工艺分类等，我们不做一一介绍。

中密度纤维板（medium density fiberboard）（以下简称中纤板，MDF）：是以木质纤维或其他植物纤维为原料，施以脲醛胶（或其他适用胶黏剂），经干燥、铺装、热压而成的板材，密度通常为 $0.5 ~ 0.8g/cm^3$。MDF 主要采用干法生产工艺平压而成，也可加入其他合适的添加剂以改善板材特性。

2.1.2.1　中纤板的分类及等级

中纤板可按厚度、特性、适用条件或适用范围分类。这里介绍中纤板按适用条件的分类，见表 2 - 1。

表 2 - 1　　　　　　　　　　　　　　　中纤板分类

类型	简称	表示符号	适用条件	适用范围
室内型中纤板	室内型板	MDF	干燥	
室内防潮型中纤板	防潮型板	MDF. H	潮湿	所有非承重部位的应用，如家具和装修件
室外型中纤板	室外型板	MDF. E	室外	

　　室内型中纤板指不具有短期经受水浸渍或高湿度作用的中纤板。防潮型中纤板指具有短期经受水浸渍或高湿度作用的中纤板，适合于室内厨房、卫生间等环境使用。室外型中纤板指具有经受气候条件的老化作用、水浸泡或在通风场所经受水蒸气的湿热作用的中纤板。

　　中纤板产品按外观质量和内结合强度指标分为优等品、一等品、合格品三个等级。中纤板产品不允许有分层、鼓泡。其正表面质量要求应符合表 2 - 2 规定。

表 2 - 2　　　　　　　　　　　　中纤板正表面质量要求

缺陷名称	缺陷规定	允许范围		
		优等品	一等品	合格品
局部松软	直径≤50mm	不允许		3 个
边角缺损	宽度≤10mm	不允许		允许
油污	直径≤8mm	不允许		1 个
炭化	—	不允许		

　　中纤板的其他技术要求，如力学性能指标、甲醛释放量指标等参照《GB/T 11718—2009 中密度纤维板》。

2.1.2.2　中纤板的尺寸规格

（1）厚度

中纤板的厚度范围一般为 1.8 ~ 45mm。常用厚度规格：12、15、18、23、25、30mm；

（2）幅面尺寸

见表 2 - 3 中的规定。

表 2 - 3　　　　　　　　　　　　中纤板的幅面尺寸　　　　　　　　　　单位：mm

中纤板长度	2135	2135	2440
中纤板宽度	915	1220	1830

2.1.2.3　中纤板的特点及用途

　　MDF 目前是一种比较常用的人造板材料，无论是做面板，还是做结构材，都是主要的材料，无论做民用，还是做办公和酒店家具，都是使用量最大的人造板材。之所以被普遍使用，主要基于以下特点：

　　① 幅面大，尺寸稳定性好，厚度可在较大范围内变动。

　　② 板材内部结构均匀，物理、力学性能较好。由于将木质原料分解到纤维水平，可大大减少木质原料之间的变异，因此其结构趋于均匀，加上其密度适中，故有较高的力学强度。板材的抗弯强度为刨花板的 2 倍，平面抗拉强度（内部结合力）、冲击强度均大于

刨花板，吸湿膨胀性也优于刨花板。

③ 板面平整细腻光滑，便于用微薄木、薄装饰纸等材料进行饰面装饰。

④ MDF 兼有原木和胶合板机械加工性能和装配性能较好的特点，特别适合锯截、开榫、钻孔、开槽、镂铣成型和磨光等机械加工，对刀具的磨损比刨花板小，与其他材料的黏结力强，用木螺钉、圆钉接合的强度高。板边密实坚固，可直接进行涂饰。

⑤ MDF 用途广泛。它可用于家具、建筑制品、室内装修、车船隔板以及音响器材等。它可以与钢材、铝材、塑料等非木质材料和其他木质材料结合使用，并可以局部替代，达到经济、效率和质量的要求。

缺点：① 握钉力比较小，相对结构强度小，不适合反复装配；② 纤维板如未经抗湿处理极易吸水；③ 纤维板材质很重。

2.1.3　胶　合　板

用三层或奇数多层的单板胶合而成。相邻层单板的纤维方向互相垂直，它大量用于房屋装修、家具翻造和商品包装等方面。刨制薄木贴面的胶合板具有美丽的纹理，多用在家具制造、车厢、船舶内部的装修等方面。用钢、锌、铜、铝等金属片材覆面的胶合板强度、刚度、表面硬度等都有提高，常用于箱、盒、冷藏器及汽车制造等工业中。表面贴美丽花纹的纸和布的胶合板既美观又遮盖了木材表面的缺陷，可直接用于室内装饰及家具、车厢、船舶等的装修。

（1）常用规格

胶合板层数：3 合、5 合、7 合、9 合。

厚度：1.5、2.7、3、4、4.5、5、5.5、6…35mm；

规格：见表 2 – 4 所示。

表 2 – 4　胶合板常用的规格

宽×长/英尺	3′×6′	3′×7′	4′×8′
宽×长/mm	914×1829	914×2134	1219×2438

（2）胶合板的特点和用途

胶合板厚度小，但强度、硬度较高，耐冲击性、耐久性较好，垂直于板面的握钉力较高，便于各种加工，因此用途广泛。胶合板可作为家具、车厢、船舶、室内装饰等良好的板状材料。但受资源的影响，胶合板价格比其他板种较贵，而且可以造优质胶合板的木材资源越来越少，这也制约了胶合板的发展。

2.1.4　细　木　工　板

细木工板属于一种特殊胶合板。《GB/T 5849—2006 细木工板》将具有实木板芯的胶合板定义为细木工板。其板芯分为实体和方格两种。木条在长度和宽度上拼接或不拼接而成的板状材料为实体板芯；而用木条组成的方格子板芯为方格板芯。其结构示意图见图 2 – 1 所示。

2.1.4.1 细木工板的分类及等级

细木工板可以从不同方面分类，这里介绍几种常见的分类。

（1）按板芯结构

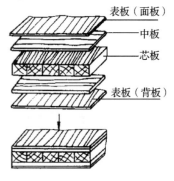

分为实心细木工板（具有实体板芯，如图2-1）和空心细木工板（以方格板芯制作成的）。习惯上说的细木工板都是指实心细木工板（通常称为木芯板）。空心细木工板就是我们常说的空心板之一。

（2）按胶接性能

分为室外用细木工板和室内用细木工板。

（3）按层数

分为三层细木工板和五层细木工板。生产中常用五层细木工板。

图 2-1　细木工板

细木工板按其外观的材质缺陷和加工缺陷分成三个等级：优等品、一等品、合格品。细木工板的分等主要是根据其面板的材质缺陷和加工缺陷，并对背板和板芯上的材质缺陷加以限制。一般通过目测细木工板面板上的外观缺陷判定其等级（参见《GB/T 5849—2006 细木工板》规定）。

2.1.4.2 细木工板的尺寸规格

厚度：细木工板的厚度为 12、14、16、19、22、25mm。

幅面尺寸：细木工板的幅面尺寸按表2-5规定。

经供需双方协议可以生产其他厚度和幅面尺寸的细木工板。细木工板长度和宽度的公差为正公差5mm，不允许有负公差。

表 2-5　　　　　　　　　细木工板的幅面尺寸　　　　　　　　　单位：mm

宽度			长度		
915	915	—	1830	2135	—
1220	—	1220	1830	2135	2440

2.1.4.3 细木工板的特点及用途

细木工板能够充分利用短小料，原料来源充足，成本低，能合理利用木材，板件质量优良，具有木材和一般人造板不可比拟的优点。因此，在许多方面，都将细木工板作为优质板材来使用，广泛应用于家具制作、缝纫机台板制作和建筑装修行业。发展细木工板，是提高木材综合利用率，劣材优用的有效途径之一。

实心细木工板常作为结构材料，因为它的芯板是小实木条拼成的，不像整板那样易翘曲变形，两面覆以单板，进一步保证了产品的强度，所以它是一种良好的结构材料。细木工板比相应厚度的胶合板耗胶量少，成本低。它与刨花板相比较，具有美丽的天然花纹，质轻，易于加工，握钉性能好。它与实木拼板相比较，结构稳定，不易变形，节约优质木材，幅面大，板面美丽，力学性能好。

细木工板按不同的芯板结构和制造方法，其用途也有差别，可参见表2-6。

表 2 - 6　　　　　　　　　　　　　各种细木工板的用途

类型	芯板结构	芯板制造方法	用途
实心细木工板	胶拼木条	用等厚木条侧边胶合拼成、夹紧后在热压机中或干燥室中加压胶合	车厢、船舶装修的壁板，高级家具和缝纫机台板
	不胶拼木条	木条侧边不合胶、靠上下面芯板涂胶胶合	用于家具工业、建筑壁板
空心细木工板	格条空心芯板	用木条组成方格子框架作细木工板中心层	门板、壁板、家具侧立板
	轻木芯材	用密度很小的木材作芯材	航空工业

2.2　基于人体工程学的尺寸设计

一款好家具不但要牢固还必须是一款为使用者量身定制出来的产品。作为研究人与工具、环境互相作用时产生的心理上和生理上的规律和法则的人体工程学，正在家具设计中大放异彩，进而深刻影响着后续连接件的设计。如在人体视线以上的板件上连接件开孔应当朝上才会更加美观，所以基于合理的人机尺寸下设计出的连接件孔位系统才是完美的。

人体工程学（Ergonomics）起源于英国，形成于美国，是研究人在工作环境中的解剖学、生理学、心理学等诸方面的因素，研究"人—机—环境"系统中的相互作用着的各组成部分（效率、健康、安全、舒适等）在工作条件下、在家具中如何达到最优化的问题。

在设计家具产品时力求从人体工程学、生态学和美学等角度达到完美，从而真正实现科技"以人为本"的目的。家具设计要从如何适合于人的角度出发，使设计更适合于人的生理和心理，最大限度地增加使用者的舒适感、安全感、可靠性，提高效率，让使用者与家具、周围环境一起处于最佳状态。

基于人体工程学的要求准则，在进行板式柜体家具设计时，对其各个零部件的尺寸都有不同范围要求。

柜类家具基本功能尺寸的确定如下：

（1）柜体高度

柜体高度指柜体外形总高。一是考虑物品的有关因素，二是根据人体工程学的原理考虑人体操作活动的可及范围来设计。一般控制最高层在两手方便到达的高度和两眼合理的视线范围之内。对于不同类型的柜子，高度也不同。如墙壁柜，通常与室内净高一致并固定于墙面上。对于不固定的柜类产品，一般常用高度尺寸：高柜（大衣柜等）为 1850mm 左右，如带顶柜可加高至 2400mm 左右，小柜（小衣柜等）为 1200 ~ 1300mm，矮柜为 400 ~ 900mm（深度≤500mm）。另外，移门、拉手、抽屉等零部件的高度也要与人体尺度一致，如图 2 - 2 所示。

从人体存取物品方便的要求出发，可将柜体的高度分为三个区域：按我国习惯 650mm 以下的部分为第一区域，一般适宜存放较重的不常用的物品。收藏形式常用开门、移门。650 ~ 1850mm 为第二区域，这是存取物品时两手臂方便到达的高度，也是两眼最

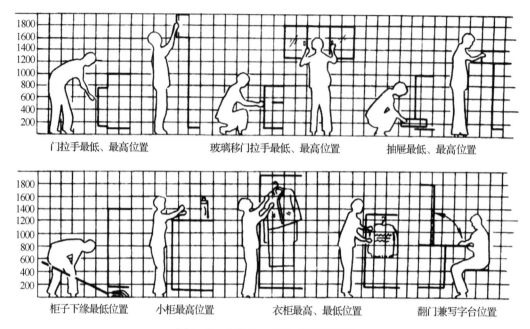

门拉手最低、最高位置　　玻璃移门拉手最低、最高位置　　抽屉最低、最高位置

柜子下缘最低位置　　小柜最高位置　　衣柜最高、最低位置　　翻门兼写字台位置

图 2-2　柜类产品部件的极限尺度

好的视域范围，因此日常生活用品和当季衣物适宜存放在这一区域。在此区域采用各种收藏形式均适宜，如开门、移门、抽屉，中下部可设向下的翻门。1850mm 以上为第三区域，这个区域为超高空间，使用不方便，视线也不理想，但能扩大存放空间，一般可存放较轻的过季性物品。收藏形式可采用开门、移门及向上的翻门，不宜设抽屉。家具尺度分区如图 2-3 所示。

（2）柜体宽度和深度

柜体宽度和深度都是指柜体的外形尺寸，其尺寸是以存放物品的种类、大小、数量和布置方式为基础来设计的。确定柜体宽度时，对于荷重较大的物品柜，如书柜等，还需根据搁板的载荷能力来控制其宽度。柜体的深度主要根据搁板的深度而定。而搁板的深度又是按存放物品的规格形式来确定的。因此，柜体深度等于搁板

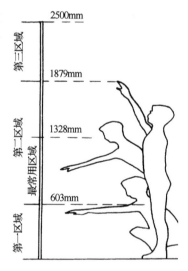

图 2-3　家具的尺度分区示意图

的深度加上门及背板厚度和门板与搁板之间的间隙，再加上附加深度（如果柜门反面要挂放物品，如伞、镜框、领带等，还需适当附加深度）。一般柜体深度不超过 600mm，否则存取物品不方便，柜内光线也差。另外，考虑板件生产加工板材利用率因素，人造板的板幅是 1220mm × 2440mm，柜体最大深度为 600mm 时，一张大板可以开出两块 600mm 深度的板件，能够极大提高板材的利用率。

设计柜体的高度、宽度和深度尺寸时，除考虑上述因素外，还需考虑柜体体量的视觉效果、柜体与室内空间的比例、人造板材的合理使用和标准化等问题。

（3）搁板的高度

搁板的高度主要根据物品的规格、人体存取采用某种姿态时手可能达到的高低位置来确定。如图 2 - 4 所示为人体不同姿态时手能适应的搁板高度范围。

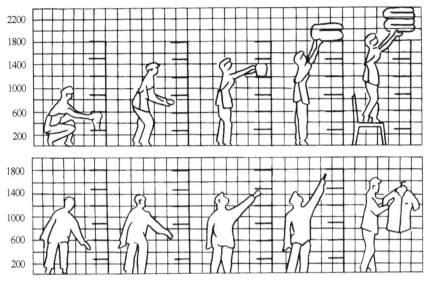

图 2 - 4 搁板的高度范围示意图

（4）脚高

柜类家具的亮脚产品底部离地面净高不小于 100mm，围板式底脚（包脚）产品柜体底部离地面高不小于 50mm。

（5）整体厨房的空间尺寸设计

整体厨房的空间尺寸设计是人体工程学用于家具设计的一个重要体现，厨房空间内柜体的空间尺寸如图 2 - 5 所示。

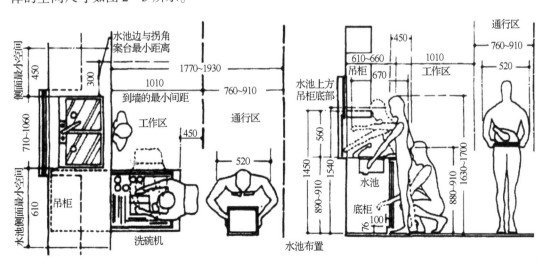

图 2 - 5 厨房空间橱柜设计尺寸

2.3 板式家具的"32mm 系统"

2.3.1 "32mm 系统"的含义及特点

2.3.1.1 "32mm 系统"的含义

"32mm 系统"是以 32mm 为模数，制有标准接口的家具结构与制造体系。这个制造体系以标准化零部件为基本单元，可以组装成采用圆榫胶接的固定式家具，或采用各类现代五金件连接的拆装式家具。

"32mm 系统"要求零部件上的孔间距为 32mm 的整倍数，即应使其"接口"都处在32mm 方格网的交点上，至少应保证平面直角坐标中有一维方向满足此要求，以保证实现模数化并可用排钻一次打出，这样可提高效率并确保打孔精度。由于造型设计的需要或零部件交叉关系的限制，有时在某一方向上难以使孔间距实现 32mm 整数倍时，允许从实际出发进行非标设计，因为多排钻的某一排钻头间距是固定在 32mm 上的，而排际之间的距离是可无级调整的。

所谓"32mm 系统"，在欧洲也被称为"EURO"系统，其中"E"—Essential knowledge，指的是基本知识；"U"—Unique tooling，指的是专用设备的性能特点；"R"—Required hardware，指的是五金件的性能与技术参数；"O"—Ongoing Ability，指的是不断掌握关键技术。

对于这种部件加接口的家具结构形式，国际上出现了一些相关的专用名词，表明了相关的概念，如 KD（Knock Down）家具，来源于欧美超市货架上可拼装的散件物品；RTA（Ready to Assemble）家具，即准备好去组装，也可称作备组装或待装家具；DIY（Do It Yourself），即由你自己来做，称作自装配家具。这些名词术语反映了现代板式家具的一个共同特征，那就是基于"32mm 系统"的以零部件为产品的可拆装家具。

2.3.1.2 为什么要以 32mm 为模数

① 排钻床的传动分为三种，即带传动、链传动和齿轮传动。其中齿轮传动精度较高，如果两个钻头轴间距小于 30mm，排钻齿轮传动装置的使用寿命会受到极大影响。

② 欧洲习惯英制度量单位，若选用 1 英寸（25.4mm）作为轴间距，则会与排钻的齿轮传动装置设计产生矛盾不能使用，欧洲人习惯使用的下一个英制尺寸是 $1\frac{1}{4}$ 英寸（即31.75mm），取整数即为 32mm。

③ 就其数值而言，32 是一个可以作完全整数倍分的数值，从而具有很强的实用性和灵活性。

④ 建筑的模数为 30，32mm 作为家具模数与它很接近。

"32mm 系统"是指一种新型结构形式与制造体系。32mm 系列自装配家具，其最大的特点是产品就是板件，可以通过购买不同的板件，而自行组装成不同款式的家具，用户不仅仅是消费者，同时也参与设计。因此，板件的标准化、系列化、互换性应是板式家具结构设计的重点。

另外，32mm 系列自装配家具，在生产上，因采用标准化生产，便于质量控制，且提高了加工精度及生产率；在包装贮运上，采用板件包装堆放，有效地利用了贮运空间，减少了破损、难以搬运等麻烦。

2.3.1.3　"32mm 系统"的特点

"32mm 系统"融合了现代设计观念和方法，是在高技术支持下实现的。它有几个主要特点：

① 引出了"部件即产品"的概念，即它是以单元组合理论为指导，通过对零件的设计、生产、装运、现场装配来完成家具产品。

② 采用了没有榫卯结构的平口接口，避免了复杂的结构和工时、材料的浪费。

③ 以高精度和电脑控制的专用机械设备，摆脱了对操作者的技巧、手法、经验和生理及心理素质的依赖，确保了高品质，可实现零部件的标准化、互换性。

④ 效率高，以发达国家的 10 人小厂为例，在 $400m^2$ 的场地上，每年可实现产值 100 万～150 万美元，中国某些合资企业也达到了同等水平。

⑤ 降低了运输成本。在包装贮运上，采用板件包装堆放，有效地利用了贮运空间，减少了破损和难以搬运等麻烦。

2.3.2　"32mm 系统"设计准则

"32mm 系统"以旁板为核心。旁板是家具中最重要的部件，板式家具尤其是柜类家具中几乎所有的零部件都要与旁板发生关系，如顶板要连接在旁板上；底板要连接在旁板上；搁板要连接在旁板上；背板也要连接在旁板上。旁板上的加工位置确定以后，其他部件的相对位置也就基本确定了。因此，旁板的设计在 32mm 系列家具设计中至关重要。在设计中，旁板上主要有两类不同概念的孔：结构孔、系统孔。前者是形成柜类家具框架体所必须的结合孔；后者用于装配搁板、抽屉、门板等零部件必需的孔，两类孔的布局是否合理是 32mm 系统成败的关键。

旁板前后两侧各设有一条钻孔轴线，轴线按 32mm 的间隙等分，每个等分点都可以预钻安装孔。预钻孔可分为结构孔与系统孔，结构孔主要用于连接水平结构板；系统孔用于铰链底座、抽屉滑道、搁板等的安装。由于安装孔一次钻出供多种用途用，所以必须首先对它们进行标准化、系统化与通用化处理。

所有旁板上的预钻孔（包括结构孔与系统孔）都应处在间距为 32mm 的方格坐标网点上，一般情况下结构孔设在水平坐标上，系统孔设在垂直坐标上。如图 2－6 所示侧板 32mm 系统网格原理图。

2.3.2.1　系统孔

以前一些资料介绍侧轴线（最前边系统孔中心线）为基准线，但实际情况是由于背板的安装结构，将后侧的轴线作为基准更合理，而前侧所用的杯型门铰是三维可调的。若采用盖门，则前侧轴线到旁板前边的距离应为 37mm（或 28mm），若采用嵌门，则应为 37mm（或 28mm）加上门厚。前后两侧轴线之间及其他辅助线之间均应保持 32mm 整数倍的距离。通用系统孔孔径为 5mm，孔深度规定为 13mm，当系统孔用作结构孔时，其孔径根据选用的配件要求而定，一般为 5、8、10、15、25mm 等。系统孔见图 2－7。

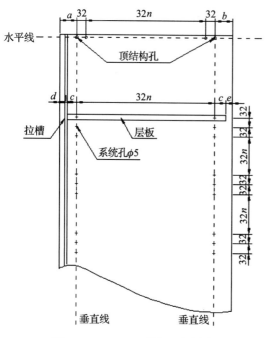

图 2 - 6 "32mm 系统"示意图

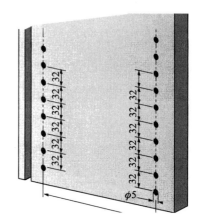

图 2 - 7 旁板上的系统孔

2.3.2.2 结构孔

结构孔设在水平坐标上。上沿第一排结构孔与板端的距离及孔径根据板件的结构形式与选用配件具体情况确定。若采用螺母、螺杆连接，其结构形式为旁板盖顶板（面板），如图 2 - 8 中（a）所示，结构孔与旁板端的距离 $A = 1/2d_1 + S$，孔径为 5mm；若采用偏心连接件连接，其结构形式为顶板盖旁板，如图 2 - 8 中（b）所示，则 A 应根据选用偏心件吊杆的长度而定，一般 $A = 25$mm 或 32mm，孔径为 15mm。

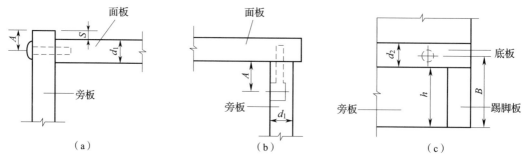

图 2 - 8 结构孔的定位方法

下沿结构孔与旁板底端的距离（B），则与踢脚板高度（H）、底板厚度（d_2）及连接形式有关，如图 2 - 8 中（c）所示，$B = 1/2d_2 + H$。结构孔设在水平坐标上。上沿第一排结构孔与板端的距离及孔径根据板件的结构形式与选用配件具体确定。当系统孔用作结构孔时，其孔径根据选用的配件要求而定，一般常为 5、8、10、15、25mm 等。

有了以上这些规定，就使得设备、刀具、五金件及家具的生产供应商都有了一个共同遵照的接口标准，对孔的加工与家具的装配而言，也就变得十分简便、灵活了。

2.3.2.3　32mm 系统孔设计原理

① 孔距 32mm；

② 钻孔直径 5mm；

③ 排钻孔中心到侧板边距离为 37mm；

④ 平行的排钻孔中心之间的距离应为 32 的倍数；

⑤ 当排钻孔的第一个孔和最后一个孔到侧板上下边的距离相同时，更体现此系统的优点；

⑥ 当侧板后边缘到后排排钻孔的距离也为 37mm 时，同样更体现此系列的优点，"32mm 系统"同时考虑排钻孔和五金件这两个因素，并把它们融合为一个设计思维。

2.4　家具五金在现代家具中的作用

家具五金的好坏直接影响着一套家具的综合质量，对于家具的正常使用及寿命至关重要。如果说一套好家具品质上乘，营造了高品质的生活空间，那么五金件就是这个空间中的小精灵，尽职尽责地捍卫着家具的平静与安宁。

2.4.1　家具结构设计的灵魂

现代家具结构设计中，连接件对家具产品的结构组成至关重要。连接件的连接功能就如人骨骼间的"关节"，连接着各个零部件，把本来毫无生机的各种材料组合起来，从而赋予家具应有的功能和使用要求，也实现了设计者的创意和梦想。家具产品在满足其基本功能和使用要求的条件下，设计者就在努力探索如何在结构上进行变化，以求产品功能的拓展和形态的新颖独特。

家具产品的结构形态是实现其功能的基础，因此家具产品使用功能的开发与拓展需要进行结构创新。对家具用的连接件的要求是：结构牢固可靠、能多次拆卸、安装方便、松动时可直接调紧、装配效率高、无损外观、制造方便、成本低廉。采用连接件接合使板式拆装家具的生产能够做到部件加工，最后组装，还能拆装。这不仅有利于机械化流水线生产，也方便包装运输。

2.4.2　实现家具拆装性的基础

家具拆装的根本是家具五金结构本身决定的。从通俗意义上说，结构五金件可以分为两个部分，每一个部分固定在板材上，然后两个部分以钩挂、旋拧、嵌套、滑移等方式实现需要的功能，这种功能也满足两部分便捷的分与合。五金件作为家具结构连接的载体与板部件的连接通过螺钉或者预埋螺母，拆装性主要来自于家具五金件自身的分与合。

对用户搬家时拆装方式的调查表明，拆装作业中主要是把各个板件分离以便于运输，至于拉手、家具脚等不影响运输的小家具五金件是不拆装的。由这些问题可以看出，家具在拆装中，主要针对结构五金件进行拆装。嵌入的家具五金件或者容易脱落或者固定难以拔出。因此，家具五金件本身结构的可拆装性是决定家具拆装性的重要依据和原则。

2.4.3　家具智能化发展的保障

18世纪在商业上最成功的家具设计师是德国的大卫·朗特根，这位被路易十六任命为"国王和王后的机械细木工师"的家具设计师在家具设计中采用了机械结构的升降装置，在今天众多的家具实现升降、推拉、移动、支撑等功能时都采用了机械结构。随着信息时代步伐的加快，智能化将是家具发展的趋势和方向，而家具五金是家具实现智能化的载体。因为家具智能化是依赖机械原理、电子计算机技术、信息集成技术等产生的，因此，家具五金的智能化是实现家具智能化的重要保障，五金在智能家居的应用如图2-9所示。

图2-9　五金在智能家具中的应用

2.5　定制家居行业的现状与发展趋势

中国定制家居行业的发展，在《中国制造2025》的号角下，正吹响着"集结号"，以秋风扫落叶之势，在华夏大地星火燎原，可圈可点。这种模式、这种力量、这个群体、这种活力，在全世界家居行业也难以寻觅。可以说，它属于中国。正是家居行业一群新人的从无到有，通过先人一步，快人一步，历经千辛万苦，走过千山万水，说了千言万语，通过千方百计，才开创了前所未有的新局面。中国定制家居行业，也代表了中国家具行业自力更生、自主创新、自成一体的一次成功转型升级，从很多层面和模式上跳出了传统家具经营模式的套路；无论从经营理念和经营模式，还是从制造技术到销售方式，无论从人才培养与使用还是对供应链的认识与处理，无论从先进的装备还是智能的软件，都走出了一条属于自己的路，可喜可贺。定制行业一大批优秀企业的风起云涌，全方位地创新，使经济低迷时节的家居行业呈现出百花齐放、千帆竞发的繁荣景象，这无疑是家居行业一次历史性的华丽转身，实现着凤凰涅槃。

2.5.1　定制家居行业的现状分析

2017年，定制行业注定是不平凡和不平静的一年，除了圈子里起步较早做定制的，圈外的人，几乎一窝蜂向定制行业涌入。群雄逐鹿已成常态，竞争在很短时间便进入白热化。盘点过去的一年，可以看出定制家居行业表现出如下几个显著特点。

2.5.1.1　定制家居向"全屋定制"快速升级

2017年，随着定制家居行业竞争的不断加剧，全屋定制开始成为新的行业态势。单品类的橱、衣柜定制企业经历了几年高速发展期，如今开始延伸产品链，实现"范围经济"的扩张。2017年，主流的定制家居企业基本都完成了"全屋定制"的品牌战略升级（见图2-10）。从尚品宅配最早的"全屋定制"一家独秀，到后来者居上的欧派、索菲亚、好莱客、诗尼曼等也纷纷向"全屋定制"转型。从"单打冠军"到"全能冠军"的转型，绝非声音大，喊得凶，就能转型。目前一窝蜂地拥向"全屋定制"，笔者认为，既是一种大势所趋，也是一种行业乱象。传统家具行业"大而全、小而全"的悲剧必定还会在新型的定制家居行业重演。不是互联网时代和信息化时代，就一定能做好"大而全、小而全"，这个时代更需要专业化，通过协同和合作，实现共赢。全屋定制，是一些优秀的大企业，具备了雄厚的人才优势、资本优势、市场优势和技术优势，才有能力做"全能冠军"，能否成功，还要看后期的战略规划和管理能力，更不要说那些势单力薄的中小企业了。

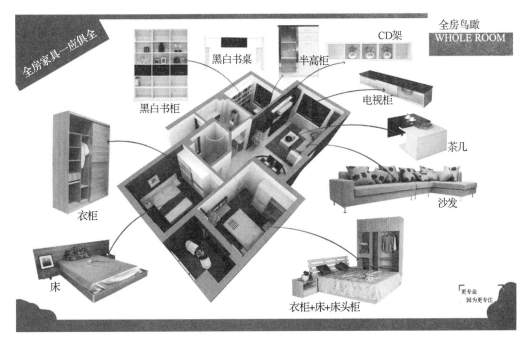

图 2 - 10　全屋定制

今天，定制行业的竞争已经不同于过去传统家具行业竞争的态势和标准了。没有一流的人才、雄厚的资本支持、强大的信息化技术和数字化的制造技术，没有更高视野的战略和战术部署，想做好定制绝非易事。

虽然全屋定制未必都能做到做好，但这是市场发展和消费者需求的必然趋势，因此，也必然是定制发展的一个主流方向。

2.5.1.2　定制行业"跨界"已成常态

2017 年，"跨界"是一个热词，不仅是行业之间纷纷跨界合作，在供应链上也正在形成强有力的跨界合作，不断书写着新的经营模式（见图 2 - 11）。家具行业的创新正在经历着跨界创新集成创新和协同创新。这三个"创新"用另外一个词来说就是"供应链管理"。因为，未来的战争不是企业之间的战争，也不是产品之间的战争，而是供应链之间的战争。从材料到设计，从技术到产品，从销售商到客户的整个供应链，只有打造出一流的供应链，企业才能以最好的资源，最经济的成本、最高的效率、最优的品质、最快的速度满足消费者的需求。

图 2 - 11　跨界经营

随着定制行业的繁荣，成品家居企业也纷纷进入；随着定制家居行业向纵深发展，又不断有不同定制品类的互相跨越：橱柜跨衣柜、衣柜跨橱柜，乃至跨越至门窗、木门等领域。2017 年，这种趋势丝毫没有减弱之势，反而进一步从"同业同品类"走向"异业联盟"，这也意味着家居企业从"器物"到"环境"的实质性跨越。

跨界融合的典范当属尚品宅配。它本身出身于"全屋定制"，近几年，快速与其他行业的巨头跨界合作，如与抽油烟机企业、床垫企业、床上用品企业、地板企业、实木家具企业、沙发企业以及物流企业等，跨界的范围和强度更大，因此，就能在更大范围实现更高层次的"全屋定制"。

跨界融合，欧派也算得上是行业里的典型代表之一。欧派起步于橱柜，转型于定制，再到全屋，目前，欧派已能为消费者提供橱柜、衣柜、卫浴、木门、墙饰、寝具、家具 7 个自有品类，正在实现着"一站式"解决设计、装修、选材和采购家居产品等全屋定制的问题。此外，集美家居与比亚迪合作，推出新能源城市展厅；圣象与友迪斯合作，联手布局智能家居领域；博洛尼家居向上游家装领域跨界……

2017 年，是定制家居业跨界融合的深化之年，无论是家居企业本身，还是行业展会，抑或是流通平台，都在进行着不同维度的跨界发展。这也是 2017 年第二届中国（广州）定制家居展将主题定为"定制融年"的原因所在。为了获得更好的经营资源和竞争实力，"跨界"合作与创新必然成为一种趋势和常态。

2.5.1.3　定制家居"智能"制造不断升级

智能制造，是中国制造的终极目标。国务院在 2015 年 5 月就发布了《中国制造2025》蓝皮书，为中国制造业未来的发展做好了顶层设计和技术路线图。2016 年 12 月 7日，工信部又发布了《中国智能制造"十三五"规划》，进一步细化了实现智能制造的战略部署。

定制家居行业的一大批企业，率先在智能制造方面走在了家居行业前列。在定制行业，自动化、工业 4.0、机器代人、无人工厂、大数据、云计算等词汇，已经是定制企业的标签。因为，今天的定制家居，没有这些"软实力"既无法服务客户，企业也难以为继。

图 2 - 12　尚品宅配智能工厂

当前，定制家居圈不断强调的"工业 4.0"，就是定制化智能生产的概念体现，它的重要标志就是将互联网、大数据、云计算、物联网等新技术与工业生产相结合，实现工厂、消费者、产品和信息数据的互联，重构整个企业的生产方式。

在智能制造方面，尚品宅配可谓独树一帜。尚品宅配在 2016 年正式提出了"全屋家具，科技定制"的口号，开始全面进入工业 4.0 的智能化生产时代。配合理念的落地，尚品宅配世界级智造基地——维尚五厂前期项目也已相继投入使用，成为国内首个世界级工业 4.0 家具制造基地典范。

除此之外，第二梯队的定制企业，也无一例外地迈开了"智能制造"的步伐。如卡诺亚第五期（清远）生产基地进入开工建设阶段；科凡定制近 50000m² 4.0 智慧工厂正式揭幕；诗尼曼制造三厂暨信息科技中心落成。

除了生产系统外，打通生产与前端，实现数据互联的家居软件也在不断升级，力求助力企业升级。如金田豪迈的 WCC 定制软件，法国的 TopSolid Wood 设计软件，不仅与定制行业巨头紧密合作，更在学校布局，与顺德职业技术学院等全国几所学院的家具专业深度和持久地合作，联合培养定制软件紧缺人才。其他如三维家、酷家乐等，也在前端为很多定制企业提供了有力的支持。

软件和硬件的升级是定制家居行业可持续发展的根本保障。智能制造与软件关联最强。可以说无软件，不智能。所有的软、硬、网等系统都在软件的助力下，逐渐走向智能。智能制造全过程，软件无处不在赋能和使能。另外，硬件跟不上，也无法响应软件的指令。因此，硬件和软件两手都要抓，两手都要硬。

2017 年，随着上市的高潮，各大定制企业硬件与软件的升级也将迎来一个高峰，智能制造正在如火如荼地升级和蔓延。

2.5.1.4　定制家居行业迎来"上市潮"

2017 年，"上市"是定制家居行业最热的一个词。它不是一个企业在"上市"，而是一群企业紧锣密鼓地轮番"上市"。之所以定制企业比其他家具企业上市的动力更足，笔者认为，是因为定制行业需要更大强度的"资本流"才能支撑生产系统升级、品类扩张、市场拓展、品牌包装等耗费的大量资金。定制的竞争，不仅是技术和市场的竞争，更是资本的竞争（见图2-13）。

图2-13　企业上市

盘点2016—2017年初的上市公司，2016年1月，顶固家居在新三板专场进行挂牌敲钟仪式；2016年3月，百得胜以德尔未来股权收购的方式实现曲线上市；2016年9月，顾家家居在上海证券交易所主板上市；2016年10月，客来福在新三板上市；2017年初，欧派家居、尚品宅配、皮阿诺先后在阳春三月完成上市，正在排队的还有志邦、我乐、金牌等。

除了以上的一些上市公司，据统计，目前，定制家居、地板、瓷砖、卖场、卫浴、装修、涂料、照明、门窗、家纺等多行业，还有20多个家居企业正摩拳擦掌，等待着上市。

在过去的一年，成功上市的企业获得了强大的资本支持，在扩大企业规模、提高产品品质、提升设计和研发能力、增强企业竞争力方面已牢牢占据主动。随着上市企业的增多，家居市场将会更加规范，进而有助于推进整个行业的转型升级。

上市，成为定制家居企业继续升级和壮大的发动机。

2.5.1.5　定制家居行业"触电"即发

移动互联网成为主流的营销渠道，已经是不争的事实。2016年，定制家居企业已从线下全面向线上——电商进军，迎来集体爆发。从此，对于定制家居行业来说，O2O将成为一种常态（见图2-14）。

图2-14　移动电商

据不完全统计，2016 年的"双十一"有超过 30 家家居品牌销售额破亿。在定制家居品类中，索菲亚、TATA 木门、欧派、梦天木门、金牌厨柜、尚品宅配、客来福、玛格家居、维意定制、皮阿诺取得了前十的好成绩。尤为值得关注的是，梦天木门、客来福、玛格、维意等企业都是首次参与"双十一"，在本次电商决战中一鸣惊人，也凸显了 2016年家居企业"触电"的火爆场面。

虽然当前还有人质疑家居电商还存在"体验感缺失""最后一公里"等问题，但随着 O2O 模式日趋完善、跨界融合、上下游产业链的整合更加顺畅，这些问题都将迎刃而解。虽然，定制家居企业进入电商相对较晚，但毋庸置疑，最终，它们将是电商的主力军和最终的领导者。

2.5.1.6　"VR"技术快速普及

VR（Virtual Reality，即虚拟现实，VR），是由美国 VPL 公司创建人拉尼尔（Jaron Lanier）在 20 世纪 80 年代初提出的。2016 年，VR 技术快速进入并普及于家居定制企业（见图 2 - 15），并火了一把。笔者认为，这种技术只是一个过渡产品，很快会流行过去，不可能成为一个主流的销售"助力器"。新的"VR"技术必然会出现，必将会以更舒适、客户体验更好的方式在终端帮助客户参与设计与确定方案，助力前端营销和客户服务。

图 2 - 15　VR 技术与家居

2.5.1.7　定制向"实木"和"新中式"延伸

既然大众生活中新中式和实木已被广泛认可和接受，定制向这个方向发展也是自然而然。因为，定制最根本的出发点就是满足大众消费者的需求。

在这方面，百得胜、玛格、联邦高登等品牌走在了"中式情结"回归的前列（见图 2 - 16）。

"实木"作为中式家具典型的一个特征，也随新中式的崛起得到了带动。其实，实木家居的定制并不是现在才出现，早在四五年前，就已经在全国各地悄然兴起，只是受制于它的材料、工艺的复杂性，实木制造企业的信息化和工业化基础普遍薄弱，无法像板式定制企业的起点这么高，规模这么大，标准化水平这么高，因此，发展比较缓慢，但他们的毛利有的甚至超过100%，因此，也吸引了大量的企业进入这片看似蓝海的红海。

图 2 - 16　百得胜新中式风格

实木定制正在蔚然兴起。至于什么风格，应该是百花齐放，也不会"新中式"一枝独秀。但解决好个性化与标准化、工业化与信息化的路还很遥远。观念依然比较落后，手段也不够先进，基础比较薄弱，但发展的动力很足，拭目以待它的升级。

2.5.1.8　定制家居行业"环保"成为发展主题

2016 年元旦，鉴于中国恶劣的环境问题，环保部出台号称"史上最严"环保法，并在各地展开了多次环保整治行动。

2016 年 1 月，《全屋定制家居产品》行业标准正式实施；4 月，国家发展改革委、商务部会同有关部门汇总审查形成《市场准入负面清单草案（试点版）》，禁止使用溶剂型涂料；10 月，史上最严苛家具标准——"深圳标准"（家具类）之深圳经济特区技术规范《家具成品及原辅材料中有害物质限量》颁布……

2016 年始，环保成了各大定制家居企业最重视的事情。目前的定制主流企业，主要以三聚氰胺饰面板为主要基材，或者采用真空吸塑进行表面装饰，很少涉及油漆涂装，因此，相对环保问题没有那么突出（见图 2 - 17）。即便如此，各大定制家居企业也不敢掉以轻心，并加大了环保改造的力度。例如 2016 年 11 月，博洛尼正式发布 F2C 超级家装3.0 模式，推出变态级环保理念；2016 年 12 月，曲美家居首度发布社会责任报告，表明企业在环保工艺上将会有更大作为。

2017 年，"环保整治"与"环保战略升级"成了家居业环保议题的两大关键词。虽然定制家居企业的环保表现良好，但更多的上游企业却步履艰难。基于当前严峻的生态环境，可以预见，这场"环保攻坚战"将是一场持久战，一场只能赢不能输的战争。

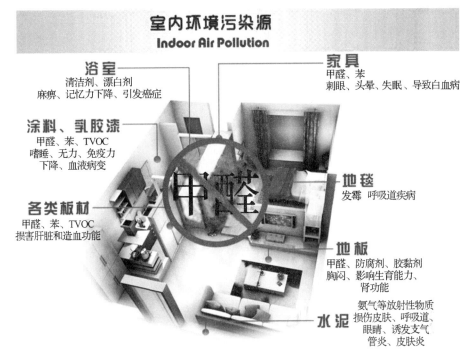

图 2 - 17　室内环境污染源

2.5.1.9　存在问题

除了以上的主要特点和趋势外，定制家居行业同其他行业一样也存在着很多的问题，如同样遭遇原辅材料的涨价风潮；同样面临产品和服务同质化和价格战；同样面临资金短缺和人才匮乏的局面；同样面临信息化与工业化还没有很好融合的困境；同样面临差错率很高、标准化程度较低的现状；同样面临质量水平还不高，文化与艺术审美还较薄弱的问题；同样面临招商难，培养一个好的经销商更难的问题等。而实现定制企业产业升级是定制家居行业所面临的重大问题。

实现定制家居企业的产业升级，必须具备以下几个条件。

（1）建立整个运行体系

从终端订单、服务流程的确定，到工厂的订单处理和排产；从生产过程的运行和控制，到终端客户的安装验收等服务，整个流程必须完备、通畅和缜密。大规模定制在家具中的运行系统如图 2 - 18 所示。单个的优势不足以支撑大规模定制实施，必须是系统化运行的结果。其实，像拆单和排产都是一个过渡环节，以后也许在前端自动就完成了，订单可以直接传输到设备上进行加工，而不需要经过专门的部门进行拆单排产。目前个别定制企业已经能做到这一点了。

（2）必须拥有流程再造的能力

对管理流程和工艺流程具有不断地诊断、优化和改善的能力。表 2 - 7 是定制的整体解决方案，用数字化生产才能实现高效地定制。

一个企业是否具有流程再造的思想和能力，直接决定资源能否被最大化地应用和创造更大的价值。流程再造（Business Process Reengineering，缩写为 BPR），早在 1990 年就被美国科哈佛大学博士迈克尔·哈默（Michael Hammer）教授和 CSCIndex 首席执行官詹姆斯・钱皮（James Champy）在合作的文章 *Reengineering Work：Don't Automate，But Obliterate* 中提出了 BPR 的概念；并且定义如下："BPR 是对企业的业务流程作根本性的思考和彻底性重建，其目的是在成本、质量、服务和速度等方面取得显著性的改善，使得企业能最大限度地适应以顾客、竞争、变化为特征的现代企业经营环境。"笔者在十多年研究定制企业发展的过程中，对流程再造有深刻的感悟。比如，尚品宅配集团的发展就是一个持续的流程再造的过程，如果没有这个过程，它无法成长为今天的强者。无论从生产线的再造到人力资源的再造；从经营模式的再造到软件的再造；从装备技术的再造到产业生态的再造，他们一直在正确地"再造"，才在短短 11 年的发展中从一个作坊成长为今天智能化的工厂和高度信息化的市场网络，使企业在赢利水平、生产效率、产品开发能力和速度以及顾客满意效应等关键指标上有一个巨大进步，最终提高了企业的整体竞争力。

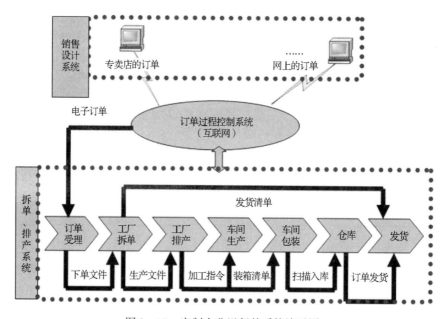

图 2-18　定制企业运行的系统演示图

表 2-7　　　　　整体解决方案——数字化生产

生产方式	管理核心	管理难度	库存情况	对员工要求
多品种小批量	软件为管理核心	建立难运作容易	零库存或接近零库存	普工（招聘范围广、工资低）
物料管理	生产计划管控	生产周期		每年投入
数目清晰浪费少误差小	计划精准生产管控严格	信息传达快生产周期短		低

（3）必须采用信息化技术和手段

使用条形码和数控设备，采纳比较成熟的软件技术，实现 CAD 软件与 CAM 设备的无缝对接、CAD 软件与电子开料锯的无缝对接等，实现定制的技术保障。没有这个保障和条件，定制也无法实现。图 2-19 为生产过程中的零部件条形码的标签及其说明。今天条形码和二维码都很普遍，可以记录越来越多的信息，并可以与设备直接联网从而进行自动加工。图 2 - 20 和图 2 - 21 为实施无缝对接的设备和图纸。今天的设备供应商都可以提供软件和硬件的一揽子服务，如表 2 - 8，金田豪迈木业机械有限公司可以为家具企业提供先进的设备和相应的软件服务。

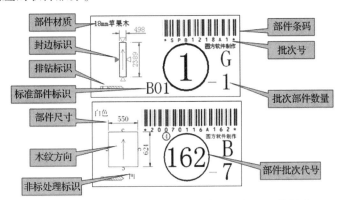

图 2 - 19　在生产过程中的零部件条形码标签及其说明

图 2 - 20　CAD 实现无缝对接的 CAM 设备

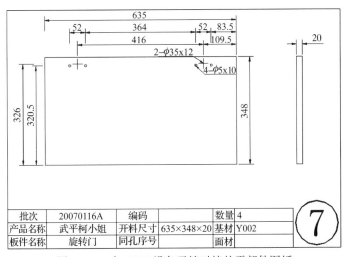

图 2 - 21　与 CAM 设备无缝对接的零部件图纸

表 2 - 8　　　　设备与软件的无缝对接案例分析（以豪迈的设备与软件为例）

序号		软件名称	属性（模块）	功能
1		3D GOLDEN	销售设计软件	作为门店的销售工具
2		WOOD CAD/CAM	设计拆单软件	家具产品设计及拆单
3		CUT RITE	开料优化软件	开料优化
4		CAD MATIC	电子开料锯操作系统	手动排板及开料
5		WOOD WOP	豪迈加工中心程序软件	加工中心程序的编写
6		MCC	豪迈加工中心操作系统	加工中心的加工及管理
7		Ifactory	生产管理系统	负责排产、生产过程控制和反馈
8		istorage	仓储管理系统	原材料、半成品及成品库存的管理
9	ishare	isupply	供应链管理系统	采购和供应链关系管理
10		idealer	经销商管理系统	销售门店的管理
11		iconnect	第三方软件对接系统	如对接 ERP 等软件

（4）必须应用成组技术和模块化设计组织生产和进行产品的标准化设计

必须应用成组技术和模块化设计。没有这个条件，很难将定制产品转化成规模化的生产。很多定制企业的零部件标准化程度达到 80% 左右，因此，定制是相对的，必须是建立在强大的标准化的前提下的再定制，必须在既能保证客户需求的条件下，又能简化生产，实现一定的规模化效益。随着加工设备的越来越先进，也可以实现单件生产与批量生产的效率和效益是一样的，那是更高级别的定制，但目前这些设备投入很大，对于一般企业来说意义不大。

（5）必须建立终端与生产环节的无缝连接

终端必须有服务客户的能力，这个能力不仅是提供良好的购物环境，更重要的是与定制公司的沟通能力，满足客户需求的咨询和建议能力，定制的快速设计能力，预定制产品的展示能力等，能做到这些，才是真正服务于客户的终端。

（6）必须要储备和培养具有定制思维和手段的人才

这是实现上面五个内容的根本保障。没有这样的人才，即使硬件和软件都有了，也很难成功转型。产业发展，人才先行。

问题多是自然的，新生事物必然是一个不断纠错的过程。明确问题，自然就有解决问题的思路和方法。行业要发展，这些问题也必将成为推动产业进步的动力。

2.5.2　定制家居行业的变化与趋势

在风起云涌的上万家定制家居大军中，能够代表定制行业实力和水平、现状与未来方向的莫过于这四个企业：欧派、索菲亚、尚品宅配和好莱客。它们四个也分别完成了上市，很多方面可以同台竞技，展示自己独特的一面。了解它们，其实就是在了解定制行业，它们是定制的风向标。

2.5.2.1　快与盈利能力各领风骚

通过四巨头财报数据（见图 2 - 22 和图 2 - 23）可以看出，欧派家居赚钱最多，尚品宅配跑得最快，索菲亚盈利能力最强。

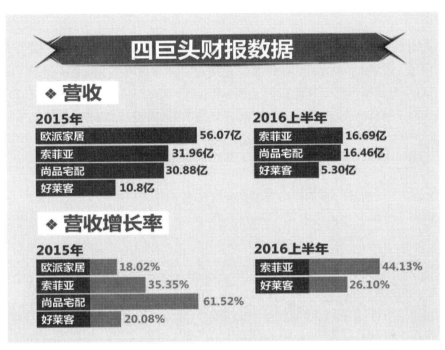

图 2 - 22　2015—2016 年上半年定制家居四巨头的营收和营收增长率

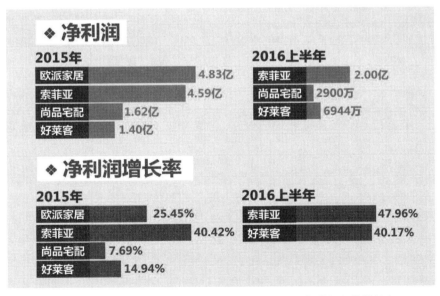

图 2 - 23　2015—2016 年上半年定制家居四巨头的净利润和其增长率

从业绩规模来看，定制橱柜起家的欧派家居稳居老大。欧派家居无论从 2015 年的营收数据，还是最近 2017 年第一季度报告数据来看，至 4 月，欧派家居总资产达 73.41 亿，同比增长 32.3%；营业收入 14.49 亿，同比增长 20.49%；净利润为 5552 万，同比增长 33.31%；基本每股收益 0.14 元。

从业绩增速来看，尚品宅配前两年"跑"得最快，但 2017 年第一季度有所减缓。2013 年至 2015 年，尚品宅配年复合增长率高达 62.10%。从 2015 年营收对比来看，尚品宅配同比增长 61.52%，索菲亚同比增长 35.35%，好莱客同比增长 20.08%，欧派家居同比增长 18.02%。

就盈利能力而言，索菲亚当之无愧为领跑者。2016 年上半年，索菲亚净利润 2.00 亿元，同比增长 47.96%。从 2015 年数据对比来看，索菲亚净利润 4.59 亿元，同比增长 40.42%。这个增长率远高于其他三家。单从净利润数据来看，年营收入 31 亿的索菲亚，净利润已接近年营收入 56 亿的欧派家居（净利润 4.83 亿元），远远高于同等营收规模的尚品宅配（净利润 1.40 亿元）。截至 2017 年 3 月底，索菲亚经销商专卖店达 2000 家（含在装修店铺），今年计划新增 200 家门店，该季度也实现营收 9.54 亿，同比增加 48.30%。

2.5.2.2 "大家居"是四巨头业绩新的增长点

从这四个企业的营收构成来看（见图 2-24），它们的"大家居"战略在业绩端已显成效。

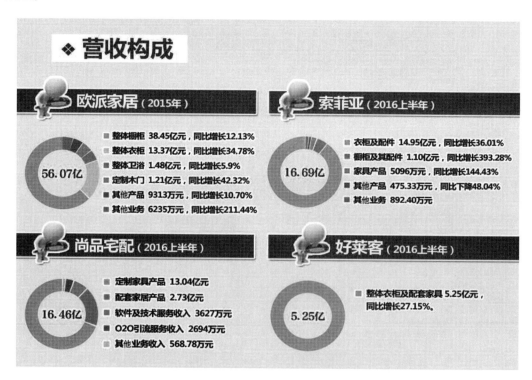

图 2-24　2015—2016 年上半年定制家居四巨头的营收构成

以做定制橱柜起家的欧派家居为例，整体衣柜、整体卫浴、定制木门已贡献 21% 的营收。从定制衣柜做起的索菲亚，则从 2013 年转向"定制家"，并于 2014 年引进司米橱柜。索菲亚做全屋定制后，2013—2015 年客单价年增速 10% ~ 15%。2016 上半年，索菲亚 16.9 亿元的营收构成中，橱柜及其配件产品贡献了 1.1 亿，同比增长 39.2%。可以预料，定制橱柜将成为索菲亚一大增长点。

以软件起家的尚品宅配，全屋定制的配套家居产品占比也近 17%。从 2016 上半年数据来看，尚品宅配主营业务收入 16.40 亿元，其中定制家具产品 13.04 亿元，配套家居产品 2.73 亿元，软件及技术服务收入 3627 万元，O2O 引流服务收入 2694 万元。

好莱客从 2015 年 7 月开始推进大家居，并配套进行门店升级。2016 上半年门店升级后全屋定制订单占比可达 20% ~ 50%，且客单价提升明显。今年还计划新增 300 家门店，加大三、四线渠道下沉力度。

2.5.2.3　四巨头资本流向智能化制造

通过图 2 - 25 可以看出，四巨头募资的重点投资向扩充产能、智能生产改造、信息化系统升级和营销网络建设等智能化制造领域流动。

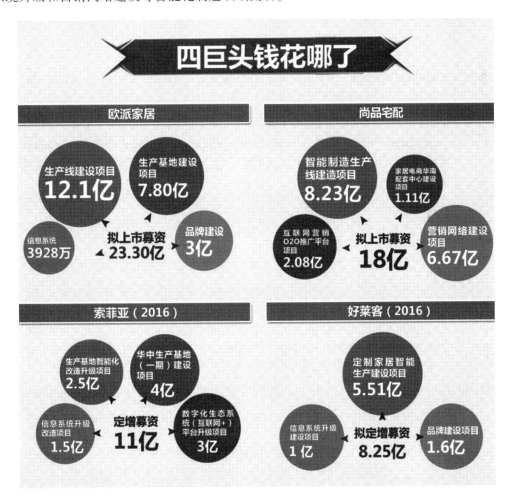

图 2 - 25　2015—2016 年上半年定制家居四巨头资本的流向

其中，扩大产能是四巨头募资用途的重头戏。欧派家居拟将募资资金的 85% 投入到产能扩充；尚品宅配拟将募资资金的 46% 投入到智能制造生产线；索菲亚将 2016 年定增募资的 59% 投入到生产基地的建设和改造；好莱客则拟将定增募资的 67% 投入到智能生产建设项目。

非常一致的是，这几个定制家居企业的生产建设集中在智能生产为主，包括柔性生产线、智能化定制家居生产线、自动化生产线，引入机器人、智能立体仓库等智能设备。

例如，2017 年 4 月 19 日，欧派集团智能家居西部基地项目在成都市双流区西航港经济开发区奠基动工，该生产基地融入了电子信息、物联网等前沿技术，打造智能家居基地。好莱客惠州二期工厂产能逐步释放，整体规模达 20 亿元，有利于消除产能瓶颈。

实际上，经过多年智能生产、信息化、互联网 + 平台改造升级之后，以尚品宅配和索菲亚为代表的定制家居企业在信息化和工业化的道路上走得很快。以尚品宅配为例，它的生产、制造流程高度工业化和智能化，已经成长为知识和人才密集型的高新技术企业。举个例子：2016 年尚品宅配仅 IT 技术的开发人员就有 200 多人，数据处理和运营有 300 多人，仅公司内部的培训老师都有 200 人左右，相当于一个大学的几个学院的师资。可见做智能制造绝非一般企业可为。

2.5.3　定制家居行业未来发展的关键要素

定制，毋庸置疑，这是民心所向的需求。定制企业顺势而上，创新性地满足了这种需求。因此，才能在这么短的时间，举世界之力，创造了这么辉煌的业绩。创新永远要以市场为导向，以消费者为中心，以供应链的优势为基础，才有未来。通过以上对 2016—2017 年度中国定制家居行业的盘点，应该可以对定制家居行业现状和未来的发展趋势有一个比较清晰的认识。如何做好定制，也有很多因素要考虑，但其中，最关键的要素，笔者认为要重视以下五个方面。

2.5.3.1　必须以客户需求为核心

任何行业的未来都是以客户需求为核心而获得持续发展的。家具作为人们生活的必需品，与人们的生活方式、生活水平和生活质量息息相关。今天的互联网技术改变了社会生态，也包括人们的生活方式。个性化的需求导致了"定制"的热潮。在这股越演越烈的定制浪潮中，数控化、网络化、信息化、智能化这四个要素成为企业能否实现定制重要的技术手段，也是企业之间竞争的重要要素。

工业和信息化部副部长、中国科学院院士怀进鹏先生在 2016 年举行的"工业软件与制造业融合发展高峰论坛"上第一次提出了"新四基"，他说："如今，为了更好地让制造业的同仁们重新认识和进一步思考有关数字转型的发展过程，工信部提出了'新四基'：在未来发展进行数字化转型和推动能力建设的新的过程当中，我们需要抓住一硬、一软、一网、一台来配合。其中，'硬'是指自动控制和感知硬件；'软'是指工业核心软件；'网'是指工业互联网；'台'是指工业云和智能服务平台。"这也印证了家具行业定制企业竞争的四要素，其实就是怀院士所讲的"新四基"。

因此，中国家具制造业的转型发展，不仅要解决产品质量提升、强化工业基础能力、制造业升级转型等基本问题，还要跨越"一硬、一软、一网、一台"这"新四基"的门槛。无论是家具行业的定制化还是协同化，都在不断推动传统的工业经济从 B2C 向 C2B 转型。只有以客户需求为核心的商业模式才能赢得市场。

2.5.3.2　必须重视供应链的建设和维护

供应链是定制家居企业制胜的法宝。市场竞争模式由单体企业间的竞争转向由核心企业主导的企业群间的供应链竞争，已成为趋势。供应链竞争的精髓是链条上的各个企业能够实现核心资源的最优化整合，获得增值，进而赢得市场份额。同时，市场竞争加剧必然推动企业从"小而全"到"小而专""大而专"的转变，实现社会专业化分工，从而获取"唯一"或"第一"的市场话语权。目前，定制行业之所以做得好，就是他们充分认识到供应链的重要性，尤其是跟世界一流的供应商合作，才能在某个方面先人一步，快人一步，赢得机会（见图 2 – 26）。无论是尚品宅配还是欧派，使用的设备、材料、软件、五金等，都是世界一流的，甚至是世界一流的企业专为他们定制的技术和装备。这些企业与金田豪迈、德国瑞好、奥地利百隆五金，德国夏特、广东先达数控、东泰五金等国内外知名公司，不仅是供应商的关系，更是战略合作伙伴。他们与优秀的上游企业紧密合作与交流，联合攻关，实现共赢。这一点上，定制家居企业远远比传统家具企业做得好，他们始终跟优秀的人在一起，始终让优质资源最大化为自己使用。这才是真正的智者。

赢得供应链，才能赢得最后的市场。

图 2 – 26　供应链管理

2.5.3.3　必须重视人才体系的建设与维护

今天的家居定制企业需要的人才已经完全不同于传统企业的人才属性，他们必须具备很强的学习新知识、新技能的能力以及在此基础之上的创新能力，尤其是对于设计、软件、管理等方面，必须具有一定的现代知识的基础，才可能比较快地适应定制企业快速发展的信息化建设、营销模式、制造技术和全新的大数据管理的要求。同时，企业能否具备对新的人才提供系统的培训和管理，并持续地进行人才培养和提升也提出了更高的要求。这就是有的企业本身也不错，但不懂得培养和管理人才，人才难以留下并持续发展，极大地影响了企业的竞争力。而目前发展好的定制企业，如尚品宅配、索菲亚、司米、欧派等，无一例外都是非常重视人才培养，也有比较完整的一套人才培养体系的公司，因此，基于人才的优势，他们才一路高歌，不断向上奔跑。

人才，是未来竞争的筹码，也是最贵的、最重要的资源。因此，必须重视人才体系的建设与维护。

2.5.3.4 必须重视技术创新，才能引领潮流

技术是一个制造企业是否能在市场领先的决定性因素。面对新型的定制家居，新技术层出不穷，体现在很多方面。如新材料应用的技术（如瑞好的激光封边带与豪迈的激光封边机如何配合的技术），新型的装饰技术（如金田豪迈的 UV 喷绘技术），零部件加工新技术（如新型的五轴加工中心的应用），表面涂装的新技术（如水性涂料、粉末涂料的应用），五金配件的新技术（如百隆最新的 8mm 厚门板上翻机构），生产线的新技术，信息管理与分析的新技术，物流管理的新技术，产品包装的新技术……每个新技术都可能给企业带来新的竞争力。

企业不仅要引进新技术，更要自己研发新技术，才能形成自己真正的竞争力。国外优秀的企业，无一例外都是自主研发新技术的企业，如奥地利的 Blum 公司（百隆），有自主研发的全套生产设备和管理体系，技术发明专利 1000 多项，位居奥地利国家专利成果前五名，所以，他们才有这么强的国际竞争力。

2.5.3.5 必须重视创新，也只有创新才有未来

在今天这个瞬息万变的世界，创新具有了更重要的意义。毋庸赘言，也毋庸置疑，只有创新才有希望和未来。模式创新，管理创新，供应链创新，技术创新，工艺创新，设计创新，企业在每一个方面都需要创新，才能始终保持一个企业持续地进步和发展，也才能建立自己持续的竞争力，才能始终在群雄逐鹿中保持胜利者的地位。

本 章 小 结

板式家具五金作用的载体是板式家具，因此了解和学习板式家具对如何运用、怎么运用好家具五金极其重要。本章阐述了人造板有许多优点：有良好的尺寸稳定性；表面质量较好，易装饰处理；有较好的物理力学强度；有良好的握钉力及胶合性能；有良好的封边性能、加工性能；幅面大，可按需要加工生产；质地均匀，变形小等。

通过对人体工程学的设计理论和板式家具"32mm 系统"的详细讲解，突出了家具五金在现代板式家具中的重要性，主要表现为：家具五金是现代板式家具结构设计的灵魂所在；家具五金是实现板式家具拆装特性的基础；家具五金是发展家具智能化的保障。

本章还分析了定制家具的发展状况，实现定制家具条件概括为：建立完整的运行体系；必须拥有流程再造的能力，对管理流程和工艺流程具有不断地诊断、优化和改善的能力；必须采用信息化技术和手段，使用条形码和数控设备，采纳比较成熟的软件技术，实现 CAD 软件与 CAM 设备、CAD 软件与电子开料锯的无缝对接等，实现定制的技术保障；必须应用成组技术和模块化设计，来组织生产和进行产品的标准化设计等。

第3章　家具五金标准化与应用

学习目标

通过学习标准化，深刻了解当前家具企业进行标准化的必要性和紧迫性，学习该从哪个方面入手，学习实施标准化的方法。

知识重点

- 掌握标准化的概念和意义
- 掌握标准化的主要内容

3.1　标准化的概述

3.1.1　标准化的概念及作用

在谈标准化之前，我们先看一看什么是标准。标准是对重复性事物和概念所做的统一规定，它以科学、技术和实践经验的综合成果为基础，经有关方面协商一致，由主管机构批准，以特定形式发布，作为共同遵守的准则和依据（《GB/T 20000.1—2014 标准化工作指南　第 1 部分：标准化和相关活动的通用术语》）。而标准化是指在经济、技术、科学及管理等社会实践中，对重复性事物和概念通过制定、发布和实施标准，达到统一，以获得最佳秩序和社会效益的活动。

标准化不是一个孤立的事物，而是一项活动，主要活动就是制定标准，贯彻标准，进而修订标准，又实施标准。如此反复循环，使标准在螺旋式上升中不断提高。标准是标准化活动的成果，标准化的效能和目的都要通过制定和实施标准来体现。

随着生产和销售全球一体化的加剧，日益强烈的个性化需求以及日益缩短的交货期和产品的生命周期，在生产企业全面实施标准化，显得越发重要。因为标准化是组织现代化生产的重要手段和必要条件；是合理发展产品品种，组织专业化生产的前提；是企业实行科学管理和信息化管理的基础；是提高产品质量，保障安全卫生的技术保证；是减少原材料和能源浪费的根本；是推广新工艺、新技术等科研成果的桥梁；是消除国际贸易壁垒，促进国际贸易发展的重要保障。因此，无论从哪一个方面考虑，实施标准化都是十分必要的。

中国已跃居为世界家具出口大国，在某些标准化方面也作了一些努力，如对包装材料的要求、对有害物释放的标准等，因其直接影响到出口，故而实施得较快，而对于企业内部已经显现出来的、严重威胁到企业运转困难的标准化问题却往往被忽略了，以至于造成企业生产成本、管理成本偏高，生产效率低，质量问题严重的局面，这些已经阻碍了企业的进一步发展。

3.1.2　标准化的基本原理

标准化的基本原理通常包括以下六个方面。

（1）统一化原理

即把一些分散的、具有相关性、重复性、共同性特征的事物加以科学的归并，使它们在一定范围内达到统一。

（2）简化原理

即去劣存优、化繁为简，将多余的品种、规格、型号简化掉，保留并发展合理的品种规格系列。

（3）互换性原理

即尽可能使各种零部件的尺寸、形状、性能、作用接近一致，可以互相替换。

（4）协调原理

即把各专业、部门、企业、环节间的相互技术联系或技术特性关系用标准统一起来，实现各方面合理的连接、配合与协调。

（5）选优原理

即按照一定的目标，在一定的限制条件下，对实现目标的各种方案进行最佳选择。

（6）阶梯或动态过渡原理

即既要使标准在技术上先进、合理，又要保持其相对稳定性（适用期），使原有的标准在稳定中不断完善和发展，一步一步地在动态中上升。

3.2　家具企业标准化现状

家具企业内部由于缺乏标准化设计和管理造成的现状如下：

① 家具制造材料（如人造板、皮革、织物、五金件等）同一种类规格或颜色过多，造成大量积压，时间久易出现老化、褪色、生锈等从而被降等使用或报废，造成大量浪费，占用了大量流动资金。

② 设计缺乏标准化的思想和规范，使得板块通用性、互换性较差，零部件数量多，系列产品之间缺乏联系，造成设计任务繁重，图纸差错率增加，设计效率非常低，以至于同一个企业本应通用的抽屉规格就有十几种，门的尺寸近十种，旁板、面板的规格也有几十种。

③ 由于设计的零部件数量多、工艺制作差异大，造成工时核算困难，材料利用率低，调机时间长，工人查找工件、检尺和看图纸的时间增多，差错率增加，生产管理困难。

④ 整个生产环节表现为生产效率很低；生产周期延长而且不稳定；返工率增加；质量不稳定；生产计划和日生产任务很难安排；车间更加拥挤，包装件数增加，难度增加，差错频繁。

⑤ 管理困难，产品和零部件编号复杂，造成账务繁杂；补件成本和周期增加；包装困难，件数增加，运输成本增加；质量投诉增多，营销成本增加。

这样的现状在家具企业随处可见，只是严重的程度略有差异。可见，标准化水平低造成的危害是巨大并广泛的。因此，增强标准化意识、实施标准化工作非常重要和紧迫。

3.3　家具五金的标准化

板式家具的特点决定了它对五金件的依赖性。可以说，离开现代的五金配件，板式家具便不复存在。并且，随着家具工业的发展，家具对五金配件在通用性、互换性、功能性、装饰性等方面提出了更高的要求。符合"32mm 系统"的五金配件为孔的加工和安装实行标准化、系列化和通用化提供了技术保障。例如德国的海福乐、海蒂诗，奥地利的百隆和中国的安帝斯在家具五金的标准化方面都起了典范作用，并引领着板式家具五金配件标准化的潮流。

3.3.1　家具五金设计的标准化

现代板式家具的制造过程依靠的是自动化与机械化，"32mm 系统"贯穿产品设计、机械加工和安装拆卸各个环节，因此在各类家具五金配件中，都有符合"32mm 系统"安装要求的产品可选，如图 3 - 1 所示的就是家具中重要的五金件——"滑轨"中的一种，其孔位均采用"32mm 系统"设计，并可微调。

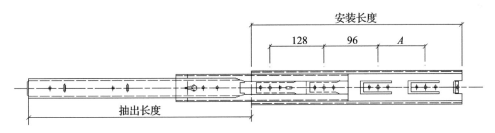

图 3 - 1　三节钢珠抽屉滑轨

作为家具企业，为了实现完全机械化和拆装式，就必须选用和设计完全按照"32mm 系统"的原理设计的五金件，这样才能与产品设计和设备制造达到一致，实现板式家具的高效、灵活以及"部件及产品"的特点和优势。

3.3.2　家具五金编码管理的标准化

编码是给事物或概念赋予代码的过程，代码表示特定事物或概念的一个或一组字符。具体地说，编码是给事物或概念赋予一定规律性的易于人或计算机处理的符号、图形、颜色、缩减文字等，是人们统一认识、交换信息的一种技术手段，是各类信息系统的重要基础，是信息交换的共同语言，如身份证编码、邮政编码、电话号码等，都是不同形式的编码。可以说，在生活和工作中，编码无处不在，离开了正确的编码，社会、生活、工作就会混乱。

3.3.2.1　五金配件的编码原则

（1）唯一性

同一种物料只能对应一个编码，同一编码只能代表一个物料，绝不能出现一个物料多个编码，或一个编码多个物料的情况。

（2）规则性

编码应当是按照一定的编码原则编制出来的，并配合对描述进行规范。

（3）可读性

编码不一定要求一看到就知道是哪种物料，但应当做到一看到物料就能够识别出该物料是属于哪一类的物料，可以考虑采用前段用分类码，后段用顺序码的方式进行编码。

（4）通用性

同一编码原则应能涵盖大多数物料，新增加的品种也能够适应。

（5）可使用性

编码的长度应在10～20位，不宜过长，否则不易识别记忆。

（6）可扩展性

编码原则的制定应能考虑公司一年内物料的变化趋势。并且要对不同的情况留有一定的余地。

（7）效率性

编码原则不仅要考虑使用者是否可以较容易解读、方便记忆和识别，还应当考虑是否有助于提高日常操作的效率。

（8）兼容性

本公司的物料编码应当考虑与主要客户、重要供应商编码的兼容，这要求要建立一个物料编码对照表，把客户、主要供应商的编码和本公司编码放在一张表内可以自由查询。

（9）综合性

编码原则也应考虑与产品清单、生产、采购、货仓运作、物料控制、财务、使用软件系统等相关方面的配合使用问题。

五金数据库的编码是实现数据库输出的重要媒介，通过建立编码实现了家具五金在设计、加工与管理过程的数据管控。

3.3.2.2 编码方法

物料分类编码方法种类很多，常用的有以下几种。如图3-2所示。

（1）分级式数字编码法

分级式数字编码法是先将物料主要属性分为大类并编定其号码。其次再将各大类根据次要属性细分为较次级的类别并编定其号码，如此继续进行下去。在分级式数字编码法中，任一物料项目只有一个物料编码。

表3-1为三种属性的分级式数字编码法，共可组成36个（3×4×3）编码，这种方法的优点是一方面显示编码的规律性，一方面达到一个物料项目仅有一个编码的目标，其缺点是无用空号太多，一方面显得浪费累赘，另一方面常导致物料编码位数不够用。

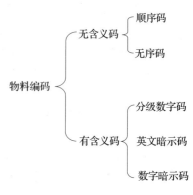

图3-2　物料编码的一般方法

表 3 – 1　　　　　　　　　　　　　　**分级式数字编码具体应用**

来源（大类）	材料（中类）	用途（小类）
1 = 自制	1 = 非铁金属	1 = 零部件
2 = 外购	2 = 钢铁	2 = 包装用料
3 = 委外加工	3 = 木材	3 = 办公用品
4 = 化学品		

说明：大类、中类、小类占据 3 个数位，比如某一种自制的钢铁零部件前三个数位的编码就为 121。

这种分类编码的方式虽然有自己的局限性，不能单独使用，但几乎在所有企业的编码方案中都有所体现，在纷繁复杂的物料品种中将他们先分为大类再配合其他编码的方法进行编码是一种很明智的做法。

（2）英文字母暗示法

从物料的英文字母当中择取重要且有代表性的一个或数个英文字母（通常取主要文字的第一个字母）作为编码的号码，使阅读物料编码者可以从中想象到英文文字，进而从暗示中得知该物料为何物。

具体运用：

VC = Variable Capacitor（可变电容器）；IC = Integrated Circuit（集成电路）；SW = Switch（开关）；ST = Steel Tube（钢管）；BT = BRASS Tuber（黄铜管）；英文字母暗示法也很难单独使用，一般都配合其他的编码方法一起使用。

（3）数字暗示法

直接将物料规格数字引用到物料编码中去，或将物料的规格数据按照固定规则转换成物料编码的号码，物料编码的阅读者可从物料编码数字的暗示中得知该物料为何物。

数字暗示法在一些标准化极高的行业中，比如机械和一些精加工的行业中有着广泛的运用，并且收到了很好的效果。但是在家具行业中，由于标准化程度较低，有固定规格尺寸的物料比较少，只集中在人造板和五金连接件中。

例如对一款长为 24mm、直径为 7mm 的螺杆的编码可编为 1204011010824，其编码规则如表 3 – 2 所示。

表 3 – 2　　　　　　　　　　　　　　**数字暗示法运用**

编码规则：

五金（X1X2）+ 种类（X3X4）+ 小类（X5X6）+ 套属关系（X7X8X9）+ 特殊属性（X10X11X12X13）

编码组成	编码说明
X1X2	第 1 和第 2 位为五金配件代号，表示为 12
X3X4	第 3 和第 4 位区分种类，明细为：01 滑轨、02 门铰、03 拉手、04 连接五金、05 铝合金配件、06 螺丝、07 脚轮、08 家具灯具、09 成品五金、10 其他五金

续表

编码组成	编码说明
X5X6	第 5 和第 6 位区分种类下的小类： 01 滑轨：01 二节钢珠、02 三节钢珠、03 三节钢珠带阻尼、04 二节托底隐藏阻尼、05 三节托底隐藏阻尼、06 推拉镜滑轨、07 普通托底、08 三节钢珠自弹、09 豪华阻尼钢抽 02 门铰：01 普通大曲、02 普通小曲、03 普通直臂、04 阻尼大曲、05 阻尼小曲、06 阻尼直臂、07 门铰阻尼器 03 拉手：01 带槽拉手、02 单孔拉手、03 双孔拉手、04 三孔拉手 04 连接件：01 组合器、02 角码、03 支撑、04 螺母、05 木榫、06 层板托（夹）、07 挂衣座 …………
X7X8X9	第 7 第 8 第 9 位区分"套属关系"或型号和级别： 如三合一组合器，X7X8X9 为"100"表示一套三合一，三合一组合器连接杆用"101"表示，偏心体用"102"表示，三合一组合器盖子用"103"表示 如 LS17 号拉手，X7X8X9 用"017"表示 如普通的滑轨，X7X8X9 用"001"表示，带阻尼的用"002"表示 …………
X10X11X12X13	第 10 第 11 第 12 第 13 位区分五金特殊属性，如：规格、型号，具体情况如下： 01 滑轨：X10X11X12X13 区分尺寸，如："0018"表示为 18in…… 03 拉手：X10X11X12X13 区分孔距：如"0128"为孔距 128 04 连接件：X10X11X12X13 区分五金配件的规格：如"0032"为螺杆长 32 ………

3.3.2.3 物料编码方法总结

在实际运用中，由于各个行业都有自身的特殊性，各个企业的需求也不同，需要不同的编码方式。在实践中，由于客观事物的复杂，单独使用哪一种编码方法都满足不了使用者的要求。因此，在实际应用中，常常是根据情况组配使用，以其中一种分类法为主，另一种做补充，有时还要做些人为的特殊规定以满足使用者的要求。得出的编码方案必须要遵循编码原则。此外，由于物料编码很大程度上是为了信息的标准化而存在的，而标准化是一个简化的过程，实施阶段数据准备的工作量巨大，几千上万种物料需要录入系统，而每个系统中存在的物料都需要有各自唯一的编码，所以编码方案含义性和识别性是需要优先考虑的。

本 章 小 结

标准化是家具五金庞大体系的重要理论支撑，本章对标准化的理论及原理进行了阐述，提出家具五金标准化需要解决的问题，以及对家具五金编码管理与标准化作了详细的阐述，提供了不同的编码方法。

第4章 家具五金系统在家具中使用规范

学习目标

家具五金连接件在家具系统中不是一个最终产品，只相当于一种零部件，它需要与其他部件相互联系才能发挥自身的作用。在家具系统中五金连接件起到穿针引线、搭桥过河的作用。通过学习家具五金在家具系统的使用规范，掌握各类家具五金在家具设计中的特性和要求，在设计时能够快速选择合适的家具五金，准确、灵活地应用家具五金。

知识重点

- 掌握柜体框架系统中的五金特点和应用方法
- 掌握柜门系统五金的特点及应用方法
- 掌握抽屉系统五金的特点及应用方法

4.1 柜体框架五金系统应用

4.1.1 柜体框架定义及分类

柜体框架是指由侧板、顶板、底板、背板和踢脚板通过不同的连接方式构成的基本框架，是板式结构设计的直观体现。柜体框架既可以是一个完整的家具，又可以是更加复杂的家具部件。

根据家具设计中柜体框架使用空间的不同，可以分为下面几类，如表4-1所示。

表4-1 柜体框架空间分类表

空间	类别名称	说明
卧室	下柜	指直接安放在地面上、用来存储衣物的柜子。根据用途可分为：叠放柜、叠放挂衣柜、挂衣柜、叠放储物柜、挂衣储物柜、叠储挂衣柜，根据安放位置有转角下柜和弧形下柜
	顶柜	摆放在下柜上面，主要用来存储物品的柜子，根据安放的位置有转角顶柜和弧形顶柜
	床头柜	是直接安放地上，摆放于床侧面，用于存储和摆放物体
客厅	电视柜	直接摆放在地面，主要用于摆放电视机和存储物体
	玄关柜	直接摆放在地面，用于存储物品和隔断空间
	鞋柜	直接摆放在地面，主要用于存储鞋
书房	书柜	直接摆放在地面，用于摆放物品，有的会带有台面，根据位置还有转角的书柜
餐厅	餐边柜	直接摆放在地面，主要用于存储物品
	酒柜	直接摆放在地面，主要用于存储物品，根据位置还有转角酒柜

续表

空间	类别名称	说明
厨房	地柜	指直接安放在地面上，用来放置水槽、灶具或储存物品的柜子。根据其用途可分为：储物地柜、水槽柜、灶台柜，根据造型可分为开门地柜、抽屉地柜和开放式柜（即空格柜），另根据安放的位置又有转角地柜
	吊柜	悬挂在墙面上，主要用来储存物品的柜子，另根据安放的位置又有转角吊柜
	高柜	一般指直接安放在地面上，上沿高度与吊柜上沿齐平，进深与地柜或吊柜相同，用来放置微波炉、烤箱或安放拉篮储物的柜子
	半高柜	大概分两种，一种是类似高柜，但高度在地柜和高柜之间，功能与高柜近似，装饰性更强一些，进深与地柜或吊柜相同。与高柜的区别是，顶板一般改为 25mm 厚或直接采用台面材料，同时盖住侧板，并作一些出沿处理，以增加装饰效果；另一种进深与吊柜相同，直接安放在台面之上，上沿与吊柜上沿平齐，同时使用吊挂件与墙固定以增强稳定性，主要用于储物及装饰

4.1.2 人体工程学与柜类设计

4.1.2.1 人体工程学的概念

按照国际人类工效学学会（IEA）所下的定义，人体工程学是一门"研究人在某种工作环境中的解剖学、生理学和心理学等方面的各种因素；研究人和机器及环境的相互作用；研究人在工作中、家庭生活中和休假时怎样统一考虑工作效率、人的健康、安全和舒适等问题的学科"。日本千叶大学小原教授认为："人体工程学是探知人体的工作能力及其极限，从而使人们所从事的工作趋向适应人体解剖学、生理学、心理学的各种特征。"

人体工程学是研究人及其与人相关的物体机械、家具、工具等系统及其环境，使其符合于人体的生理、心理及解剖学特性，从而改善工作与休闲环境，提高舒适性和效率的边缘学科。

人体工程学是研究"人—机—环境"系统中人、机、环境三大要素之间的关系，为解决该系统中人的效能、健康问题提供理论与方法的科学。人体工程学联系到室内设计，其含义为以人为主体，运用人体测量、生理测量、心理测量等手段和方法，研究人体的结构功能、心理、生物力学等方面与室内设计之间的协调关系以适合人的身心活动要求，取得最佳的使用效能，其目标是安全、健康、高效能和舒适。人体工程学与有关学科以及人体工程学中的人、设施和室内环境的相互关系。

"人"是指使用者，人的心理特征、生理特征以及人适应设备和环境的能力都是重要的研究内容。

"机"是指为人们的生活和工作服务的工具，能否适合人类的行为习惯，符合人们的身体特点，是人体工程学探讨的重要问题。

"环境"是指人们工作和生活的环境，噪声、照明、气温、人的行为习惯等环境因素对人的工作和生活的影响是研究的主要对象。

自从人类出现以来，就以不同的形式追求着自身的舒适性和安全性，从而创造了现代的人类文明。但是随着科学技术和人类文明的不断发展，社会变得不断复杂化，在这复杂的现代社会中，现代文明带给人类的不一定都是安全和舒适，往往还会产生负面效应。例如，高速化的现代交通工具缩短了人们的时空距离，带给我们便捷和效率，但是另一方面也给人类造成了交通事故和环境污染。机械电子工业的发展把人类从低效率和强体力劳动中解放出来，却在人们的精神上造成了新的疲劳和疾患。因此，如何协调"人—机—环境"的关系，使"人—机—环境"系统实现最佳匹配是现代科学技术发展中的重要内容。人体工程学正是研究这一领域的一门新兴而重要的边缘科学。

4.1.2.2　人体工程学在家具功能设计中的作用

家具的服务对象是人，设计与生产的每一件家具都是由人使用的。因此，家具设计的首要因素是符合人的生理机能和满足人的心理情感需求。

家具的功能设计是家具设计的主要设计要素之一。功能对家具的结构和造型起着主导和决定性的作用，不同功能有其不同的造型，在满足人类多种多样的要求下，力求家具能够舒适方便、坚固耐用、易于清洁，满足一切使用上的要求。功能决定着家具造型的基础形式，是设计的基础。

家具设计的目的是更好地满足人在家具功能使用上的要求，家具设计师必须了解人体与家具的关系，把人体工程学知识应用到现代家具设计中。

（1）确定家具的最优尺寸

人体工程学的重要内容是人体测量，包括人体各部分的基本尺寸、人体肢体活动尺寸等，为家具设计提供精确的设计依据，科学地确定家具的最优尺寸，更好地满足家具使用时的舒适、方便、健康、安全等要求。同时，也便于家具的批量化生产。

（2）为设计整体家具提供依据

设计整体家具要根据环境空间的大小、形状以及人的数量和活动性质确定家具的数量和尺寸。家具设计师要利用人体工程学的知识，综合考虑人与家具及室内环境的关系并进行整体系统设计，这样才能充分发挥家具的总体使用效果。

（3）人体工程学与贮藏类家具设计

贮藏类家具又称贮存类或贮存性家具，是收藏、整理日常生活中的器物、衣物、消费品、书籍等的家具。根据存放物品的不同，可分为柜类和架类两种不同贮存方式。柜类主要有大衣柜、小衣柜、壁橱、被褥柜、床头柜、书柜、玻璃柜、酒柜、菜柜、橱柜、各种组合柜、物品柜、陈列柜、货柜、工具柜等；架类主要有书架、餐具食品架、陈列架、装饰架、衣帽架、屏风和屏架等。

贮藏类家具的功能设计必须考虑人与物两方面的关系：一方面要求贮存空间划分合理，方便人们存取，有利于减少人体疲劳；另一方面又要求家具贮存方式合理，贮存数量充分，满足存放条件。

人们日常生活用品的存放和整理，应依据人体操作活动的可能范围，并结合物品使用的繁简程度去考虑它存放的位置。为了正确确定柜、架、搁板的高度及合理分配空间，首先必须了解人体所能及的动作范围。这样，家具与人体就产生了间接的尺度关系。这个尺度关系是以人站立时，手臂的上下动作为幅度的，按方便的程度来说，可分为最佳幅度和一般可达极限。通常认为在以肩为轴，上肢为半径的范围内存放物品最方便，使用次数也最多，又是人的视线最易看到的视域。因此，常用的物品就存放在这个取用方便的区域，而不常用的东西则可以放在手所能达到的位置，同时还必须按物品的使用性质、存放习惯和收藏形式进行有序放置，力求有条不紊、分类存放、各得其所。

在设计贮藏类家具时，除考虑上述因素外，从建筑的整体来看，还须考虑柜类体量在室内的影响以及与室内要取得较好的视感。从单体家具看，过大的柜体与人的情感较疏远，在视觉上犹如一道墙，体验不到它给我们使用上带来的亲切感。

根据我国国家标准的规定，柜类家具的主要尺寸包括外部的宽度、高度、深度，以及为满足使用要求所涉及的一些内部分隔尺寸等。表4－2所示为柜体框架的参考尺寸，供读者设计时参考。

表4－2　　　　　　　　　　　　　　　柜体框架的尺寸要求

空间	类别名称	尺寸要求范围/mm			备注
		宽度（W）	深度（D）	高度（H）	
卧室	一字下柜	330 \ 480 \ 580 \ 800 ~ 1200	490 \ 550 \ 600		
	转角柜下柜	900 \ 1050	490 \ 550	1950 \ 2100 \ 2250 \ 2400	
	弧形柜下柜	200 \ 330 \ 400 \ 490 \ 600	490 \ 550 \ 600		
	顶柜	700 \ 800 \ 900 \ 1000 \ 1100 \ 1200	600 \ 650	400 \ 450 \ 500 \ 550 \ 600	
	床头柜	400 ~ 600	350 ~ 450	500 ~ 700	
客厅	电视柜	根据实际情况确定，≥2000	450 ~ 600	100 ~ 520	
	鞋柜	根据实际情况确定，≥600	300 ~ 400	800 ~ 1500	
书房	书柜	800 ~ 1000（每100为一个单位）	250 ~ 400	根据实际情况确定，≤2400	
餐厅	餐边柜	根据实际情况确定，≥600	400 ~ 600	根据实际情况确定，≥600	
厨房	地柜（不含台面厚度）	250 ~ 600（每100为一个单位）	450 ~ 600	656/720/816 不包括调整脚高度	
	吊柜	400 ~ 900（每100为一个单位）	300 ~ 400	592/720/816	
	高柜	300/500/600	450 ~ 600 或 300 ~ 350	1876 ~ 2160	
	半高柜	300/500/600	450 ~ 600 或 300 ~ 350	1000 ~ 1400	

4.1.3 柜体框架连接工艺及五金配件的使用

4.1.3.1 柜体框架的结构分类

柜体框架的主要板件是侧板（分左右）、顶板、底板、背板和踢脚板，如图 4-1 所示。顶板和侧板、底板和侧板的连接方式各有三种不同形式。顶板和侧板的连接方式分为：顶板盖侧板、侧板盖顶板、侧板盖顶板且有眉板。底板和侧板的连接方式分为：底板盖侧板、侧板盖底板、侧板盖底板且有踢脚板。这几种方式两两组合后可以得到 9 种柜体结构形式，还有一种侧板与顶板、底板对角连接，如表 4-3 所示。

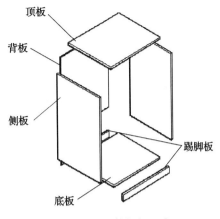

图 4-1 柜体框架组成

表 4-3　　柜体框架结构分类表

结构 1	结构 2	结构 3	结构 4	结构 5

结构 6	结构 7	结构 8	结构 9	结构 10

（1）结构 1

顶板盖侧板，底板盖侧板。这种方式因没有踢脚板而主要用于矮柜；底板下面可以通过不同的柜脚或滑轮变化款式；顶板、底板模块可以任意改变厚度和造型以及装饰部件来改变柜子外形，且无论顶、底的尺寸和造型如何变化，左右旁板都可以通用、互换。

（2）结构 2

侧板盖顶板，侧板盖底板有踢脚板。这种柜体结构可以同时用在高柜和矮柜上；目前市场上的衣柜下柜多用这种结构。

（3）结构 3

侧板盖顶板，底板盖侧板。这种结构的顶板、底板尺寸不能通用且旁板的上下孔位也不对称，所以在实际生产中运用不多。

（4）结构 4

顶板盖侧板，侧板盖底板有踢脚板。这种结构既可用于高柜又可用于矮柜；可以通过变化顶板厚度与造型改变柜子的款式。

（5）结构 5

侧板盖顶板、底板。用于矮柜和中柜；侧板可以对称，在实际应用中使用较多，橱柜大多数属于这种结构；顶板、底板通常不做变化，属于简单的板式柜体结构，是最容易进行模块化设计的结构。

（6）结构 6

顶板盖侧板，侧板盖底板无踢脚板。这个结构主要用于矮柜和中柜；顶板易于进行装饰和通过厚度变化改变款式。

（7）结构 7

侧板盖顶板且有眉板，侧板盖底板且有踢脚板。旁板孔位上下对称，用于高柜设计，衣柜中无顶柜设计都是这种结构；多用于带有实木装饰的框架式家具中，可以在眉板与踢脚板位置进行丰富的装饰变化。

（8）结构 8

侧板盖顶板且有眉板，底板盖侧板。这种结构主要用于衣柜的顶柜，顶柜比下柜宽的情况（即留门洞）多采用这种结构。

（9）结构 9

侧板盖顶板且有眉板，侧板盖底板。这种结构主要用于衣柜的顶柜设计，并且顶柜与下柜等宽。

（10）结构 10

侧板与顶板、底板对角连接。这种结构因为加工和连接的技术要求较高，但柜体的正平面效果是最好的，多用于实木的框体柜。

4.1.3.2　柜体框架的五金应用

柜体框架是整个家具的基础模块，因此其连接的稳定性直接影响到整个家具的稳定性，是家具质量保障的重要指标。柜体框架所用到的五金主要是五金连接件，包括各种螺母、连接杆、偏心连接件等起到连接稳固的结构连接件。根据前面柜体框架的 10 种不同设计结构，柜体框架主要有三种板件的连接：顶板、底板与侧板的连接；眉板、踢脚板与侧板连接；背板连接。

（1）顶板、底板与侧板的连接

① 五金连接件的选择：参考表 4-3，这 10 种不同的连接工艺所用到的五金配件主要是三合一组合与圆棒榫。

三合一是一种连接组合，包括偏心轮、螺杆和预埋螺母。三合一的连接原理是通过偏心轮底部离圆心偏离的弧度作用，通过第三方用力在转动偏心轮的时候，卡在弧度中的连接杆会沿着弧度慢慢靠近偏心轮底部中心，从而拉紧两块板之间的距离，使其连接紧固。如图 4-2 所示。

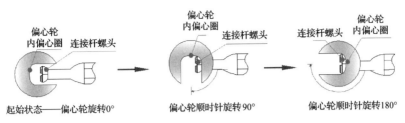

图 4-2　偏心轮连接示意图

a. 偏心轮：就是指这个轮的中心不在旋转点上，一般指代的就是圆形轮，当圆形绕着自己的中心旋转时，就成了偏心轮。最常见的是用锌合金通过压铸而成，其常见的规格为 $\phi15$，是一般家具板材通用的规格，当然有的家具抽屉等板材较薄的地方使用的是 $\phi12/\phi10$ 的规格，还有一些大型公共场合家具，由于板材厚，对承重要求高的使用 $\phi35/\phi25$ 的规格，由于目前国内家具五金标准的缺乏，行业也没有通用标准，以目前家具行业板材规格来讲，$\phi15$ 的是最常见且使用量最大的。根据不同的板材厚度选择不同的规格偏心轮，见表 4-4。

表 4-4　　　　　　　　　　　　不同板材厚度的偏心轮规格

序号	板材厚度/mm	图示	
		俯视	正视
1	12		
2	15		
3	16		
4	18		

续表

序号	板材厚度/mm	图示	
		俯视	正视

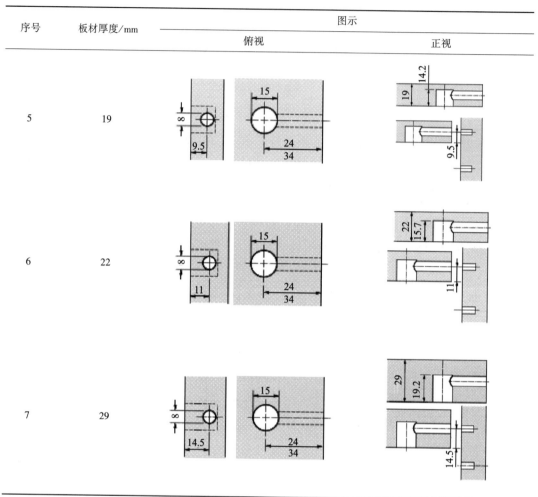

5	19		
6	22		
7	29		

b. 连接螺杆：连接螺杆按照与板件连接方式的不同可分为快装螺杆（免工具）、拧入式带直接固定螺纹螺杆（自攻螺纹）、拧入式带螺纹螺杆（机丝螺纹）、双头螺杆、角度连接杆、双头角度连接杆。见表4-5。

表4-5　　　　　　　　连接杆的分类及连接说明表

示意图	名称	连接特点及说明	连接示意图
	快装螺杆	无须工具快捷安装，只需要用手压入侧板孔中即可	

A	B	M	φ
24	10.5	8	8
24	10.5	10	8
34	10.5	8	8
34	10.5	10	8

续表

示意图	名称	连接特点及说明	连接示意图
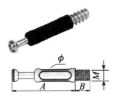	拧入式带直接固定螺纹螺杆	带自攻的螺纹，可以直接拧在侧板孔中 | A	B	M	φ
24	11	ST6	7
34	11	ST6	7		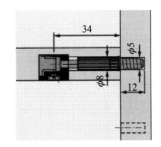
	拧入式带螺纹螺杆	带机丝螺纹，侧板中需要安装预埋螺母配合 | A	B	M	φ
24	8	M6	7
24	8	M4	7
34	8	M6	7
34	8	M4	7		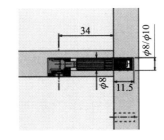
	双头螺杆	用于中立板，连接两块层板 	A	L	φ
24	64	6.7
34	67	6.7
24	84	6.7
34	87	6.7		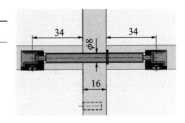
	双头角度连接杆	可用在切角结构的两块板上角度范围90°~180° | A	φ
24	7
40	7		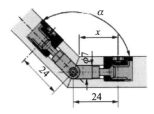
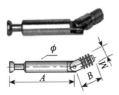	角度连接杆	用于 T 型的角度连接 | A	B	M	φ
40	7	M6	8		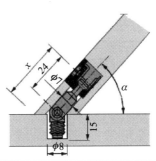

c. 预埋螺母：预埋螺母按照安装特点可分为膨胀预埋螺母和内六角预埋螺母，根据板材材质和使用的强度选择不同的预埋螺母。见表 4 - 6。

表 4 - 6   **预埋螺母的分类说明**

示意图	名称	开孔示意图	连接说明
	尼龙膨胀预埋螺母	$\phi 10$ 10 $\phi 10$	板式家具最常用的预埋螺母，通过螺母的膨胀锁紧。其材质还有黄铜的，根据不同板材材质或受力的不同选择也不同
	内六角预埋螺母	$\phi 8$ 11 $\phi 8$	常用于受力要求比较大的连接部位，现代实木家具的连接中比较常用

圆棒榫是现代板式家具常用组装连接配件之一，其形状像圆棒，一般由木材制造而成。圆棒榫的表面有多种形式，如光面、直纹、螺旋纹、网纹等，表面有纹的圆棒榫，胶水在纹槽中固化后形成较密集的胶钉，胶接作用更大，一般以螺旋纹形式的连接强度为佳，目前市场上最常用的是直纹和螺旋纹。制造圆棒榫的木材要求密度大、纹理直、无节、少缺陷，主要用材质较硬的阔叶树材，如桦木、色木、柞木、水曲柳等。圆棒榫含水率一般比连接构件低 2% ~3%，通常小于 7%。圆棒榫直径通常为连接构件厚度的 2/5 ~ 1/2，长度为直径的 3 ~4 倍,尺寸推荐规格见表 4 - 7。

表 4 - 7   **圆棒榫尺寸推荐值**

零部件厚度/mm	圆棒榫直径/mm	圆棒榫长度/mm
10 ~ 12	4	16
12 ~ 15	6	24
15 ~ 20	8	32
20 ~ 24	10	30 ~ 40
24 ~ 30	12	36 ~ 48
30 ~ 36	14	42 ~ 56
36 ~ 45	16	48 ~ 64

圆棒榫在实际使用中有两种作用：定位作用和固定作用。作定位作用的圆棒榫一般与家具偏心连接件配合使用，家具偏心连接件起固定作用。作固定结合的圆棒榫，一般采用过盈配合、双面涂胶等方法。在使用圆棒榫前，要对需连接工件的相应位置双向打孔，然后在孔内或者圆棒榫上涂布胶水，将圆棒敲入孔内，并对工件加压，待胶水固化，即完成连接。

② 顶、底板上的孔位数据：根据五金配件的技术要求，结合人机工程设计及 32mm 设计准则，三合一组合及圆棒榫在板件上的孔位排布关系可参考表 4 - 8 中的排孔规则。

表 4 - 8　　　　　　　　　　　　　　侧板与顶板的排孔规则

标准的按标准高度进行，其他的按设计图纸标注尺寸进行排孔，层板中需排调节孔	板件深度 D/mm	D_1/mm	D_2/mm	D_3/mm	备注
	$570 < D \leqslant 620$	70	64	448	
	$530 < D \leqslant 570$	70	64	416	
	$490 < D \leqslant 530$	70	64	384	
	$430 < D \leqslant 490$	70	64	320	
	$370 < D \leqslant 430$	70	64	256	
	$340 < D \leqslant 370$	70	64	224	
	$300 < D \leqslant 340$	70	64	192	
	$270 < D \leqslant 300$	70	32	160	
	$240 < D \leqslant 270$	70	64	128	
	$200 < D \leqslant 240$	70		96	
	$160 < D \leqslant 200$	70		64	
	$80 \leqslant D \leqslant 130$	按层板居中排两个孔，60 ~ 99 孔距为 32，100 ~ 130 的孔距为 64			
	$D < 80$	没背板 60 ~ 80 居中排 2 个偏心件孔，带背板的排圆棒榫 + 偏心件（需排在前端），其他尺寸的或为厚背板的顶或侧只排一个偏心件，厚背板须与顶板连接排偏心件孔			

160≤D≤620　　160≤D≤620

60脚条排孔图　　100脚条排孔图

顶板孔距 H_1：顶板为 18mm 板时，$H_1 = 9.5$，顶板为 25mm 板时，$H_1 = 13$。

边缘到偏心件距离为 D_1

偏心件孔、圆棒榫孔间距离为 D_2

偏心件孔距离为 D_3

排孔说明　排孔总规则：侧板包顶底层板时，以顶层板脚条定位侧板孔，侧板数控排孔，顶底层板内进侧板 1mm；顶板包侧板时侧板定位顶板孔，顶、侧板数控排孔，底层板内进侧板 1mm；其他特殊内进不变；顶层板靠后排孔；侧板靠后用数控排孔；需拉槽的顶底侧板靠后用数控拉槽；$D > 620$ 的中侧板须在中间排脚条孔；移门柜外侧板排孔须与中侧板孔位对应，前面须让出滑轨的距离

（2）眉板、踢脚板与侧板的连接

眉板、踢脚板与侧板的五金配合是影响钻孔工序生产效率的一个重要指标。如果侧板的孔位设计不会因为踢脚板的孔位特殊而增加调机次数，则可以不用对踢脚板的模块进行特殊设计。但是对于长度较长、通用性要求高的侧板来说，通常踢脚板的孔位都会影响排钻的调机次数。因此，踢脚板、眉板与侧板的连接有两种不同的选择，一种是使用三合一组合和圆棒榫与侧板连接；一种是使用"L"型的五金配件与侧板连接。

①眉板、踢脚板使用"三合一 + 圆棒榫"连接：这种连接方式使用的五金配件是三

合一组合和圆棒榫。这样的连接在侧板上的孔位反映是侧板的孔位排布不在同一个钻孔的轴上，如图4-3所示的侧板排孔示意图。

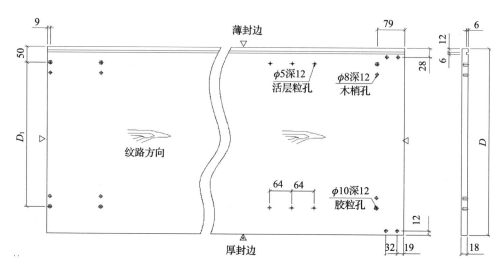

图4-3　带踢脚板的侧板孔位示意图

踢脚板的长度和高度对三合一或是圆棒榫的选择有影响，见表4-9，不同长度、高度选择的五金配件排布不同。

表4-9　　　　　　　　　　踢脚板的长度与高度对排孔的影响

长度（L）、高度（H）/mm	连接说明	示意图
$H < 60$	两侧端与侧板连接钻一个圆棒榫孔，上下位置分中。与底板排一个三合一连接孔，左右位置居中	
$H \geqslant 60$	两侧端与侧板连接钻两个圆棒榫孔，圆棒榫孔间距32mm	
$L \leqslant 1000$	取消脚线与底板的三合一连接件孔	
$1000 < L \leqslant 1500$	与底板用一个三合一连接，左右位置居中	
$1500 < L < 1900$	与底板用两个三合一连接，三合一孔间距640mm，左右位置居中	

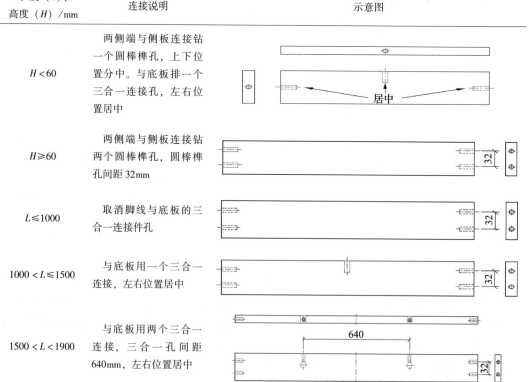

续表

长度（L）、高度（H）/mm	连接说明	示意图
1900≤L≤2400	以底板两端180mm的距离值排640mm的三合一孔。（支撑板、背拉板如此排法），后脚线比底板前移19mm，前脚线比底板内进2mm	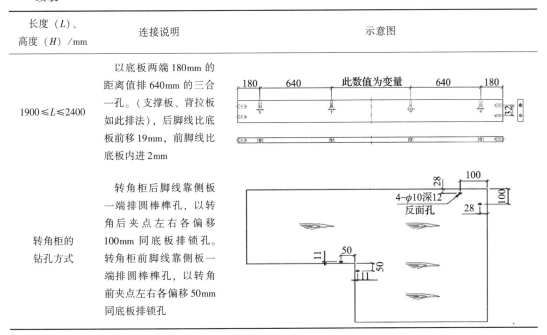
转角柜的钻孔方式	转角柜后脚线靠侧板一端排圆棒榫孔，以转角后夹点左右各偏移100mm同底板排锁孔。转角柜前脚线靠侧板一端排圆棒榫孔，以转角前夹点左右各偏移50mm同底板排锁孔	

② 眉板、踢脚板使用"L"型角码五金连接：这种连接方式使用的五金配件是"L"型的角码，不需要在侧板上钻孔，保证了侧板上排孔的统一性。"L"型角码使用见表 4 – 10。

表 4 – 10　　　　　　　　　　　　　"L"型角码使用

示意图	连接示意图	说明
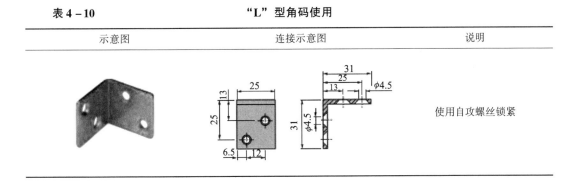		使用自攻螺丝锁紧

（3）背板的连接

背板有多种安装方式，直接影响侧板的孔位与抽屉的安装。不同的安装方式产生不同的背板模块。背板的安装主要考虑柜子稳定性、可拆装性、背板的包装成本与生产成本。

8 种常用的板式柜类家具安装方式与五金配件选择如下：

① 侧板开槽，背板直接钉在旁板槽缺口上：侧板与顶板、底板端面开槽，3mm 或 5mm 厚的背板直接钉在开槽端面，如图 4 – 4 所示。在背板的长、宽方向上左右各留 0.5mm 的余量，防止背板由于尺寸加工误差而大于左右旁板之间的预留空间。

这种结构的背板直接固定在旁板上，结构比较稳固，不易晃动且生产成本低，但是背板连接不能拆装。

② 侧板开槽，背板插在侧板槽内，加横向拉板或加五金配件锁紧：这种安装可以进

行多次拆装，且拆装简单，当前家具厂应用的很多，如图4-5所示。相比上一种结构，多了拉档成本以及增加背板扣对背板进行锁紧。如图4-6所示背板锁紧。

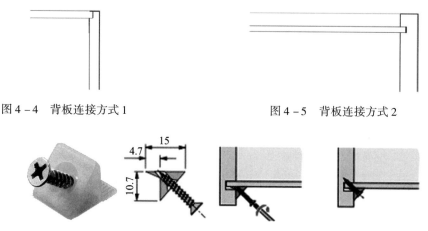

图4-4　背板连接方式1　　　　　　　　　图4-5　背板连接方式2

图4-6　背板扣锁紧示意图

③ 侧板开槽，背板分成两部分插在侧板槽内，两背板中间加"工"字形塑料连接件：为了解决背板的包装问题，将背板从中间一分为二，用"工"字形背板导槽连接中缝，但这种方法只适应在1m的长度范围之内，长度大于1m时，则因背板的翘曲而出现离缝和局部脱落，因此必须采用其他措施而加以防止。由于这种"工"字形塑料连接件是外构件，成本低且安装方便，因此，生产成本没有明显的增加，如图4-7所示。

④ 侧板开槽，背板分成两部分插在侧板槽内，两背板中间加"工"字形板材连接：与上一种安装方式相似，只是将连接两块背板的"工"字形塑料连接件改成木板，这样可以增强背板的牢固度，但是略增加成本和工艺。它的适用范围与上一种方式相同，如图4-8所示。

图4-7　背板连接方式3　　　　　　　　　图4-8　背板连接方式4

⑤ 侧板与竖向拉档用偏心件连接，竖向拉档开槽，背板插在竖拉档上：这种安装方式结构比较稳定，也可以进行多次拆装，且空间利用率比较高。但是由于使用五金和增加了材料，成本提高，工艺较复杂。如图4-9所示。

图4-9　背板连接方式5

⑥ 在两块背板中间加板，将上下一分为二：加一块横向垂直面安装的窄板作为上下背板的连接板，连接板上下边开槽安装背板。而中部的这块连接板用偏心连接件与旁板连接，可以反复拆装、强度较好、节省包装空间或者可以将柜子的层板加深与旁板深度平齐，并在层板上下边部加槽，上下部背板分别装入槽，具有较高的空间利用率。成本与方式 2 相似。

⑦ 背板厚度与旁板相等，直接与旁板使用偏心连接件连接：办公移动柜基本上使用这种背板安装方式。背板多用偏心件与木榫直接与侧板连接。背板上的连接孔位排布可参考第 5 种连接方式中竖板的孔位排布。

⑧ 专用连接件连接背板和侧板：使用专用的背板连接件连接背板这种结构主要是对第 1 种结构进行的改进。在具备第 1 种安装方式所有优势的同时，增加了背板的安装强度。

a. 在侧板的槽口中凿孔（$\phi \geqslant 10mm$）并安装专用的紧固件，安装示意如图 4 – 10 所示。

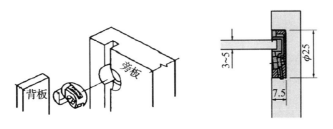

图 4 – 10　背板专用紧固件

b. 专用背板连接件连接如图 4 – 11 所示。

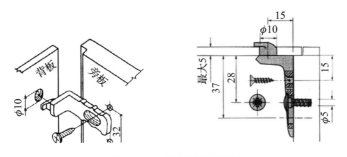

图 4 – 11　背板专用连接件

这种背板连接件是安装在柜子内侧的，可多次拆装，柜内空间使用率是各种背板安装方式中最高的。从成本上来说，虽然背板要加工孔位，但是不使用拉档，相应减少了材料成本和孔位生产成本。种种优势证明这种连接方式是比较可取的。

4.2　功能板件五金系统应用

4.2.1　功能板件定义及分类

功能板件是相对柜体框架的板件来定义的，功能板件是以单块板件的形式作为具有一定性功能的部件模块。

根据功能板件的定义可以知道，功能板件是单块板并且这块板相对于柜体框架备一定的功能性，因此我们可以将功能板件按照其功能的不同进行分类。见表4–11。

表4–11   **功能板件分类**

序号	名称	英文名称	说明
1	层板	Shelf	分隔柜内空间的水平板件，按方向从左向右分为左（中、右）（上、下）层板
2	中隔板	Vertical dividing partition	分隔柜内空间的垂直板件，从左向右分为左（中、右）竖板
3	饰板	Molding	表面起装饰作用的板件，依据板件在家具中所处位置分为顶（侧、底）板饰板
4	衬板	Lining	放在面板下面起支撑作用的板件
5	背担	Back load	柜体背面支撑面板或分隔背板的水平或垂直板件，以板件在家具中的位置分为左、中、右背担
6	横档	Middle rail	横向起支撑作用的板件
7	竖档	Mullion	竖向起支撑作用的板件
8	收口板	Necking plate	设计在靠墙柜体的附加板，使柜体与墙体相连无缝隙
9	轨道板	Track board	支撑移门轨道的板件

4.2.2 功能板件连接工艺及五金配件的使用

功能板件的连接工艺与其相对的功能息息相关，因此功能板件配件的选择就会有其功能板件的特性。

4.2.2.1 层板

层板是目前板式家具使用最为广泛的功能板件。层板有活动层板和固定层板之分，这两种层板的配合使用与柜体框架组合就基本构成了板式柜类家具，因此层板的五金配件选择尤其重要。

（1）活动层板

活动层板因其在柜体框架中可以自由调节空间的相对位置，所以在选择五金连接件时就需要满足这一功能特性，最简单的是直接插在侧板系统孔上的层板托，这种层板托的连接不用在层板上钻孔，层板直接搭在层板托上。在目前的五金连接件市场上，活动层板使用的连接件基本上均是层板托。表4–12是不同类型层板托的连接说明。

表4–12   **层板托连接说明**

序号	直观图	尺寸说明	装配示意图
1			

续表

序号	直观图	尺寸说明	装配示意图
2			
3			
4			

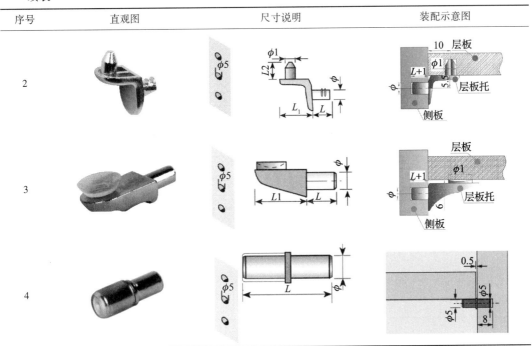

　　以玻璃为材质的玻璃层板在现代家具设计中的使用越来越广泛，玻璃材质的易碎性决定了玻璃层板与侧板的连接要夹紧玻璃，实际上玻璃层板与侧板的连接有专门的连接件，见表 4 - 13。

表 4 - 13　　　　　　　　　　　　　　　玻璃层板夹

序号	直观图	尺寸说明	装配示意图
1	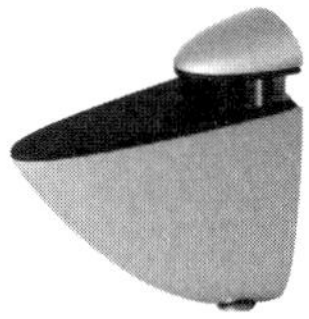	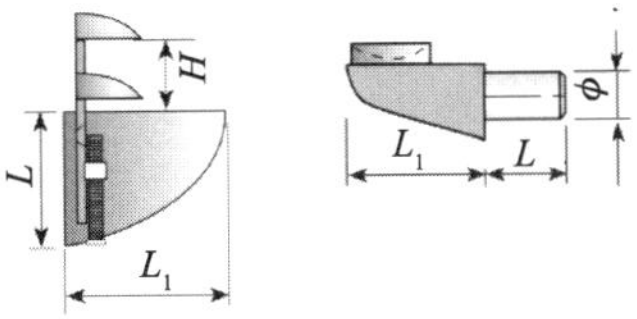	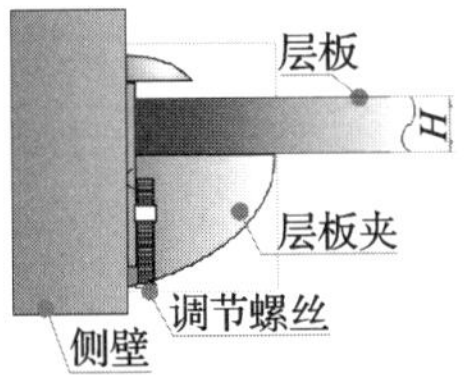
2	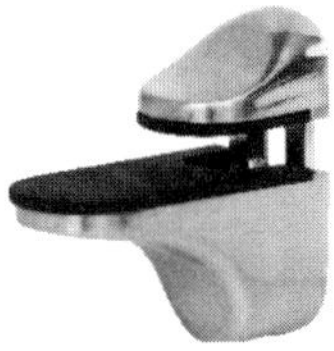	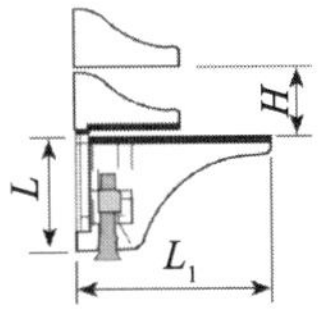	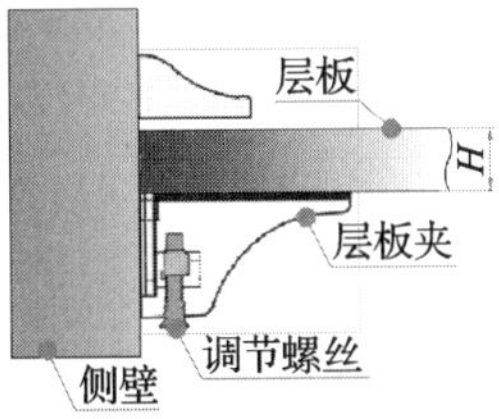
3	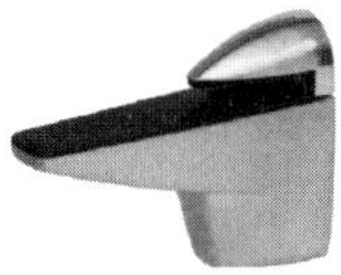	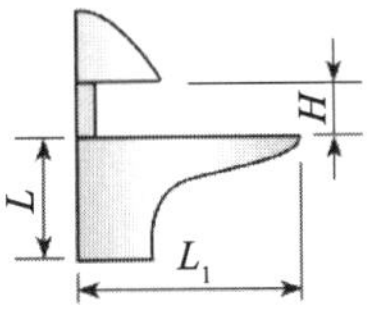	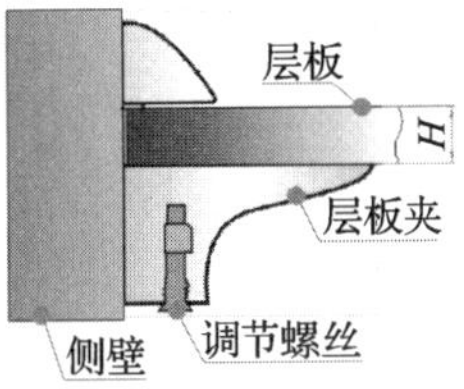

活动层板上不需要钻孔，孔位主要反映在侧板上，如图 4 – 12 所示。因活动层板的可调性，层板托的孔都会上下各带一组孔位，形成一组 3 个连接孔，孔与孔之间距离 32mm 或 64mm。

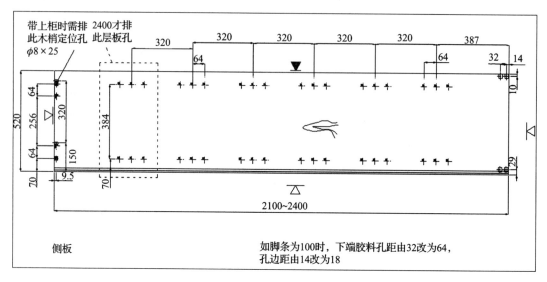

图 4 – 12　活动层板孔位排布

（2）固定层板

固定层板是固定在柜体某一个空间位置中的层板，除分割柜子功能还有增加柜子强度的作用，可选择不带预埋螺母的螺杆和偏心轮组合进行连接，通常这种连接组合也叫二合一连接。二合一的连接五金见表 4 – 14。

表 4 – 14　　　　　　　　　　　　二合一组合连接说明

直观图	钻孔尺寸说明	连接示意图

续表

直观图	钻孔尺寸说明	连接示意图
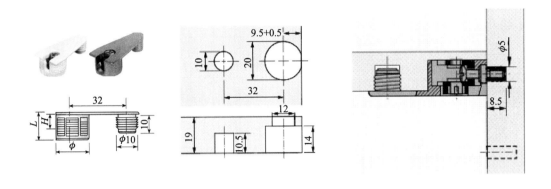		

这种层板托在使用时能使层板两端拉紧，使层板和旁板成为一个刚体，可以防止层板产生挠度，能够作为固定层板的安装五金，同时也可以应用在活动层板中，使活动层板也能够做到加强柜子强度的作用。且固定层板使用这种层板托后不需要再配圆棒榫，使侧板上的孔位除了顶板、底板的结构孔以外，都可以用系统孔来完成。

（3）挂墙层板

随着现代家具的发展，层板不仅限制于在柜体框架中使用，往往会单独作为单个成品使用，使得装修设计更时尚、简洁、大方。如图 4 - 13 所示，层板作为单独成品的设计效果。

图 4 - 13　挂墙层板效果图

对于这类挂墙的层板需要专用的层板连接件，如隐藏式层板销，才能满足层板的强度要求和设计要求，表 4 - 15 是隐藏式层板销的连接特点。

表 4 - 15	隐藏式层板销
	隐藏式安装于层板后方

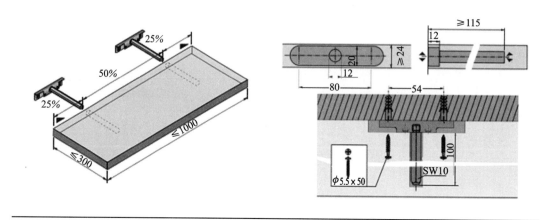

大多数隐藏层板销的材质都为钢质镀锌，它的承重能力可分为：1000mm × 300mm 层板的最大承重为 50kg/m²；1000mm × 250mm 层板的最大承重为 100kg/m²；1000mm × 200mm 层板的最大承重为 160kg/m²。

4.2.2.2　其他功能板件的连接

在如今的板式家具中，板件主要通过连接件连接，偏心连接件与定位圆棒榫的配合连接是板式家具板件连接中最常用的连接方式。从前面功能板件的分类中可知所有板件都可以选择这样的一种连接形式。

在实际的家具结构工艺设计中，从产品的稳定性方面和成本控制方面，连接件的连接数量和功能板件的长度、宽度和板件的放置位置有密切的关系。

（1）悬挂式连接

在各类挡板的连接过程中，海蒂诗的 MultiClip 是一种广泛而且实用的连接件，如图 4-14，可用于护墙板、踢脚板、面板和各类挡板，在所有情况下，该连接件都可以平行或垂直地旋紧在面板或挡板上，无论是用于内部配件、合约工程还是用于量产，此连接件均能节省成本。

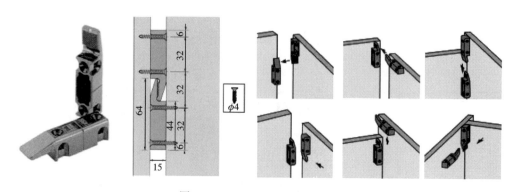

图 4-14　MultiClip 连接示意图

通过带锯齿表面的弹簧支撑舌，定位牢固。1 个连接件，多种用途，可变螺丝安装位置，允许从上方、正面、侧面以及齐平位置进行连接，如果必须将悬挂式连接件从正面推入，则应将其中一个连接件转动 90°，如图 4 – 14 所示。

（2）角部连接

在柜体的设计中会经常涉及转角部分的连接，比如整体衣柜顶部装饰线条的安装等，这类需要转角的线条安装可以选择角部连接件，如图 4 – 15 所示。该连接件主要通过螺母的旋转，把两个角部部件夹紧，跨度在 36 ~ 46mm，适用于各类型的角部连接。

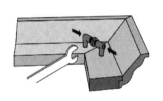 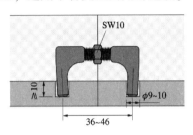

图 4 – 15　角部连接示意图

（3）台面连接

台面的加宽或加长可以通过把两张或两张以上的台面进行连接组合，对于轻质的台面板，可以选择海蒂诗 AVB5 台面连接件进行连接。该连接件是以正配合方式摩擦的紧固连接，卡扣将夹板和连接固定件固定到位或开槽中，从而可以轻松嵌入钻孔或预定好的凹槽中，这样可以腾出双手进行紧固，如图 4 – 18 所示。连接件卡扣钻孔孔径为 35mm，钻孔深度至少为 20mm。图 4 – 16 中 X 值是卡扣孔距离边缘的距离，不同长度的台面连接该值不同，具体参考产品的基本参数表。

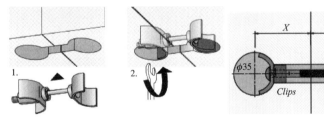 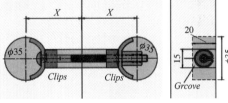

图 4 – 16　台面连接件连接示意图

（4）可调节地脚

可调节地脚的设计不仅为家具提供了坚固支撑而且能够根据不同的需求和地面环境进行高度的调节，特别是在橱柜的设计上，高度调节脚被广泛应用。

以海蒂诗高度调节脚 Korrekt 为例，该配件系统包括了地脚、连接块及其他配件，每个脚承重 450kg，如图 4 – 17 所示高度调节脚的安装，其中 X 值是踢脚的高度尺寸，X 值的不同其调整的范围也不同，可参考产品手册参数。

（5）柜体吊码

柜体吊码是实现柜体悬挂墙面的核心五金件，是吊柜不可缺少的五金连接件。柜体吊码由两部分组成，一部分安装于柜体内；一部分安装于墙面上的挂轨，通过柜体内的吊码挂于墙面的挂轨上，实现吊柜挂于墙面上。

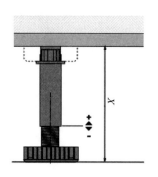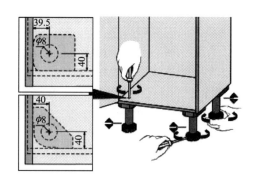

图 4 – 17　高度调节脚安装示意图

以海蒂诗 SAH116 柜体吊码为例，该吊码为拧入式吊码，承重 40kg，吊柜的深度最大值为 400mm，吊柜的高度必须大于吊柜的深度。安装示意图如图 4 – 18 所示，背板到侧板前边缘最小的距离为 16mm，卸下时抬起高度为 7.5mm，即吊码的上边缘距离顶板距离为 7.5mm，柜体的背板槽深度最大值 5mm。

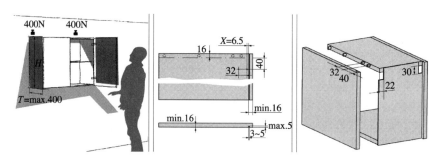

图 4 – 18　吊码的安装参数图

吊码的调节：高度调节范围为 ±7mm，最大的深度调节可达到 15mm，侧向调节 ±7mm（挂轨悬挂），如图 4 – 19 所示。

挂轨的安装：挂轨安装于墙面上，墙面钻孔必须安装直径 8mm 胀栓，用特殊螺丝将挂轨拧紧于胀栓上，挂轨的安装示意图如图 4 – 20 所示。

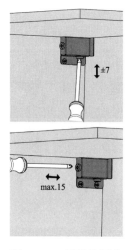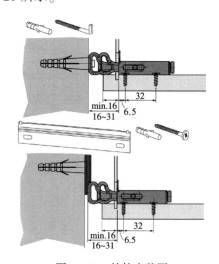

图 4 – 19　吊码的调节　　　　　　　图 4 – 20　挂轨安装图

4.3　柜门五金系统应用

4.3.1　柜门板的分类

门板是板式家具重要的组成部分，是体现设计风格的一个重要因素，门板的材料和开启方式的选择是当前家具设计中美观性、功能性和实用性的完美结合。一款柜体家具的高端程度在一定的程度上体现在柜门的设计上，也是给使用者最直观的体现。

在板式家具中，特别是柜类家具中，衣柜和橱柜是现代家居最重要的组成部分。衣柜和橱柜的柜门的设计代表了板式功能性应用的极高水平。综合衣柜和橱柜的柜门统计，门板有下面几种分类。

4.3.1.1　根据门板表现出外在的结构形态

柜门可分为：平板门板、框式嵌板门板、造型门板和异形门板。

（1）平板门板

平板门板是指以中密度纤维板、刨花板、细木工板、胶合板等人造板材作为基材，表面贴饰面材料或涂饰并经过封边处理加工而成的实心板。按照其饰面材料的不同又可以分为三聚氰胺双饰面门板、美耐（防火）门板、水晶门板、烤漆门板。

三聚氰胺双饰面门板（Melamine Faced Chipboard，MFC）：全称是三聚氰胺浸渍胶膜纸饰面人造板。它是将带有不同颜色或纹理的纸放入三聚氰胺树脂胶黏剂中浸泡，然后干燥到一定固化程度，将其铺装在刨花板、中密度纤维板或硬质纤维板表面，经热压而成的装饰板。如图 4-21 所示。

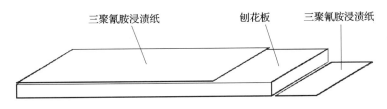

图 4-21　三聚氰胺浸渍胶膜纸饰面人造板结构

美耐（防火）门板（HPL）：美耐板是由多层牛皮纸经酚醛树脂浸渍后与一层经三聚氰胺浸渍的装饰纸在高温高压下压制而成。简称 HPL。厚度为 0.2～1.6mm。美耐板门板是将美耐板经过热压或冷压粘贴在中密度板或刨花板的基材上。其色泽鲜艳，表面光洁，有一定的耐磨性、耐热性、耐燃烧性及耐污染性。美耐板门板的耐磨、耐高温、耐划伤等性能都要优于三聚氰胺双饰面板。如图 4-22 所示。

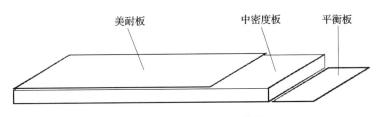

图 4-22　美耐板门板的结构

美耐板门板结构中平衡板起平衡作用，防止中密度板在压贴美耐板后弯曲变形，平衡板的质地纹路与贴面材料相同，因颜色比较单一（一般为白色），价格较贴面材料便宜一些。

水晶门板：水晶板因表层具有光亮度，故起名为水晶板。其基材采用中密度板或刨花板，表面粘贴"有机玻璃板"（俗称压克力），厚度2~3mm。水晶板耐磨性、耐刮性、阻燃性能都较差，更不具有抗压性能。对温度很敏感，长时间受热颜色会改变。水晶板不是橱柜门板的理想材料，其综合性能也不太适合国内的厨房环境。

烤漆门板：烤漆板基材为密度板，表面经过六次喷烤进口漆（三底、二面、一光）高温烤制而成。目前用于橱柜的"烤漆"仅说明了一种工艺，即喷漆后经过进烘房加温干燥的油漆处理基材门板。烤漆板的特点是色泽鲜艳、易于造型，具有很强的视觉冲击力，非常美观时尚且防水性能极佳，抗污能力强，易清理。缺点是工艺水平要求高，废品率高，所以价格居高不下；使用时也要精心呵护，怕磕碰和划痕，一旦出现损坏就很难修补，要整体更换；油烟较多的厨房中易出现色差。比较适合外观和质量要求比较高、追求时尚的年轻消费者。

（2）框式嵌板门板

框式嵌板门板是指由四周框架拼接，中间门芯加嵌板构成的门板。框式门的框架一般由实木木方或人造板条、金属型材构成，其门芯嵌板可以用实木拼板，也可以是薄型的人造板材、百叶、玻璃和亚克力等。

（3）造型门板

造型门板是与板式门相对应的门板类型，其基材主要是实木或中密度纤维板，表面进行铣型、雕刻等机械加工处理后再进行表面装饰处理的门板。造型门板的表面装饰主要有PVC模压吸塑、烤漆等，进行PVC模压吸塑表面处理其基材只能是中密度纤维板。

PVC模压吸塑门板：PVC模压门板是以PVC膜作贴面材料，用优质中密度板作基材，经加工中心铣型、吸附、热压并使用专业的真空吸塑料和真空吸塑机器在高温、高压下一次模压成型的一种装饰板材。PVC模压门板颜色丰富，门板造型多样，立体感强，清洗方便，可以满足消费者的个性需求，深受大众喜爱，正逐步成为市场的主流。如图4-23所示。

图4-23 PVC模压门板成品

（4）异形门板

异形门板是指非平面或矩形的门板，如曲面或部分凸出，以及平面形状变异的门板。如拐角柜的圆弧门。

4.3.1.2　根据柜门板的开闭方式

门板可分为：平开门、翻门、移门。

（1）平开门

沿着垂直轴线启闭的门。开门是柜体最常见的开启方式，按照开启的方向有左开门和右开门，因为开门是沿着垂直轴线启闭的，所以在实际使用时柜子前面要保留一定的开启空间才能保证开门的使用。根据平开门门板与柜体侧板边部之间的位置关系的不同，平开门可分为全盖门、半盖门和内掩门三种结构形式。

（2）翻门

沿着水平轴线启闭的门。翻门的设计越来越受消费者所喜爱，特别是在吊柜设计中，因其是沿着水平轴线启闭的，相对开门节省了开闭的空间，对吊柜来说使得柜门的开闭更加合理。翻门按照其开启方向有上翻门和下翻门，上翻门从下往上翻转开启；下翻门则从上往下转动开启，一般开启到水平位置。上翻门在家具设计特别是橱柜设计中使用比较多，常用于吊柜和高柜；而下翻门使用频率较低。

上翻门按照翻门的移动方式又可以分为上翻折叠门、上翻平移门、上翻斜移门、上翻支撑门和上翻内置门，如图4－24所示。

<table>
<tr><td>上翻折叠门</td><td>上翻平衡门</td><td>上翻斜移门</td></tr>
<tr><td>上翻支撑门</td><td>上翻内置门</td><td></td></tr>
</table>

图4－24　上翻门的种类

（3）移门

横向或纵向移动开闭的门。移门相对开门和翻门的开启方式是通过横向移动，它的开闭空间更加节省。对于大型衣柜、整体衣柜的设计，移门是更加实用的选择。移门门板铝框组合的方式在整体衣柜中使用比较多，相对于整体板材的门板，铝框拼框门更轻盈，风格更多样化。按照移门的滑动部位可分为顶部滑动移门、底部滑动移门、水平滑动移门和垂直滑动移门。

折叠门：是指沿着轨道移动并折叠于柜体一边的折叠状移门。这种折叠结合了移门的横向移动启闭特点和开门沿着垂直轴线启闭特点，在现代的整装设计中也比较常见，如图4－25所示。

图4-25 折叠移门效果图

卷帘门是指沿着导向轨道滑动而卷曲开闭并植入柜体内卷帘状的移门。卷帘门有木制卷帘门、塑料卷帘门、金属卷帘门和亚克力卷帘门等。

4.3.2 平开门五金件连接系统应用

平开门主要通过铰链连接，选择正确、合理的铰链方式对平开门的开闭与设计有很大帮助，并能够带来柜体家具使用体验感质的提升。铰链是指家具中能够使柜门、翻门实现开启与关闭或能使零部件之间实现折叠的活动连接件。可分为明铰链、暗铰链、门头铰、玻璃门铰等。

4.3.2.1 明铰链与门头铰的应用

（1）明铰链

明铰链指的是合页。合页是一种古老的家具五金连接件，其历史可追溯到中国商朝至三国时期的铜合页。合页在现代家具中使用也比较广泛，特别是实木类的柜体家具中，开门较多所以合页比较常见。

门合页用于连接或转动装置，让门可以依靠合页做到自由开合。一般情况下，合页由一对金属叶片组成，安装时可以上下左右调节合页板的高度。门合页的一个特点是可根据空间配合门开启角度，除一般的90°外，127°等均有相应门合页相配，可以使各种门都有相应的伸展度。如图4-26所示。

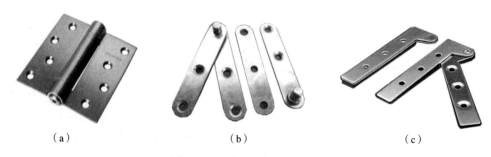

（a）　　　　　　　　　　（b）　　　　　　　　　　（c）

图4-26 明铰链合页和门头合页

（a）明铰链合页　　（b）偏心式门头合页　　（c）带止动点门头合页

　　门合页的材质主要有铁质、铜质和不锈钢，轴承型门合页从材质上可分铜质、不锈钢。目前，选用铜质轴承门合页的消费者较多，因为铜轴承门合页样式美观、大气，价格适中，并配备螺钉，较受消费者欢迎。如图 4 – 26 中（a）所示。

　　（2）门头铰

　　门头铰是指安装在柜门的上下两端与柜体的顶、底结合处，使用时也不外露，可使门的上下两端绕铰链上的销轴回转而实现开启与关闭，主要有片状门头铰、弯角片状门头铰、套管门头铰等。如图 4 – 26 中（b）和（c）所示，门头铰链分带有止动点和偏心式的两种。其优点是铰链不外露，家具表面简洁、美观。缺点是安装不太方便；带有止动点的门头铰链开启角度不大，只能开启 90°，安装示意图如图 4 – 27 所示。

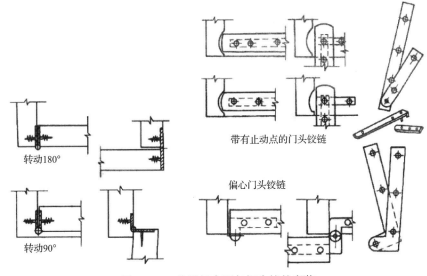

图 4 – 27　普通门合页与门头铰的安装

4.3.2.2　暗铰链系统的应用

　　暗铰链是指安装时隐藏于家具内部而不外露，门没有固定的回转中心，而是靠连杆机构转动实现开启与关闭，主要有杯状暗铰链、百叶暗铰链等。杯状暗铰链是现代家具平开门使用较广泛的五金件之一。

　　以杯状暗铰链为基础的平开门结构系统，通过五金件集中解决柜门在开启过程中的角度、运动的快慢、门板的间隙等一系列问题。

　　（1）杯状暗铰链的组成

　　杯状暗铰链以铰杯、铰臂和底座三部分为主体，辅助各种功能性螺丝、连接杆和阻尼等组成，如图 4 – 28 所示。铰杯是安装在门板上，底座安装在柜体的侧板上，通过铰臂作为桥梁进行对门板和柜体的连接，从而实现了门板的开启和关闭。

　　（2）杯状暗铰链与门板连接方式

　　柜门与柜体的连接有三种形态，通过柜门与侧板之间的覆盖关系来实现。这三种盖板的方式分别是：门全部覆盖住柜侧板，两者之间有一个间隙，以便门可以安全打开的全盖门；两扇门共用一个侧板，它们之间有一个所要求的最小总间隙的半盖门；门位于柜内，在柜侧板旁它也需要一个间隙的内掩门。

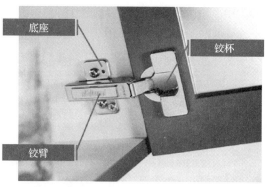

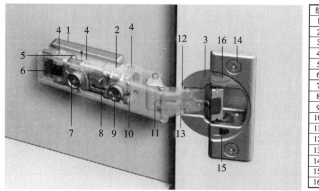

组成部分:	
1	安装座
2	铰臂
3	铰杯
4	3根定位杆
5	安全杆
6	CLIP 快装装置
7	蜗牛状螺丝（深度调节）
8	高度调节偏心轮（安装座上）
9	侧边调节螺丝
10	板固定件
11	自闭装置
12	外操纵杆
13	内操纵杆
14	固定螺丝
15	关闭
16	BLUMOTION 阻尼

图 4 - 28　杯状暗铰链的组成

在杯状暗铰链的选择上，盖板方式的不同选择的铰链类型也不同。铰链是通过铰臂的曲度大小来决定门板与侧板盖板的方式，因此在选择铰链的时候要根据不同的盖板方式选择不同曲度的铰链。对于全盖类型的门板，铰链的铰臂的曲度为 0mm，又称为直臂铰链；对半盖类型的门板，铰臂的曲度为 9.5mm，又称中曲臂铰链；对内掩类型的门板，铰臂的曲度为 18mm，又称大曲臂铰链。铰链的铰臂曲度与盖板方式如图 4 - 29 所示。

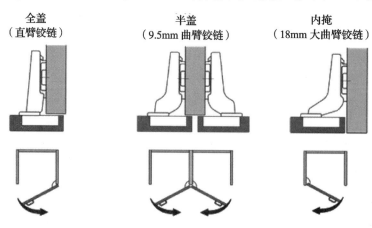

图 4 - 29　铰臂曲度与盖板方式

（3）杯状暗铰链与门板开启角度

铰链的开启角度是进行门板设计的一个重要指标，根据柜体的实际安装位置与门所要达到的开启效果选择合适的开启角度。铰链的开启角度从 94° 到 170° 的跨度，这其中有 94°、95°、100°、107°、110°、120°、155°、170°。常见的开启角度是 110° 铰链和 107° 铰链，95° 铰链主要用于厚门板（常见门板厚度为 20mm），如图 4 – 30 所示，而 96° 的铰链主要用于美式带框门板，即门板关闭时铰链底座与铰杯平齐。如图 4 – 31 所示 95° 与 96° 铰链的应用。

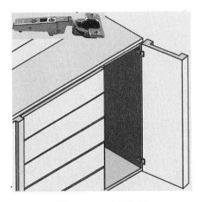

图 4 – 30　厚门板

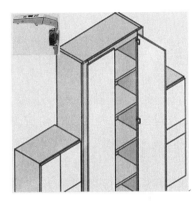

图 4 – 31　美式带框门板

在柜体内部带有抽屉的设计中，为了满足抽屉能够自由开闭而不与门板干涉，这种情况下就需要在柜体里面的抽屉设计两块挡板，减少内空安装抽屉才能使得抽屉开闭自如。而选择开启角度为 155° 的铰链就能解决这个问题，减少柜体内部空间的浪费，如图 4 – 32 所示。

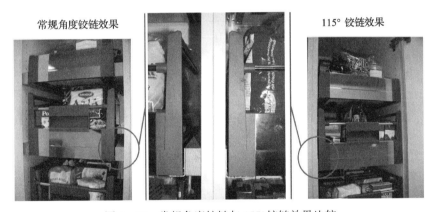

图 4 – 32　常规角度铰链与 155° 铰链效果比较

（4）铰链的孔位设计

铰链在板件上的孔位主要有两部分，一部分是铰杯与门板的安装孔位；一部分为底座与侧板的安装孔位。

① 铰杯的孔位设计：不同品牌的铰链铰杯孔的大小有少许的差别，基本上不会改变太大，以百隆铰链为例，铰杯的打孔深度：10.5 ~ 13mm；铰杯到面板边缘的固定尺寸：3 ~ 6mm。铰杯孔位设计如图 4 – 33 所示。

在柜门铰链的设计上，铰链的孔位设计需要根据铰链生产厂家给定的相关参数来计算，这里涉及铰链孔位设计中几个数据概念，如图 4 – 34 所示，图中各参数表示如下：

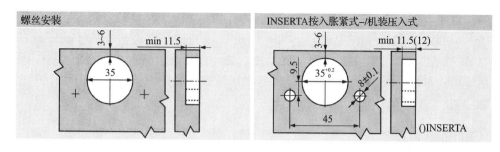

图 4-33　铰杯孔位设计图

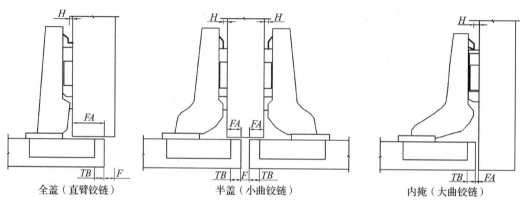

图 4-34　三种结构形式门的参数表示图

FA：表示门与侧板之间的相对安装位置，即门在关闭状态时，自门侧边到侧板的内侧边之间的距离，也可以说是门覆盖侧板的距离。在设计时，*FA* 的取值应该服从于家具设计需要，而不应该局限于厂家推荐的某个特定的 *FA* 值。

TB：表示铰杯孔到门侧边的距离，即铰杯的靠边距离。对于不同的铰链，*TB* 值有不同的取值范围。*TB* 值一般取值不小于 3mm，最大值受转动间隙 *F* 的限制，以合理为度，一般的为 3~6mm。有时也要根据侧板的厚度进行调整。

H：表示铰链底座垫片的厚度。*H* 值过大会影响铰链安装强度和稳定性，一般不大于 10mm，该值由铰链生产厂家提供，也可以自己垫高。

F：表示门在开闭时所要满足的最小的转动间距。根据不同的门板厚度和 *TB* 值的不同，*F* 值的取值也不同，当门边为圆角时，*F* 值应相应减少。一般由生产厂家给出最小值，可从不同铰链的对应表中查找。表 4-16 是关于不同门板类型 *F* 值的设计规范。

表 4-16　　　　　　　　　　　　门缝隙规范

平开门类型	间隙位置	*F* 值/缝隙/mm
内掩门	左右间隙	2
	上下间隙	2
半盖门	左右间隙	2
	共用侧板，背开	2
	上下间隙	2
	左右两侧盖板间隙	盖侧板厚度一半

续表

平开门类型	间隙位置	F 值/缝隙/mm
全盖门	左右间隙	2
	上下间隙	2
	左右两侧门覆盖距离	板厚 - 2（18mm 板） 18（25mm 板）

下面通过一个具体的例子说明如何通过计算方法确定杯状暗铰链的孔位，完成其设计。

例：如图 4 - 35 所示的衣柜顶柜，顶柜总的宽度为 1610mm，侧板厚度为 18mm，门板厚度为 18mm，采用百隆杯径为 $\phi 35$、开启角度 110°的杯状暗铰链，要求 4 张门板大小一致，从柜正面看侧板盖住柜门。请设计门的宽度以及铰杯的孔位。

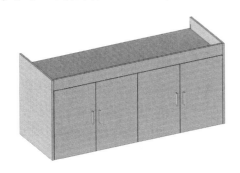

图 4 - 35　衣柜顶柜

计算：按要求侧板盖住门板，两边的门应装内掩门暗铰链，中间两个门应装半盖门暗铰链，安装门的结合方式取每一扇门之间的间隙 $F = 2$mm，则门宽尺寸：（$1610 - 2 \times d - 5 \times F$)/4 $= 391$mm（4 扇门有 5 个间隙）。

根据百隆的产品手册中铰杯边距 TB 与门板覆盖距离 FA 关系表（见表 4 - 17），底座垫高 $H = 0$mm。

表 4 - 17 TB 参数关系表

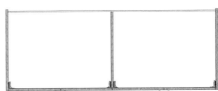

全盖														半盖															内掩					

铰杯边距（TB）

安装坐垫高/mm	门板重叠部分 FA/mm														安装坐垫高/mm	门板重叠部分 FA/mm														安装坐垫高/mm	门板重叠部分 FA/mm					
	5	6	7	8	9	10	11	12	13	14	15	16	17	18		-4.5	-3.5	-2.5	-1.5	-0.5	0.5	1.5	2.5	3.5	4.5	5.5	6.5	7.5	8.5		-4	-3	-2	-1	0
0										3	4	5	6	7	0									3	4	5	6	7		0			3	4	5	6	7
3								3	4	5	6	7			3						3	4	5	6	7					3			3	4	5	6	7
6						3	4	5	6	7					6				3	4	5	6	7							6				
9	3	4	5	6	7										9	3	4	5	6	7										9				

得出：内掩门门板覆盖距离 $FA = -2\text{mm}$，则铰杯边距 $TB = 5\text{mm}$。

半盖门门板覆盖距离 $FA =$（板厚 $- F$）$/2 =$（$18 - 2$）$/2 = 8$（mm），则铰杯边距 $TB = 6\text{mm}$。

则半盖门上所钻铰杯孔孔中心到门板边的距离为：$X = \phi 35 \div 2 + TB = 35 \div 2 + 6 = 23.5$（mm）

掩门上所钻铰杯孔孔中心到门板边的距离为：$X = \phi 35 \div 2 + TB = 35 \div 2 + 5 = 22.5$（mm），则门的基本加工尺寸如图 4-36 所示。

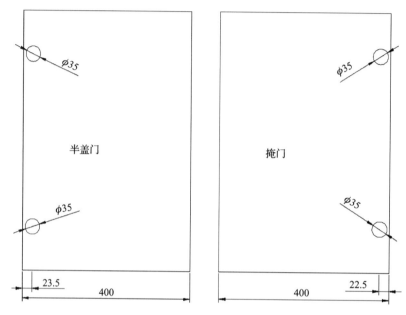

图 4-36　门结构尺寸

② 铰链底座的孔位设计：底座的孔位以 32mm 系统孔位进行设计，孔位距离侧板边缘的距离十字底座为 37mm，一字底座为 22mm。铰链底座孔位设计如图 4-37 所示。

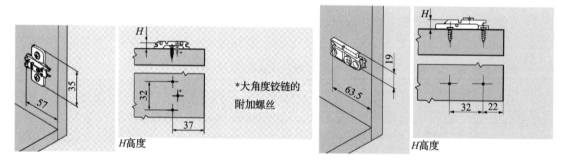

图 4-37　铰链底座孔位设计

（5）铰链数量的设计

门的宽度、高度和门的材料质量是每扇门所需的铰链数的决定因素，如图 4-38 所示（适用于 600mm 宽度的密度板、玻璃和镜面）。在实际操作中，出现的各种因素由于情况的不同而不同。所以图 4-38 中所列明的铰链数只能作为参考依据。在情况不明的时候，建议做一个试验。出于稳定性方面考虑，铰链之间的距离应尽量大一些。

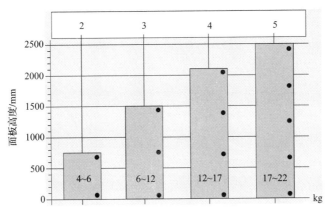

图 4 – 38　门的宽度、高度和材料质量与铰链数量关系

　　铰链数量在实际应用时可以参考表 4 – 18，铰链数量与门板高度关系和铰链的孔位尺寸设计见表 4 – 18。如遇特殊情况，如铰链与其他板件会发生干涉时，可不参照此表，适当调整孔位。

表 4 – 18　　　　　　　　　　　　门板铰链数量与孔位设计

铰链数量	示意图	孔位说明
2 个		$L = 300 \sim 800\,mm$ $a = 100\,mm$ $b = L - 2a$
3 个		$L = 800 \sim 1500\,mm$ $a = 100\,mm$ $b = (L - 2a)/2$
4 个		$L = 1500 \sim 2100\,mm$ $a = 100\,mm$ $c = L - 2a - 2b$ $b = 32$ 的偶数倍
5 个		$L = 2100\,mm$ 以上 $a = 100$ $c = (L - 2a - 2b)/2$ $b = 32$ 的偶数倍

（6）铰链的安装结构与调节

安装门板时，先把铰链的铰杯部分安装在门的铰杯孔里，然后在柜体侧板相对应的位置把铰链的底座安装在侧板上，在门板打开（铰臂处于打开状态）状态，通过铰臂与底座连接完成门板安装。在具体安装时，一扇门上的铰链的安装原则是从上而下的交叉顺序完成，这样的好处是最上部分的铰链承担门板的全部重量，使得其他铰链更加轻易安装。而拆卸过程正好相反，是从下而上进行。安装完成的效果要求是门能够自由旋转 90°以上，并且不影响柜内配件的活动。如果门板存在位置偏差，可通过三维调节，使门板与门板之间、门板与柜体之间保持持平。

① 铰链的安装：根据铰杯与底座的安装固定方式的不同，可以分为三种不同的形式，分别是按入胀紧式、螺丝拧入式和机装压入式（图 4-39），这三种不同的安装固定方式体现了铰链在安装过程的速度与便捷性。

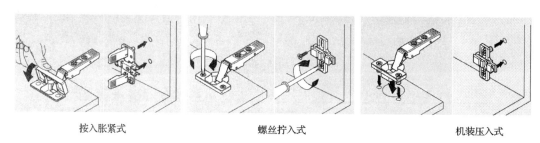

按入胀紧式　　　　　　　　螺丝拧入式　　　　　　　　机装压入式

图 4-39　铰链的三种安装结构

铰臂安装到铰座，有两种安装方法：一种是卡入式，一种是推入式。

卡入式：铰臂的位置杆对准底座的固定凹槽，然后在铰臂上用指尖轻轻一压，同时可以听到"咔嗒"一声，表明铰臂通过五个支点安全地钩在了铰链底座上。为安全起见，轻压隐藏在铰臂里面的弹簧滑动栓，可将铰链卸下。通过同样的程序，将铰臂从底座上取下，这样门就可以从前面挪开了，如图 4-40 所示。

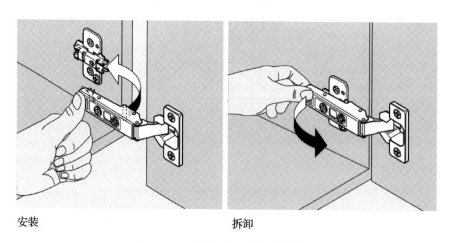

安装　　　　　　　　　　　　拆卸

图 4-40　卡入式铰臂安装与拆卸

推入式：铰臂从铰座的下方推入到铰座上，用螺丝刀锁紧。注意推入铰臂时要与铰座平行，如图 4-41 所示。

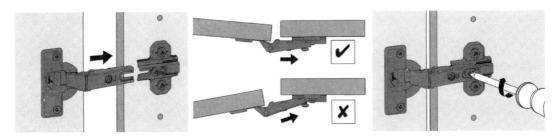

图4-41　推入式铰臂安装

②铰链的三维调节：铰链有三个参数可进行调节，可以调节门板的门覆盖距离、门板深度和门板的高度。需要注意，这个调节是对门板进行微调整，调整的尺度范围±2mm。

a. 门覆盖距离调节（图4-42）：把螺丝向右转，使门的覆盖距离变小（-）；把螺丝向左转，使门的覆盖距离变大（+）。

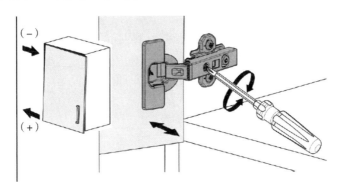

图4-42　门覆盖距离调节

b. 深度调节：通过偏心螺丝直接而连续地调节，如图4-43所示。

c. 高度调节：通过可调高度的铰链底座，可以精确调整高度，如图4-44所示。

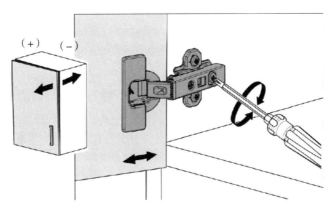

图4-43　深度调节

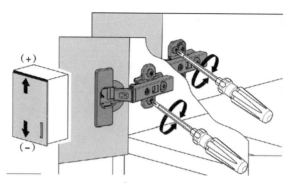

图 4 - 44　铰链高度调节

4.3.3　翻门五金连接系统应用

翻门是现代柜体中吊柜最常用的开启方式，吊柜的设计是基于人体工程学中手臂伸开的范围，翻门的开启方式设计原理满足了吊柜对于人体工程学的要求，打开时可以充分展示柜内空间。如何正确设计翻门的开启方式呢？翻门的转动结构与平开门相似，门板多固定在顶板或底板上，沿水平轴线向下或向上翻转启闭。

翻门的连接结构主要有两种：一种是利用专门的翻门装置实现翻转，其门页可翻开并停留在任意角度，这种装置俗称随意停；另一种是利用铰链与气动撑杆配合实现翻转，这种结构翻门，其门打开的角度为一定值，门页在其他角度位置无法稳定停留，为了确保翻门打开时的可靠性，即经受载荷的能力，必须安装定位装置。翻门的开启轨迹由翻门五金配件决定，上翻门有上翻折叠门、上翻平移门、上翻斜移门、上翻支撑门（以百隆 AVENTOS 上翻门系列为例）和上翻内置门。

4.3.3.1　上翻折叠门五金件的应用

上翻折叠门是由两块门板组合而成，打开时两块门板中间部分折合起来，折叠系统被活动门板所掩盖，如图 4 - 45 所示。因此，上翻折叠门支撑需要配合铰链使用，整套组件包括翻门机械装置、伸缩臂、门板固件和铰链。适合各类木质门板、宽窄边铝框门板，以及各类门板的任意组合。上翻折叠门适应较宽的柜体，柜体宽度范围为 450 ~ 1800mm；柜体的高度范围为480 ~ 1040mm。从而实现在较高吊柜上使用大幅面上翻门，并且使拉手的安装位置触手可及。

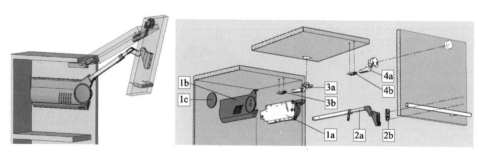

图 4 - 45　上翻折叠门

伸缩支撑杆是实现上翻门开启效果的主要五金，通过伸缩过程实现了翻门的开启与关闭。在设计使用过程中，要充分考虑伸缩支撑杆的伸缩行程。进行不对称设计时，上层门板必须大于下层门板，以理论柜体高度（上层门板的高度的 2 倍）为计算依据。

（1）上翻折叠门的安装尺寸设计

先在柜体侧板和门板上预钻定位孔，机械装置尺寸定位和门板固定件及铰链在门板上的定位尺寸如图 4－46 和图 4－47 所示。伸缩支撑杆在侧板上高度方向的孔边距与柜体的高度和折叠的两块门板是否对称有关系。柜体的高度越高，上边距距离越大，深度方向的孔边距按照 32mm 系列排孔 37mm，在实际操作中根据不同品牌的伸缩支撑杆的对应的参数表可以得到数值。

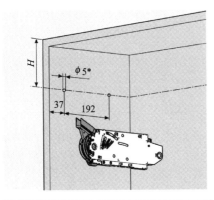

柜体高度 KH	H
480~549mm	$KH \times 0.3-28mm$
500~1040mm	$KH \times 0.3-57mm$

柜体高度 KH	X
480~549mm	54mm
550~1040mm	31mm

图 4－46　机械装置在侧板的设计尺寸与门板定位尺寸

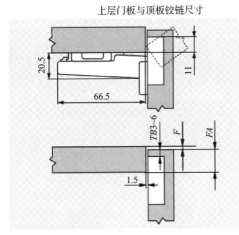

F 门缝

铰杯距离 TB

	面板重叠部分 FA												
	5	6	7	8	9	10	11	12	13	14	15	16	17
0										3	4	5	6
3							3	4	5	6			
6			3	4	5	6							
9	3	4	5	6									

安装底座

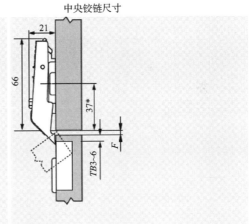

最小留缝 F=1.5mm
＊ 37mm 使用十字安装座（37/32）

铰杯距离 TB

	接缝 F												
										3	4	5	6
0										6	5	4	3
3													
6													
9													

安装底座

图 4－47　铰链的孔位设计

上翻折叠门安装所需铰链数量根据门板重量或柜体宽度而定：柜体宽度超过 1200mm 以及门板重量超过 12kg 时使用 3 个铰链；柜体宽度超过 1800mm 以及门板重量超过 20kg 时使用 4 个铰链。铰链的安装尺寸如图 4 – 47 所示。

安装上翻折叠门配件时，根据柜体高度，柜内可以安装 1 ~ 2 个层板，相应的侧板需要缩进 22mm；门板打开时柜体上方所需空间如图 4 – 48 所示。

（2）上翻折叠门的安装

① 在预先钻好的定位孔上把机械装置固定在侧板内侧，装上塑料盖，连接伸缩臂。如图 4 – 49 所示。

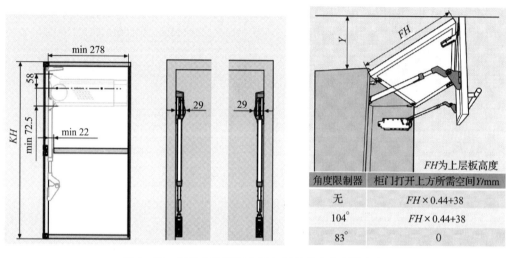

图 4 – 48　柜体内部所需空间与柜体外上方所需空间

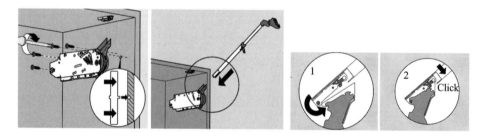

图 4 – 49　机械装置与伸缩杆连接

② 将上层门板用铰链与柜体顶板连接，将门板连接件固定在下层门板底部，用连接铰链把两块门板连接起来，如图 4 – 50 所示。

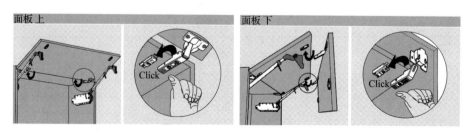

图 4 – 50　上下门板连接

③ 把伸缩臂与门板连接耦合。完成安装后，调节伸缩臂的长短。如图 4 - 51 所示。

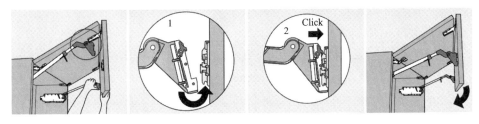

图 4 - 51　伸缩臂与门板耦合

④ 调整上翻门，对门铰链进行调节，使闭合后门板下边沿与柜体底板平齐。如图 4 - 52 所示。

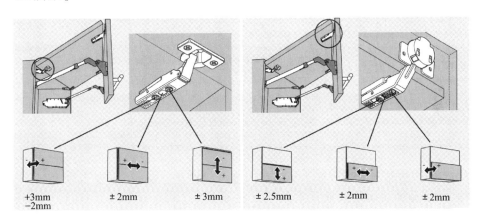

图 4 - 52　上翻折叠门调整

4.3.3.2　上翻平移门五金件的应用

上翻平移门打开时门板垂直向上提起，远离活动区域并可以保持开启状态。对上方另有储存空间的吊柜或高柜来说，这种上翻方式为最佳解决方法，适用于柜体最大宽 1800mm，配有横向稳定杆，满足门板必要的稳定性；柜体高度为 300 ~ 580mm。如图 4 - 53 所示。

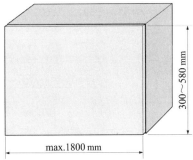

图 4 - 53　上翻平移门

（1）上翻平移门安装尺寸设计

上翻平移门五金由机械装置、伸缩臂和门板固定件组成，无须安装铰链。其机械装置和伸缩臂的选择取决于柜体高度和门板重量，并且可以根据实际的门板重量调整力度，以达到任意悬停的效果。柜体侧板上的孔位安装要求如图4-54所示。

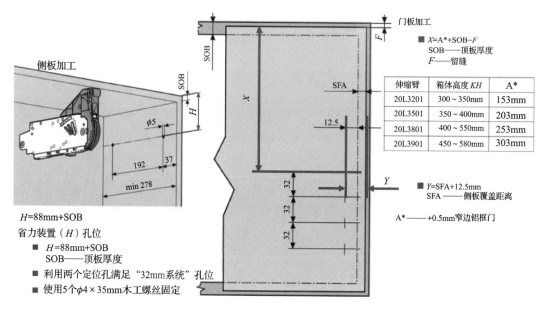

伸缩臂	箱体高度 KH	A*
20L3201	300~350mm	153mm
20L3501	350~400mm	203mm
20L3801	400~550mm	253mm
20L3901	450~580mm	303mm

■ X=A*+SOB−F
SOB——顶板厚度
F——留缝

■ Y=SFA+12.5mm
SFA——侧板覆盖距离

A*——+0.5mm窄边铝框门

侧板加工

H=88mm+SOB

省力装置（H）孔位

■ H=88mm+SOB
SOB——顶板厚度
■ 利用两个定位孔满足"32mm系统"孔位
■ 使用5个ϕ4×35mm木工螺丝固定

图4-54　侧板与门板的孔位设计要求

上翻平移门需要满足一个基本的柜体内部空间需要：最小深度值为278mm；最小内空高度根据所选择的伸缩臂型号不同，空间也不同，柜体上方所需空间尺寸要求如图4-55所示。

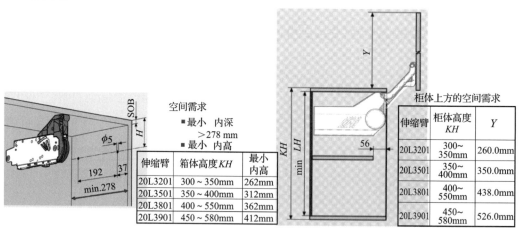

空间需求

■最小　内深
＞278 mm
■最小　内高

伸缩臂	箱体高度 KH	最小内高
20L3201	300~350mm	262mm
20L3501	350~400mm	312mm
20L3801	400~550mm	362mm
20L3901	450~580mm	412mm

柜体上方的空间需求

伸缩臂	柜体高度 KH	Y
20L3201	300~350mm	260.0mm
20L3501	350~400mm	350.0mm
20L3801	400~550mm	438.0mm
20L3901	450~580mm	526.0mm

图4-55　柜体最小空间与柜体上方空间尺寸要求

上翻平移门可在吊柜顶部安装顶线或装饰板，顶线伸出柜体最大值与顶板的厚度有关，如图4-56所示。

（2）上翻平移门装配

① 把机械装置按侧板上预先钻好的定位孔固定好，再安装伸缩臂（伸缩臂分左右不同）和中间的横向稳定杆，如图4-57所示。

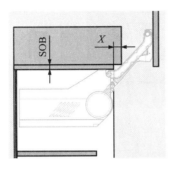

顶线伸出柜体最大值			
SOB/mm	16	18	19
X/mm	28	30	31

图 4 - 56　顶线伸出柜体高度与板厚关系

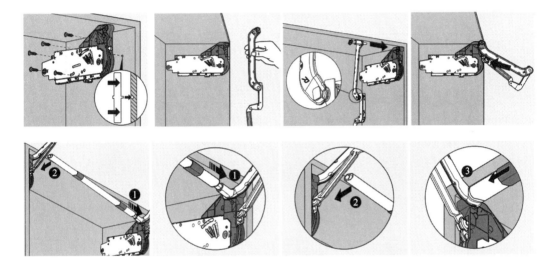

图 4 - 57　机械装置固定和伸缩臂、连接杆安装

② 把门板连接件用螺丝固定在门板上，并将门板与伸缩臂连接，如图 4 - 58 所示。

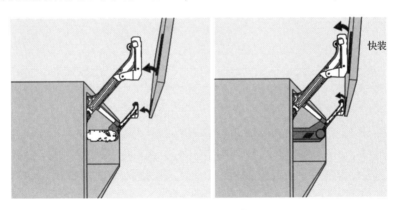

图 4 - 58　门板安装

③ 安装好后调试门板与柜身使之平齐，如图 4 - 59 所示。

4.3.3.3　上翻斜移门五金配件的应用

上翻斜移门可将整块门板斜移到柜体上方并保持开启，存储空间一览无余。适用于较大面积的单块门板柜体最大宽度可达 1800mm，柜体高度为 350~800mm。相较上翻平移

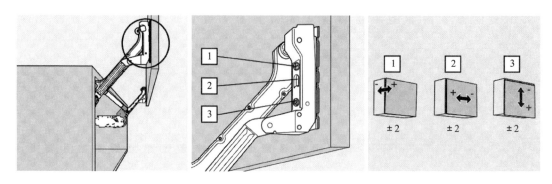

图4-59　上翻平移门调整

门，上翻斜移门可将柜体上部所需空间减小，对于有顶线或饰板的橱柜也是较好的解决方案。如图4-60所示为上翻斜移门的尺寸要求。

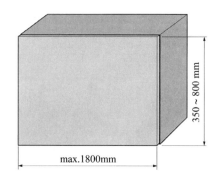

图4-60　上翻斜移门尺寸要求

（1）上翻斜移门安装尺寸设计

上翻斜移门不需要铰链与柜体连接，其配件由翻门机械装置、伸缩臂、门板固定件和稳定杆组成，其中机械装置型号的选择取决于柜体高度和门板重量，机械装置可以借助刻度表针对不同的门板重量进行无级调节。柜体侧板上的孔位设计要求如图4-61所示。

上翻斜移门安装所需要最小的柜体深度为276mm；柜体高度大于500mm时柜内可以安装一个层板，柜体高度大于740mm时可以装两块层板，相对的层板到柜体前沿需要预留22mm缩进距离。门打开时柜体上方所需空间为180mm。上翻斜移门安装橱柜顶线时，顶线向前凸出最大为35mm，最大高度101mm。上翻斜移门所需空间要求如图4-62所示。

（2）上翻斜移门装配

① 把机械装置按侧板上预先钻好的定位孔固定好，再安装伸缩臂（伸缩臂分左右不同）和中间的横向稳定杆，如图4-63所示。

② 把门板连接件用螺丝固定在门板上，并把门板与伸缩臂连接，如图4-64所示。

③ 安装好后调试门板与柜身使之平齐，如图4-65所示。

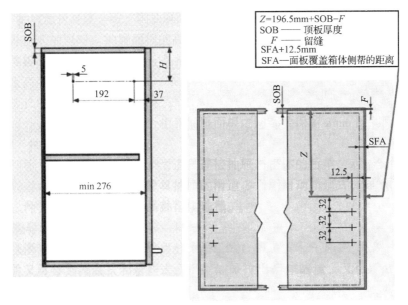

$Z=196.5\text{mm}+SOB-F$
SOB —— 顶板厚度
　 F —— 留缝
SFA+12.5mm
SFA—面板覆盖箱体侧帮的距离

H=80mm+SOB

图 4-61　上翻斜移门侧板与门板的尺寸设计

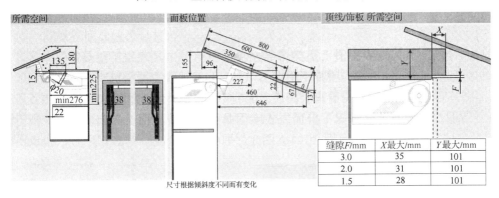

图 4-62　上翻斜移门所需空间要求

缝隙F/mm	X最大/mm	Y最大/mm
3.0	35	101
2.0	31	101
1.5	28	101

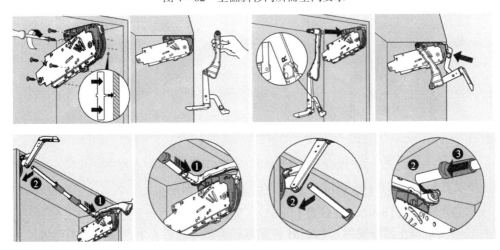

图 4-63　机械装置固定和伸缩臂、连接杆安装

图 4-64　门板安装

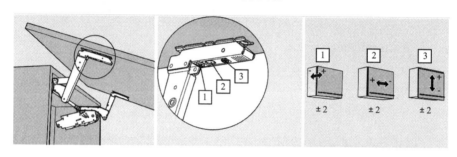

图 4-65　上翻斜移门调整

4.3.3.4　上翻支撑门五金配件的使用

上翻支撑门实现门板开启到柜体的上方并保持开启，适用于高度在 600mm 以下，宽度在 1800mm 以下的柜体。此类上翻门可轻柔地上翻到柜体顶部，无级悬停的特点使门板可悬停在任意一个位置，存储空间一览无余；借助其阻尼系统还可实现轻柔关闭，设计所需要的位置如图 4-66 所示。

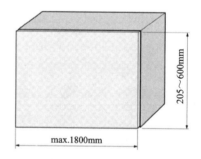

图 4-66　上翻支撑门位置要求

（1）上翻支撑门安装尺寸设计

上翻支撑门适合柜体宽度最大 1800mm，柜体高度最小可为 205mm，高度最高值取决于力矩，从人体工程学角度考虑最高为 600mm；柜体内净高不小于 170mm，柜体深度不小于 261mm，橱柜顶线的突出距离取决于门板厚度，最大突出距离可以达 70mm；柜体上方所需要空间 Y 与门板厚度、高度有关，并且门板开启角度不同计算方法也不同。如图 4-67 所示，上翻支撑门所需空间位置尺寸要求。

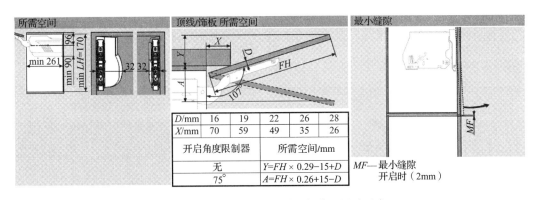

图 4 - 67　上翻支撑门所需空间位置尺寸要求

上翻支撑门不需要铰链与柜体连接，其配件由翻门省力装置和门板固定件组成，省力装置安装固定在柜体侧板上，门板上安装固定件，柜体侧板与门板孔位尺寸设计要求如图 4 - 68 所示。

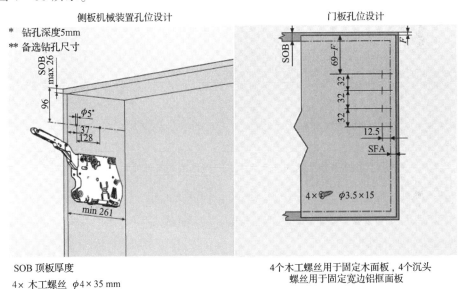

图 4 - 68　上翻支撑门侧板与门板的孔位设计要求

（2）上翻支撑门装配

① 把省力装置按侧板上预先钻好的定位孔固定好，小心打开的伸缩臂，如图 4 - 69 所示。

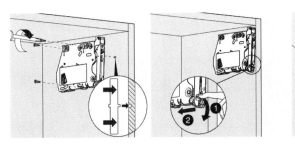

图 4 - 69　机械装置固定

101

② 把门板连接件用螺丝固定在门板上，并把门板与伸缩臂连接，如图 4 - 70 所示。

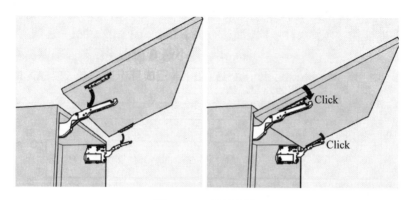

图 4 - 70　门板安装

③ 安装好后调试门板与柜身使之平齐，如图 4 - 71 所示。

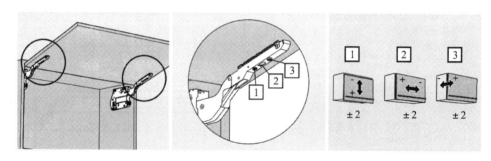

图 4 - 71　上翻支撑门调节

随着技术水平的不断提高，家具上的智能化程度不断提高，电子设备与动力系统广泛应用在家具设计中，无拉手化、触碰式开启在上翻门中的应用给使用者带来更加舒适的家居设计体验。

4.3.3.5　上翻内置门五金配件的使用

上翻内置门的开启不同于其他的翻门装置，它开启的门板会内置于柜体内，如图 4 - 72 所示。用于木质门板或木框门板，适用于高度范围 145 ~ 400mm、宽度最大为 1200mm 的柜体。

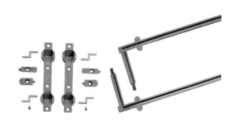

图 4 - 72　内置门的安装效果及五金

上翻内置门的五金主要由连接门页和滑动轨道组成，其五金孔位设计如图 4 - 73 所示，上翻内置门安装如图 4 - 73 所示。

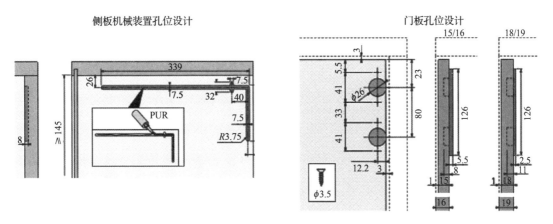

图 4 - 73　柜体侧板与门板的孔位设计要求

第一步：按滑动轨道尺寸要求在柜体侧板上开出滑动轨道安装槽位，并把滑动轨道安装在柜体侧板上，见图 4 - 74 中①和②。

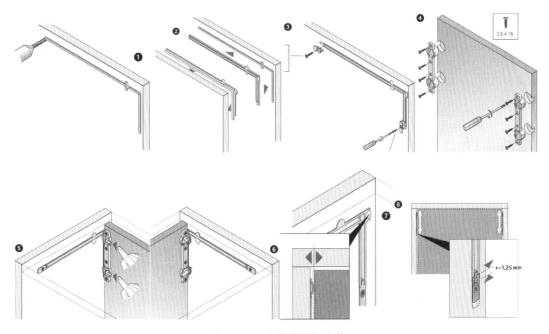

图 4 - 74　上翻内置门安装

第二步：安装滑动轨道的定位器，如图中③。
第三步：在门板上安装连接件门页，如图中④。
第四步：将门安装于滑动轨道中，旋转门页固定杆，把门板锁紧，见图中⑤和⑥。
第五步：调整门板与柜体平面齐平，见图中⑦和⑧。

4.3.3.6　下翻门五金配件应用

下翻门在实际的家具设计中应用较少，门板下翻，打开后与柜体相连接的隔板或底板保持在同一个水平线上。下翻门主要五金配件包括下翻拉撑机构和连接铰链，下翻门的下方板与柜体的隔板或底板连接，从上端向下转动开启；下翻拉撑机构通常一端固定在柜体侧板上，另一端固定在翻门里侧，下翻拉撑机构为了防止门突然向下开启并使门板保持在一定的水平线上，一般与隔板或底板持平。以海蒂诗 Klassik D 下翻支撑配件为例，下翻门的门板尺寸与开启尺寸如图 4-75 所示。

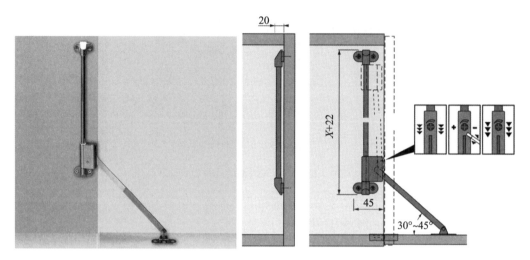

图 4-75 海蒂诗 Klassik D 下翻支撑配件及开启尺寸

海蒂诗 Klassik D 下翻支撑配件的安装尺寸要求如图 4-76 所示，其安装参数可参考海蒂诗 Klassik D 下翻支撑配件产品手册。

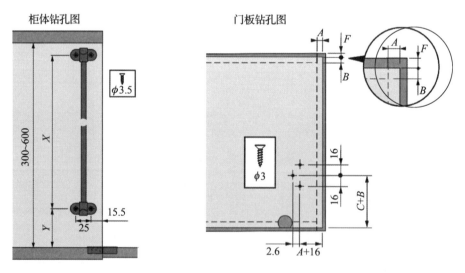

图 4-76 柜体侧板与门板的钻孔要求

翻门的打开方式可以充分展示柜内空间，方便物品的取放，是人体工程学的重要设计体现，其优越性在厨房的吊柜中更加显著。在吊柜中，相对于平开门，翻门的开启方式充分利用了吊柜上方的空间，避免了门打开时使用者的头部碰撞到柜门，同时在寻找柜体内物件内设计上更胜一筹。

4.3.4　移门系统五金配件

移门是指在特定的轨道上进行左右移动，而不能进行转动的一种开闭方式的门，它又称推拉门、趟门、滑动门等。移门的应用大大改善了门板开启的位置空间需求，随着新材料、新工艺的出现，移门结构的优越性和装饰的多样性越来越受消费者青睐，特别是在对当今家居生活空间要求不断提高时，移门的样式优美、种类繁多、推拉灵活和节约空间等优点成为柜类家具或隔断的首选。

根据门板结构和工艺的不同，移门可分为平板移门和铝框移门。铝框移门是现在板式柜体家具最常见的类型。

4.3.4.1　铝框移门五金件的设计

铝框移门是指框架采用表面通过电镀或电泳处理的装饰性极强的铝合金（钛铝合金、镁铝合金等）材料，其门芯可嵌装玻璃、木质板、百叶板等材料结构的移门，因其边框是铝合金材料，又统称为铝合金移门。

（1）铝框移门的分类

按铝合金框架的裸露情况可分为隐框移门与显框移门。隐框移门指移门的框架完全被嵌装材料遮挡，在门的正面看不到框架，显框移门正好与之相反。

按轨道数量可分有单轨道移门、双轨道移门和三轨道移门。双轨道移门一般指两扇门（或两扇以上）前后错开，分别在平行的两滑道内左右滑动，实现门的开闭，它一般安装在家具两旁板之间进行滑动开启闭合，目前在家具中应用较多；三轨道移门适用于柜体特宽或隔断空间较大的情况，应用较少。

按门芯的嵌装材料，可以将移门分为木质移门、玻璃移门和百叶移门。木质移门指芯板材料为薄型的木质材料，多为 5mm 中密度纤维板或刨花板，可包覆皮革等覆面材料；玻璃移门指芯板材料为玻璃材料，玻璃材料有压花玻璃、磨砂玻璃等。百叶移门指芯板为百叶形式的特殊板材，有波浪状、百叶状等。如图 4 - 77 所示。

图 4 - 77　不同门芯的移门

按用途分，可分为家具用移门和隔断移门。家具用移门专用于各类柜体家具；隔断移门用于隔断空间，常见于厨卫、阳台等。

（2）铝框移门的结构

铝框移门是一种框架式结构，主要包括框架和芯板，框架主要由上横、下横、中横和竖框组成。铝框移门的结构中还包括移门的五金,移门五金是实现移门开闭的主要部件,包括上下轨道、上下滑轮、防撞条、胶条、防尘条、缓冲器和阻尼器等,如图4-78所示。防撞条用来降低移门竖框和柜体侧板之间的撞击声,利用胶粘贴在竖框外侧的凹槽中。胶条也可称为密封条,用紧固门芯和竖框嵌口,无色透明。防尘条装在移门竖框的后部,防止灰尘、虫子进入柜体内部。防撞条、胶条、防尘条均有一定的弹性,多用有机高分子材料制造而成。

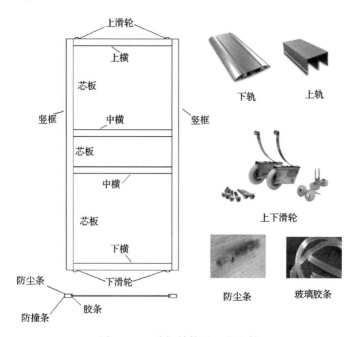

图4-78 移门结构及五金配件

上横、下横、中横和竖框组成了铝框移门框架。其框架型材外观装饰面形式多样,可根据不同的颜色、风格进行装饰处理。图4-79所示是常见的上横、下横、中横和竖框截面图。竖框的壁厚对铝框移门的力学性能和稳定性影响较大,常见厚度0.7~2mm,壁厚增加移门的强度和稳定性也增加。框架材料的常规长度在4~8m,根据需要锯截使用。

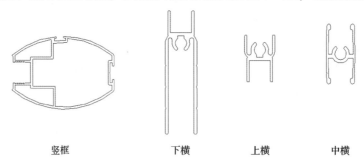

图4-79 上横、下横、中横和竖框截面图

(3)铝框移门尺寸设计

铝合金移门在柜体中设计时主要考虑两个尺寸:一是铝合金移门的宽度尺寸;二是铝合金移门的高度尺寸。

① 铝合金移门宽度尺寸：宽度尺寸的确定较为重要，在家具内部往往设置许多功能性配件，如：挂衣杆、抽屉、裤架、领带架等，若宽度设计不当，会导致上述功能配件无法使用，为了避免这种情况的出现，在进行移门家具（柜类）功能设计前，先计算出每扇门的宽度，再根据门宽确定家具内部的功能区域设置，避免设计事故的出现。为了便于搬运、安装，设计移门家具时，还需考虑一些外部因素，如住宅层高、楼梯宽度、电梯间的高度、宽度等。

在设计移门宽度时还需要注意与门板高度的协调性，过大或过小都会影响门的美观和实用性，如整扇移门不做分格处理时，宽度应该在900mm以内，过宽会使得移门发生变形；如做分格处理时可做到1200mm，一般单扇门板宽度为600～1200mm比较合适，玻璃、镜面门建议不要超过1000mm。

衣柜的铝合金移门的宽度计算公式为：

单扇门宽度（L）＝［柜体内空（W）＋竖框宽度（A）×（竖框个数－竖框重叠的次数）］／总扇数。不同数量门的计算公式如图4－80所示。

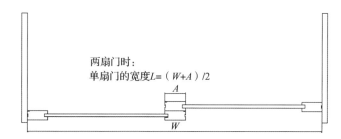

两扇门时：
单扇门的宽度$L=（W+A）/2$

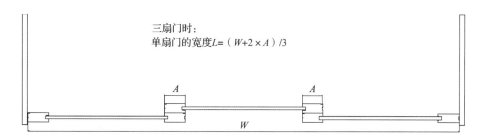

三扇门时：
单扇门的宽度$L=（W+2×A）/3$

图4－80　不同扇门宽度的计算公式

② 铝合金移门的高度尺寸：铝合金移门的高度根据柜体的高度来设定，建议设计在2400mm内，如特殊超高移门要选择比较厚实的竖框。铝合金门的实际尺寸应比柜体实际测量的高度减少35～45mm为宜，因为高度要考虑移门在安装时上下滑轨的距离，方便移门安装和滑动顺畅。铝合金移门的高度计算公式为：

单扇门的高度（h）＝柜体测量高度（H）－安装尺寸（35～45mm）

4.3.4.2　平板移门五金配件的设计

平板移门与铝合金移门的区别在于前者是平板结构，后者是框架结构。因此，平板移门五金配件的设计与铝合金移门五金配件的设计也不相同。平板移门同样需要在轨道中进行滑动而完成门的开闭，所以平板移门五金配件的设计包括轨道的安装设计和门板上滑轮的安装设计。

根据移门滑动部位的不同，平板移门可以分为顶部滑动、底部滑动和垂直滑动。区分移门的滑动部位主要是看移门在进行滑动时其起主要滑动的五金件安装在门板的部位，这也是顶部、底部和垂直三种滑动方式的区别。

（1）底部滑动移门

底部滑动移门的滑动部件安装于门板的底部，这种滑动方式相对比较简单，承重力较小，多用于文件柜、储藏柜等小空间的柜体。下面以海蒂诗 Slideline 55 系列移门系统为例说明底部滑动移门在设计时的工艺要求。

海蒂诗 Slideline 55 系列移门系统配件由导轨、导向部件、门挡块、滑动部件和阻尼系统组成。主要用于木质移门，有塑料和铝质导轨两种，最大的门承重为 15kg 和 30kg，单扇门的宽度、高度和厚度的尺寸范围分别是：门高 700～1500mm，门宽 400～800mm，门厚 16、19mm。图 4-81 所示为 Slideline 55 系列的主要五金配件。

图 4-81　Slideline 55 系列主要五金配件

① 门板上的尺寸设计：门板上安装移门的导向部件、滑动部件和门挡块，孔位设计如图 4-82 所示，门板滑动部件孔位距离门板侧边边缘距离最小值为 40mm，距离下边距离值为 21mm，导向部件距离门板侧边边缘距离最小值为 88mm。门板的高度低于柜体内空高度 9mm，即门板高度＝柜体内空高度-9mm。

② 柜体顶板、底板导轨槽的设计：柜体顶板、底板安装移门的滑动和导向轨道，需要对顶板、底板进行开槽设计。如图 4-83 所示，X 是门板的厚度值，Y 为两个轨道槽中心之间的距离值，W 为两个轨道槽之间距离值。两条轨道槽之间的距离与门板的厚度有关，门板的厚度越厚，承重力越大，对应的两个槽之间的距离也就越大。

③ 柜体顶板阻尼系统孔位设计：阻尼系统的使用使得移门轻缓闭合，阻尼器安装在柜体的顶板上，安装设计孔位如图 4-84 所示。

④ 海蒂诗 Slideline 55 系列移门的安装与拆卸：海蒂诗 Slideline 55 系列是一款容易安装与拆卸的移门，安装的便利是考量五金配件性能的重要因素。Slideline 55 系列的安装如表 4-19 所示，首先根据柜体宽度截取导轨并嵌入顶板、底板的轨道槽中，见表中 A 所示；给门板安装上导向部件、滑动部件和门挡块，见表中 B；安装门板并通过调节滑动部件调节螺丝调整门板，见表中 C 和 D。

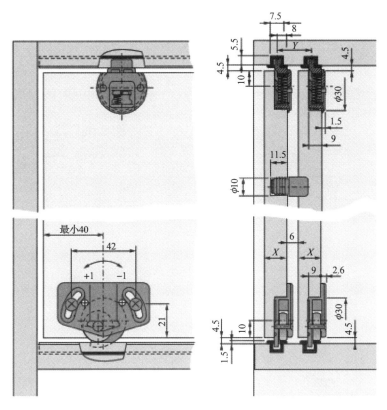

图 4 - 82 移门安装孔位设计图

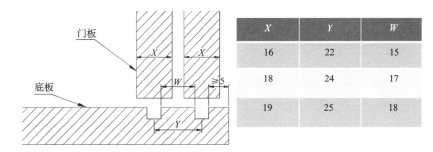

图 4 - 83 轨道槽之间距离与门板厚度关系

X	Y	W
16	22	15
18	24	17
19	25	18

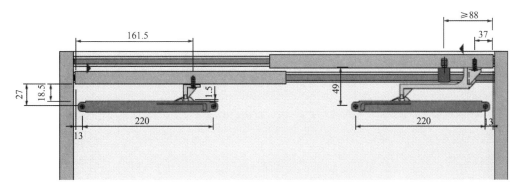

图 4 - 84 阻尼器设计安装规范

表 4 – 19   Slideline 55 系列安装图

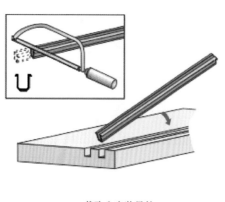

A. 截取和安装导轨

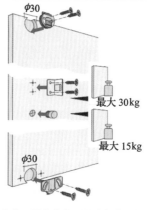

B. 安装上导向部件、滑动部件和门挡块

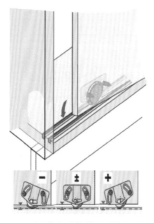

C. 调节滑动部件调节螺丝

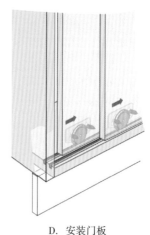

D. 安装门板

Slideline 55 系列门板的拆卸如图 4 – 85 所示。拆卸时，从前门开始，先用一个扁平的物体（如信用卡、刀片等）向下压两个弹簧螺栓，然后卸下前门，再卸下后门。

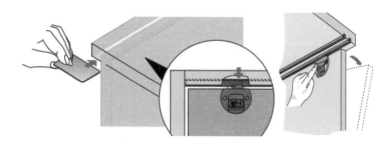

图 4 – 85   门板的拆卸

（2）顶部滑动移门

顶部滑动移门的滑动部件安装于门板的顶部，是目前国内广泛应用的较先进的新型移门结构的一种，移门上边装有定向导轮，在上部滑槽；移门下边装有滚轮，在半圆形轨道上滚动。移门配件和轨道一般用金属材料制作。这种移门结构一般用于大衣柜等重型木质移门，移动十分平稳、灵便。下面以海蒂诗 TopLine L 移门系统说明顶部移门的五金配件的设计安装规范。

海蒂诗 TopLine L 移门最大的承重为 50kg，门高最大值为 2600mm，门宽范围为 700 ~ 1500mm，门板厚度有 16、18、19、21、22、25、40mm。主要的五金配件包括滑动轨道、滑动部件套装和导向部件套装等。TopLine L 移门的门尺寸与五金部件如图 4 - 86 所示。

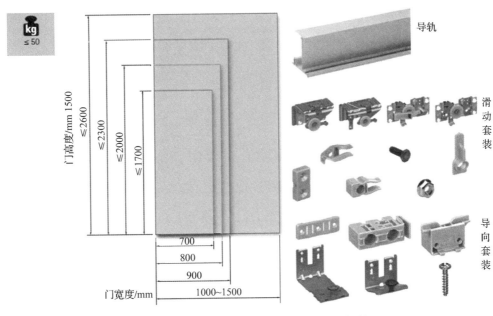

图 4 - 86　TopLine L 移门的门尺寸与五金部件

① 门板上的五金设计规范：门板上的孔位如图 4 - 87 所示，顶部第一个孔距离门板侧边边缘 35mm，距离上边缘 11.5mm，其他孔按照 32mm 系统排布；底部第一个孔距离门板侧边边缘 67mm，距离下边缘因导向装置的选择不同而不同。

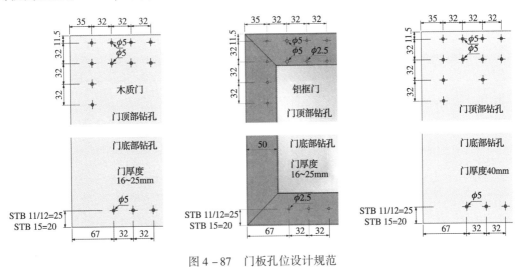

图 4 - 87　门板孔位设计规范

门板在开启时有两种类型：一是开启后门板完全重叠；另一种是开启后不完全重叠，这种类型主要体现在使用突出的拉手时。表 4 – 20 是门板是否完全重叠的设计尺寸比较。

表 4 – 20　　　　　　　　　　开启后门板是否完全重叠尺寸比较

开启后不完全重叠	开启后完全重叠

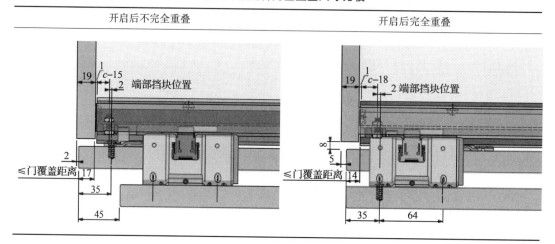

② 顶置式导轨的设计规范：顶置式轨道安装于顶板之上，如图 4 – 88 所示。

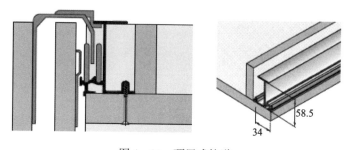

图 4 – 88　顶置式轨道

顶置式轨道的设计规范如图 4 – 89 所示。X 为门板的厚度；Y 为两个门板之间的距离；EB 是门板的安装宽度。

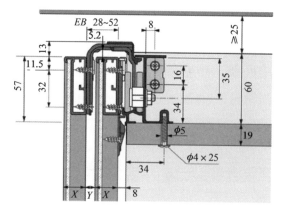

门厚度	距离	
X	Y	EB
16	12	28
18	13	31
19	12	31
21	13	34
22	12	34
25	12	37
40	12	52

图 4 – 89　顶置式轨道的设计规范

③ 导向轨道的设计规范：底部导向轨道设计规范如图 4 - 90 所示，安装于柜体的底板侧面，踢脚板的高度最小值为 60mm。

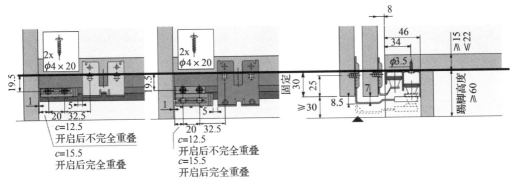

图 4 - 90　底部导向轨道设计规范

④ 海蒂诗 TopLine L 移门顶置式安装：安装的流程见表 4 - 21。

表 4 - 21　　　　　　　　　　TopLine L 移门顶置式安装流程

安装顶置式滑动导轨和底部导向导轨	
安装中门定位块	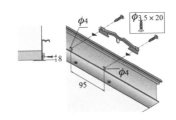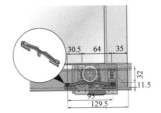
安装导向滑轨前后置门端部挡块	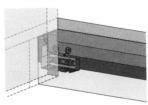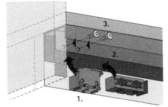

续表

安装前后置门滑动部件	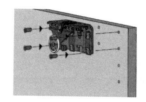
安装导向装置	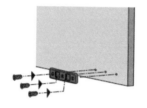
门板安装到柜体中	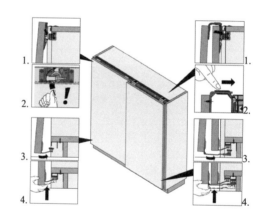
前后门高度调节	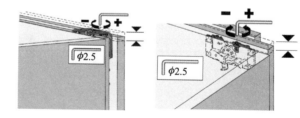
门的倾斜度调节	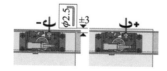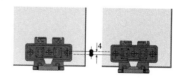

（3）垂直滑动移门

垂直滑动移门与其他移门的区别在于垂直滑动移门的滑动部位设计在门的侧面，通过垂直方向的滑动开关移门。垂直移门在外观设计上富有吸引力，打开、关闭相当容易，主要应用于储物柜等小型的柜体上。

垂直滑动移门的主要五金配件包括轨道、导向部件、固定板等滑动套装，以海蒂诗VerticoMono系列为例，最大的门重15kg，门板的高度范围为400~700mm，最大的门板宽度为1500mm。图4-91所示为垂直移门的门板尺寸范围及五金配件。

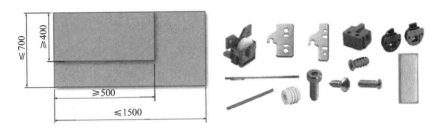

图4-91　垂直移门的门板尺寸范围及五金配件

① 门板上的五金孔位设计：门板安装固定板，它的孔位设计如图4-92所示。一块门板安装四块板，每一侧安装两块，两块固定板之间中心距离为256mm，孔距侧面距离为18mm，距门板上边距离为60mm。

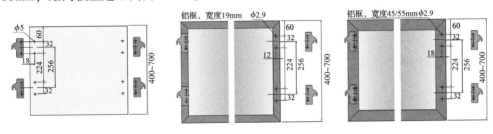

图4-92　门板上的孔位设计图

② 柜体侧板上的五金孔位设计：垂直滑动移门的轨道安装于柜体两边左右侧板上，为了设计上的美观，滑动移门的滑动组件需要带上盖板以遮住轨道。盖板有两种，一种是轨道自带的铝合金盖板；另一种是木质盖板，设计要求如图4-93所示。

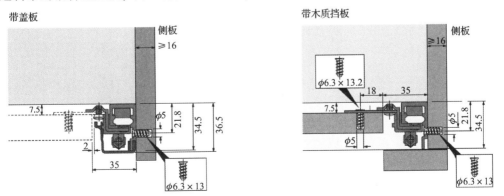

图4-93　柜体侧板上的技术要求

在设计垂直滑动移门时，柜体背面需要增加一个垂直滑动移门的配重部件，通过配重部件的设计来保持门板在滑动过程中的承重比例，使门板滑动自如。图4-94为垂直滑动移门配重部件的设计技术要求。

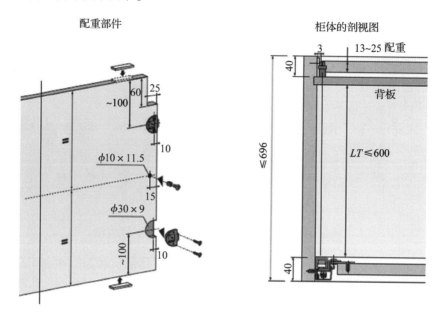

图4-94　门配重部件的设计技术要求

③ 垂直滑动移门的安装：安装的流程如表4-22所示，首先安装滑动轨道于柜体的侧板上，门板上安装固定板，再通过固定板把门板安装到柜体的轨道中，使用螺丝刀进行门板调节。

表4-22 　　　　　　　　　　　　　　　　　　垂直滑动移门的安装

流程	图例
安装轨道和固定板	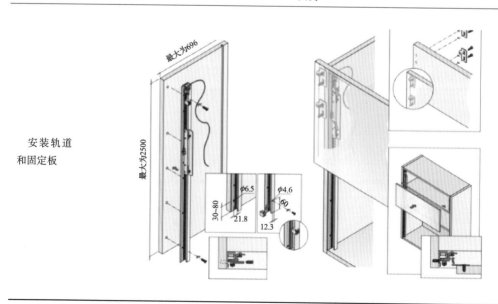

续表

流程	图例
调试门板	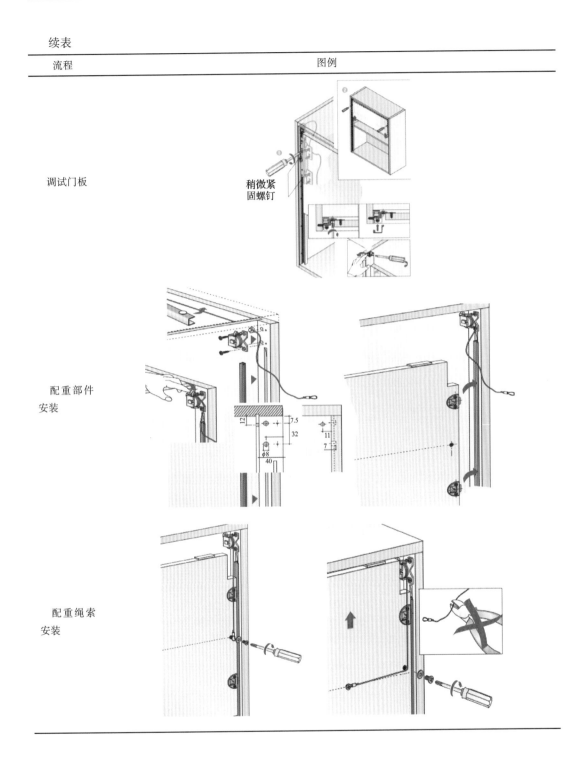
配重部件安装	
配重绳索安装	

4.4　抽屉五金系统应用

抽屉是家具中的一个重要部件，抽屉的使用大大丰富和改变了家具的收纳存储功能，使柜类家具的设计更具有多样性与功能性。

4.4.1　抽屉的分类及结构

4.4.1.1　抽屉的分类

（1）按照抽屉安装柜体的外部造型分

根据抽屉安装柜体的外部造型可分为外盖式抽屉和内嵌式抽屉两种。其中，外盖式抽屉根据盖侧板的量的不同又分为全盖抽屉和半盖抽屉，全盖抽屉是指抽屉面板完全盖住柜体的侧板，而半盖抽屉是盖住侧板的一半。在多个抽屉的柜体中，全盖与半盖抽屉是相互使用的，如图4-95所示，外盖式（全盖、半盖）和内嵌式抽屉。

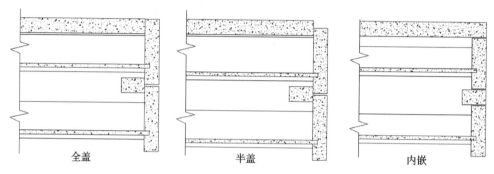

图4-95　外盖式（全盖、半盖）和内嵌式抽屉

外盖式抽屉有凹凸变化的起伏感，柜体的外观整体性比较强，优于内嵌式抽屉。从设计加工的精度要求方面比较，对于内嵌式的抽屉要求比较高，若正公差过大，抽屉抽面板沉不进柜体里，即使是能够进去，抽屉的活动也不流畅，从而影响抽屉的使用质量；若负公差过大，抽屉面板与柜体连接处的间隙偏大，影响美观。因此，无论从抽屉的外观审美，还是从加工安装方面考虑，外盖式抽屉优于内嵌式抽屉，在目前的家具上外盖式抽屉使用较为广泛。

（2）根据抽屉拉出柜体的位置分

根据抽屉拉出柜体的位置可分为全拉式抽屉和半拉式抽屉。图4-96所示为全拉式抽屉与半拉式抽屉的对比，全拉式抽屉指抽屉可以完全拉出柜体，半拉式抽屉指不能全部拉出柜体。

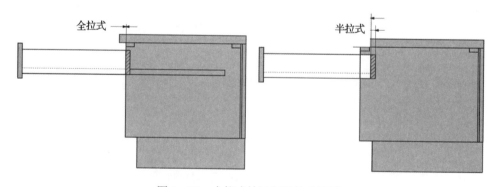

图4-96　全拉式抽屉与半拉式抽屉

（3）根据抽屉的结构组成分

根据抽屉的结构组成可分为有抽前板抽屉和无抽前板抽屉，如图4-97所示，（a）

为不带抽前板，（b）为带抽前板。抽前板能够使抽屉按照标准化和模块化设计生产，抽前板、抽后板、抽侧板和抽底板组成一个标准的柜桶模块，抽屉面板可以根据不同需求进行更换，而抽屉的整体结构设计没有改变。带抽前板抽屉使用较为广泛。

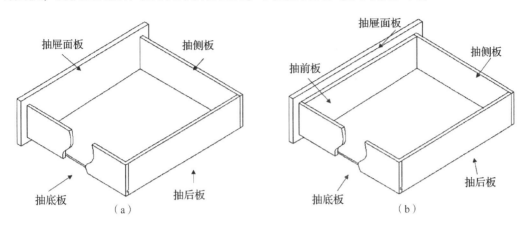

图 4 - 97　有抽前板抽屉和无抽前板抽屉

（4）根据抽屉的材料分

根据抽屉的材料可分为木质抽屉和金属抽屉。木质抽屉指抽屉的抽前板、抽后板、抽侧板和抽底板均为木质，包括人造板、木材等木质材料；金属抽屉指的是抽屉的抽前板、抽后板、抽侧板和抽底板均为金属，抽屉面板根据不同需求设定材质，金属抽屉多用于橱柜中，如图 4 - 98 所示。

图 4 - 98　金属抽屉

4.4.1.2　抽屉的结构

抽屉的结构有多种形式，根据抽屉板之间连接方式的不同，抽屉结构采用的形式主要有固装式、拆装式，这两种是目前常用的结构形式。

固装式抽屉连接多采用燕尾榫加胶水固定（如图 4 - 99），抽屉连接后不可拆卸，这种连接方式多用于实木家具的抽屉。拆装式抽屉是人造板家具主要采用的连接方式，抽屉各个板件的拆卸与装配体现了板式家具的特点，方便运输与安装。拆装功能的实现主要由五金件将各个板块连接，一般有三合一连接件 + 木榫和三合一连接件 + 木榫 + 自攻螺丝（图4 - 100）两种形式。

图 4 - 99　燕尾榫结构抽屉

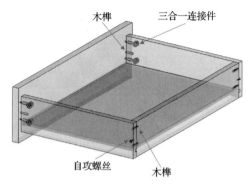

图 4 - 100　三合一连接件 + 木榫 + 自攻螺丝

4.4.2　木质抽屉五金连接件应用

一般来说，抽屉抽面板采用厚度为 18 ~ 25mm 的人造板，抽屉抽侧板和抽屉抽后板采用厚度为 12 ~ 15mm 轻巧的人造板，抽屉抽底板采用厚度为 5mm 或 9mm 的纤维板，而实际所采用材料的品种、规格由设计需求而定。

4.4.2.1　抽屉板件的基本参数要求

（1）抽屉抽侧板的尺寸设计

① 抽侧板长度设计规范：抽侧板是抽屉连接抽屉滑轨的主要板件，抽侧板长度 L 与抽屉滑轨的长度有关。常用的抽屉滑轨长度有 250、300、350、400、450、500、550、600mm 共 8 种规格，每一种规格的长度尺寸按 50mm 递增，也就是俗称 10、12、14、16、18、20、22、24in 8 种规格长度抽屉滑轨。这 8 种规格可定为长度系列表来确定抽侧板的长度。

要根据滑轨长度系列表来确定抽侧板长度必须先知道安装抽屉的内空长度 D，通常情况下，根据安装抽屉的抽后板与抽前板之间的距离来计算所需滑轨的长度规格。一般取此距离减去 20 ~ 60mm，即用安装抽屉的内空长度 D － （20 ~ 60） mm 后所得的距离与长度系列表对照，取相近长度系列中的某一长度即可。但有一点须注意：安装抽屉内空长度 $D \geqslant$ 长度系列表 +3mm。

② 抽侧板高度设计规范：抽侧板的高度要求根据抽屉最低安装距离要求以及实际需要而定。对于单个抽屉的最低安装距离要求是以能把抽屉放进柜体为准。抽侧高度 h 的最大值 = 安装抽屉净空高度 H －16mm －5mm，即 $h = H － 21$mm。其中 16mm 为抽侧板上表面距柜体上安装最小间隙 （图 4 - 101 中 d_1）；5mm 是抽侧板下表面距柜体下安装最小间隙 （图 4 - 101 中 d_2）。

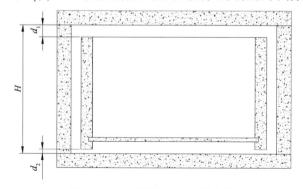

图 4 - 101　抽侧高度 h 的最大值

例如，在一个床头柜里有一个抽屉，其抽屉安装净空高度为 200mm，则抽屉的侧板的最大高度尺寸值 $h = 200 - 21 = 179$（mm）。可根据实际情况要求设计抽侧板的高度不高于 179mm。

③ 抽侧板上五金连接件的孔位及槽位设计：设定抽侧板与抽后板、抽前板或抽屉面板连接使用三合一偏心连接件 + 木榫连接，抽侧板与抽底板进行插槽式连接；以抽侧板底端为所有高度的基准，取高度为 120mm，厚度 15mm 的抽屉侧板为例来具体说明孔的位置排布：

抽侧板上五金连接件的孔的位置、大小、深度的尺寸值：三合一连接件规格为偏心体 $\phi 15 \times 13.5$，连接螺杆 $\phi 8 \times 24$，预埋螺母 $\phi 8 \times 12$；木榫规格为 $\phi 6 \times 25$，按照 32mm 系统加工抽侧板孔位，如图 4 - 102 所示为抽侧板上的孔位设计图。

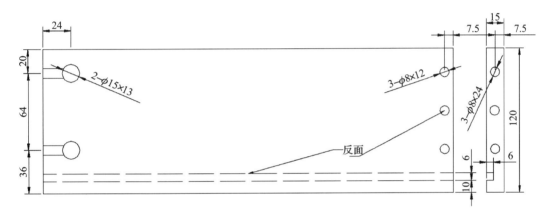

图 4 - 102　抽屉侧板上的孔位设计

抽侧板上的槽位的设计：

槽的大小：抽屉底板采用插入式安装在抽屉各块板材之间，安装时需要考虑有一定的安装余量，一般的安装余量为 1mm，即在使用 5mm 厚的抽底板时，抽侧板的大小为 6 × 6mm，即深度为 6mm，宽度为 6mm。

槽的位置：槽的最下端离抽屉侧板底端的距离最小值为 10mm，若抽屉侧板孔采用 32mm 系统加工，抽侧板上的连接孔为两排，所以槽的下端离抽屉最下孔中心的距离最大值为 24mm。

槽的长度：由于抽屉底板是采用插入式的形式，因此抽屉侧板上的槽要开通槽，即槽的长度大于抽侧板长度。

（2）抽屉抽后板、抽前板的尺寸设计

① 抽后板、抽前板长度设计规范：若抽前板、抽后板与侧板的连接方式是侧板盖抽前板、抽后板，抽前板、抽后板的长度尺寸与抽侧板的厚度和抽屉滑轨的厚度有关。设抽屉滑轨的厚度为 d_1，抽侧板的厚度为 d_2，那么抽前板、抽后板的长度 $L =$ 安装抽屉净空宽度 $W - 2 \times d_1 - 2 \times d_2$，如图 4 - 103 所示。一般的抽屉滑轨厚度为 12.5mm，抽侧板厚度为 15mm，抽前板、抽后板的长度 $L = W - 12.5 \times 2 - 15 \times 2$，即 $L = W - 55$。在实际应用上，这个尺寸并不是最佳长度尺寸，因为在安装抽屉滑轨时自攻螺钉不能使滑轨与侧板完全吻合，在考虑到抽屉能自由活动时，往往在抽屉每一侧各留出 1mm 的活动余量。因此，抽屉抽前板、抽后板的长度 $L = W - 57mm$。

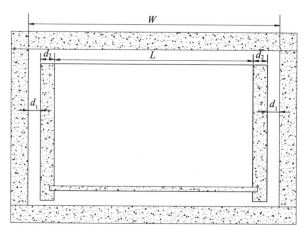

图 4 - 103　抽前板、抽后板的长度尺寸

② 抽前板、抽后板高度设计规范：抽前板、抽后板的高度应等于抽侧板的高度，而在实际生产中，为了避免因设备存在加工误差以及人为误差导致在安装时造成抽前板、抽后板与抽侧板的顶端不平齐的情况，在设计时，抽前板、抽后板的高度应小于抽侧板高度1mm。因此，抽前板、抽后板的高度 = 抽侧板高度 - 1mm。

③ 抽前板、抽后板五金连接件的孔位及槽位设计：设抽侧板盖抽前板、抽后板结构，抽底板为插入式安装，抽前板、抽后板的五金连接件孔位及槽位设计尺寸规范如图 4 - 104 所示。

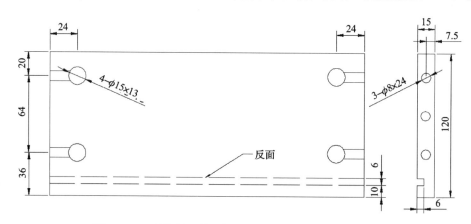

图 4 - 104　抽前板、抽后板五金连接件的孔位及槽位设计

（3）抽屉面板的尺寸设计

抽屉外盖式与内嵌式安装结构不同，抽屉面板尺寸会根据外盖和内嵌发生改变。

若抽屉为内嵌式抽屉，抽屉面板的高度为 h；抽屉面板的长度为 l；柜体内安装抽屉内净空长度为 L；安装抽屉内净空高度为 H；2mm 是指抽屉面板与相邻抽屉内空板件间的间隙。

抽屉面板的高度：$h = H - 2 \times 2mm$。即 $h = H - 4mm$。

抽屉面板的长度：$l = L - 2 \times 2mm$。即 $l = L - 4mm$。

在实际的柜体或板式家具产品中并不是只有一个抽屉，如柜体有两个或两个以上抽屉。在这种情况下，计算抽屉面板的高度时需要做相应的调整，但要保证缝隙为2mm。设柜体抽

屉数量为 n，抽屉面板高度一致，则抽屉面板的高度：$h = [H - (n + 1) \times 2] / n$。

抽屉为外盖式抽屉时，抽屉面板的高度和长度需要相应加上抽屉面板盖侧板的量。设抽屉面板盖侧板的值为 d。其中 2mm 是指为了保证抽屉活动的灵活性保留的安装余量。

抽屉面板高度：$h = H + d - 2mm$

抽屉面板长度：$l = L + d - 2mm$

无论抽屉外盖式或内嵌式，两个相邻抽屉面板之间都要保留 2mm 的间隙。

4.4.2.2 抽屉导轨的设计规范

抽屉与柜体主要通过滑道连接，滑道是连接抽屉与柜体的桥梁。对于实木家具抽屉一般采用木槽或者木条式，对于板式家具抽屉的滑道多采用滑动轨道式，导轨因载重量以及抽屉的用途、种类的不同，有很多品种可供选择。

（1）抽屉导轨的分类及结构

根据导轨滑动部件的不同，滑轨可分为滑轮式、滚轮式和滚珠式；根据抽屉安装位置的不同，导轨又可分为托底式和悬挂式；根据抽屉拉出柜体的量，又可以分为单节导轨、双节导轨和三节导轨。

抽屉使用具体规格导轨可根据抽屉侧板而定，抽屉导轨一般分为两大部分，安装前可将其拆开为两部分，一部分安装于抽屉抽侧板上；另一部分安装于柜体的侧板上，均采用自攻螺丝将其锁定。

（2）隐藏托底导轨设计规范

托底式导轨是近年来家具中使用最常见的导轨类型，托底导轨因其安装于抽屉的底部，藏而不露，越来越被消费者所喜爱，被广泛应用于衣柜、橱柜和电视柜等家具中。

以百隆 TANDEM 隐藏静音木导轨系列 560H 为例，该导轨系列创新的角度和高度调节使面板调节快速而准确，而且免工具两种固定方式简化了安装与拆卸。导轨的标称长度 250～550mm，适用于 240～540mm 的抽屉。如图 4 - 105 所示。

所需空间

$NL + 3$

NL 标称长度

图 4 - 105　百隆 TANDEM 隐藏静音木导轨及所需空间

导轨的柜体内部空间要求如图 4 - 106 所示，最大的柜体深度为导轨标称长度 +3mm，即 $NL + 3mm$，抽屉的净宽尺寸为 $SKW = LW - 42mm$（负公差 1.5mm），SKW 为抽屉净宽尺寸，LW 为柜体的净宽尺寸（抽侧板最大的厚度为 16mm）。抽屉侧板上边缘到柜体的上边最小的距离为 7mm；抽底板到柜体底面最小的距离为 27.5mm。

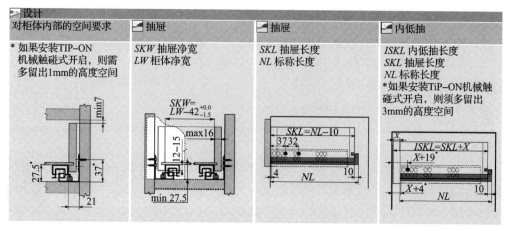

图4-106　导轨对柜体空间要求

　　根据导轨的标称长度，导轨在柜体上钻的预埋孔的距离如图4-107所示，第一个孔距离柜体前缘距离为37mm，按照"32mm系统"安装预埋孔，第一个孔与第二个孔距为32mm，第一个孔和第三个孔距根据不同标长有96、128、224mm。预埋孔距离柜体最低距离，即单个抽屉的最小的钻孔距离为37mm（安装机械触碰式开启需要多留出1mm）。

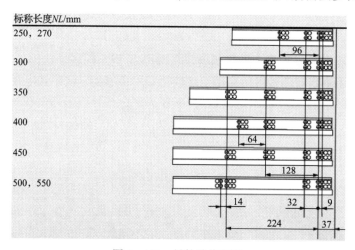

图4-107　导轨孔位距离

　　该隐藏式导轨需要在抽前板、抽后板上开出企口来安装导轨和前接码，在抽后板上还需要钻出孔直径为6mm的导轨安装孔，基础参数如图4-108所示。

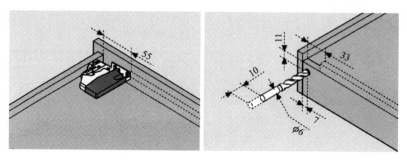

图4-108　抽屉安装的工艺尺寸

抽屉安装于柜体的底部时，导轨需要计算最小的安装孔位。如图 4 - 109 所示，底部安装时，在柜体侧板上的预埋孔距底板的最小距离为 37mm。

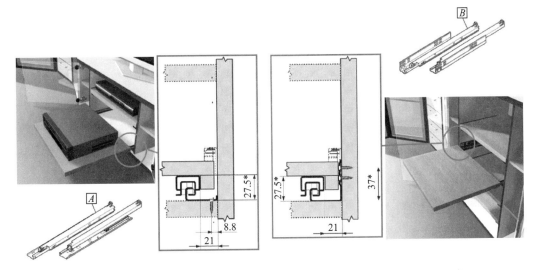

图 4 - 109　导轨底部安装尺寸要求

① 柜体侧板上预埋孔应用实例：设抽屉的装配方式为外盖式全盖抽屉，抽屉侧板长度为 450mm，两个抽屉安装隐藏式托底导轨，抽屉面板高度 200mm，底板厚度 18mm。求该抽屉在柜体侧板上导轨预埋安装孔的排布距离。

抽屉侧板长度为 450mm，所以选择导轨标称为 500mm 的导轨，第一个预埋孔到侧板前边缘距离为 37mm，其他孔位按照标称 500mm 导轨孔排布，设抽屉面板高为 D，底板厚度为 X，则最下面抽屉的导轨预埋孔距侧板下边缘距离 $d_1 = 37\text{mm} + 2\text{mm} + X$，即 $d_1 = 37 + 2 + 18 = 57$（mm），其中，2mm 为抽屉间隙；第二个抽屉导轨孔距侧板下边缘的距离 $d_2 = 37\text{mm} + 2\text{mm} + X + D$，即 $d_2 = 37 + 2 + 18 + 200 = 257\text{mm}$。如图 4 - 110 所示。

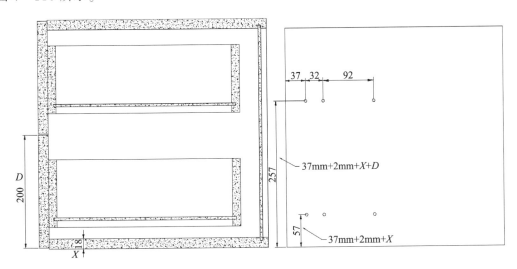

图 4 - 110　导轨预埋孔实际案例

② 木导轨的安装与调节：百隆 TANDEM 隐藏静音木导轨系列 560H 的安装与拆卸非常简便，按照导轨基本参数在柜体侧板的预埋孔上锁紧导轨，然后拉出导轨，把抽屉放到导轨上往里面推抽屉，使得抽屉完成闭合柜体内，如图 4 – 111 所示。

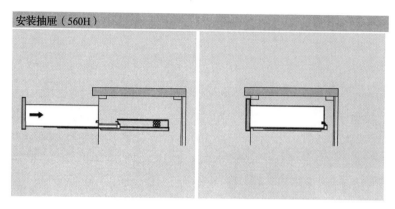

图 4 – 111　导轨的安装

a. 导轨的调节：通过导轨的调节螺丝可以调节抽屉高度（±3mm）和抽屉面板的倾斜度。如图 4 – 112 所示。

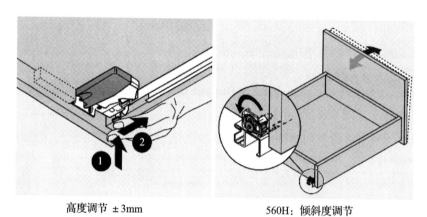

高度调节 ±3mm　　　　　　　　560H：倾斜度调节

图 4 – 112　导轨的调节

b. 木导轨的拆卸：拉出抽屉，两只手同时往外按住导轨的接码，拉出抽屉就可以完成抽屉的拆卸。如图 4 – 113 所示。

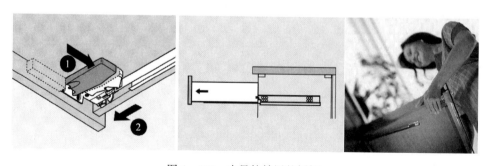

图 4 – 113　木导轨抽屉的拆卸

（3）托底导轨设计安装规范

以海蒂诗滚轮托底导轨 FR302 为例，该导轨承重 20kg；带自闭功能，可自动闭合；适用于长度 250～500mm 的抽屉；导轨的基本尺寸规范信息如表 4-23 所示。

表 4-23　　　　　　　　　　　　　托底导轨 FR302 的基本尺寸信息表

基本长度/ 抽屉长度 NL/mm	最小柜体 深度 KT/mm	拉出损失 EL/mm	孔距 b_1/mm	孔距 b_2/mm	孔距 b_3/mm	孔距 b_4/mm
250	253	69	64			
300	303	69	96			
350	353	69	96	64		
400	403	69	96	128		
450	453	79	96	128	32	
500	503	86	96	128	64	32

抽屉导轨的设计尺寸如图 4-114 所示，抽屉侧板与上表面与柜体之间的距离最小值为 16mm；轨道距柜子前沿距离为 2mm，第一个孔距离柜子前沿为 37mm；导轨的厚度为 12.5mm，正公差 1mm；滑轨在柜体侧板上定位孔距离导轨最下面 16mm，距离抽屉侧板底面 11mm，抽屉侧板距离柜体底板最小为 5mm。

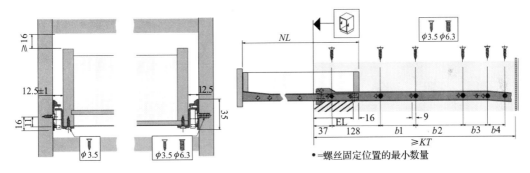

图 4-114　托底滑轨 FR302 的设计尺寸

应用实例：设抽屉的装配方式为外盖式全盖抽屉，抽屉侧板长度为 480mm，抽屉侧板下表面距离抽屉面板下表面 20mm（一般为 5～20mm），抽屉面板下表面距离柜体侧板底面 160mm。计算导轨在柜体侧板上的孔位排布。

抽屉侧板长度为 480mm，所以选择长度为 450mm 的托底滑轨，则抽屉侧板与柜体侧板之间的距离为 12.5+1mm；柜体侧板上第一个孔距离柜体前沿为 37mm；第一个孔与第二个孔距离为 128mm，第二个孔与第三个孔距离为 96mm，第三个孔与第四个孔距离为 128mm，第四个孔与第五个孔距离为 32mm，根据不同的导轨长度对应不同的间距；导轨在柜体侧板上定位孔距离导轨最下面为 16mm（不同规格导轨参数有所不同）。设抽屉侧板下面距离抽屉面板下表面为 B，抽屉面板下面距柜体侧板底面为 A，滑轨在柜体侧板上定位孔距离轨道最下面为 C，导轨孔在侧板上距离侧板下边沿为 H，则计算公式为：$H = A + B + C$，即 $H = 16 + 20 + 160 = 196$（mm），如图 4-115 所示。

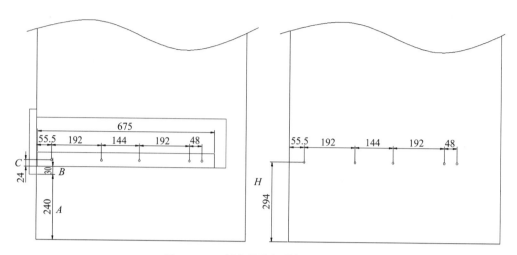

图 4 - 115　托底导轨柜体侧板孔位图

托底滑轨 FR302 的安装步骤如图 4 - 116 所示。

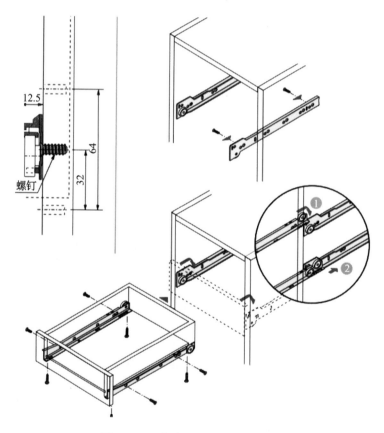

图 4 - 116　托底滑轨 FR302 的安装

第一步：将导轨拆分两部分，检查导轨滑动的灵活性。

第二步：将安装于柜体侧板部分的滑轨用自攻螺丝锁紧于柜体侧板上，按照侧板上的预留孔定位锁紧，最少需要三颗自攻螺丝锁紧。

第三步：将安装于抽屉侧板部分的滑轨用自攻螺丝锁紧于抽屉侧板上，按照抽屉侧板底面上的预留孔定位锁紧，最少需要三颗自攻螺丝锁紧。

第四步：将安装好导轨的抽屉沿着柜体侧板上导轨的滚轮推进柜体里面，来回拉伸抽屉检查抽屉滑动的灵活性。

（4）悬挂式导轨设计安装规范

以海蒂诗滚珠滑轨 KA3532 侧面安装为例，该滑轨承重30kg；抽屉可全拉出，带拉出定位和防倒装置侧面，滑轨安装于抽屉侧面；适用于长度250~500mm 的抽屉；滑轨的基本尺寸规范信息如表4-24所示。

表4-24　　　　　　　　　　　　滚珠滑轨 KA3532 基本尺寸

基本长度/抽屉长度 NL/mm	最小柜体深度 KT/mm	孔距 b_1/mm	孔距 b_2/mm	孔距 b_3/mm	孔距 b_4/mm	孔距 b_5/mm	孔距 C/mm
250	254						192
300	304	96					242
350	354	96					292
400	404	96	96				342
450	454	96	128				392
500	504	96	128	64			442
550	554	96	128	64	32	32	492

抽屉导轨的设计尺寸如图4-117所示，抽屉侧板到柜体底板的最小安装距离为5mm，抽屉滑轨安装于抽屉侧板的中部而不是底部，抽侧板上第一个孔与侧板上第一个孔距侧板前边缘的距离均为37mm，轨道厚度为12.7mm。

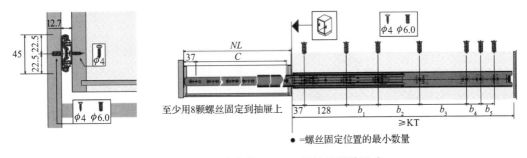

图4-117　滚珠滑轨 KA3532 导轨的设计尺寸

应用实例：设抽屉的装配方式为外盖式全盖抽屉，抽屉侧板长度为480mm，高度为120mm，抽屉侧板下表面距离抽屉面板下表面20mm（一般为5~20mm），抽屉面板下表面距离柜体侧板底面160mm，滑轨安装于抽屉侧板中间，计算导轨在柜体侧板上的孔位排布。

抽屉侧板长度为480mm，所以选择长度为450mm 的三节滚珠滑轨，根据滑轨的规格参数，柜体侧板上第一个孔距离柜体前沿37mm；第一个孔与第二个孔距离为128mm，第二个孔与第三个孔距离为256mm；滑轨在抽屉侧板上的定位孔距离抽屉侧板最下面60mm（根据不同的设计要求，尺寸值不同，案例中滑轨安装于抽屉中间）。抽屉侧板上的第一个孔距离抽侧板左侧边缘为37mm，第二个孔距392mm，如图4-118所示。设抽屉侧板下面距离抽屉面板下表面为 B，抽屉面板下面距离柜体侧板底面为 A，滑轨在抽屉侧板上的定位孔距离抽屉侧板最下面为 C，导轨孔在侧板上距离侧板下边沿 H，则计算公式：$H = A + B + C$，即 $H = 160 + 20 + 60 = 240$（mm），如图4-119所示。需要注意一点是抽屉侧板上边缘距离抽屉面板的上边缘 D 最小值为16mm。

滚珠滑轨 KA3532 的安装步骤如图4-120所示。

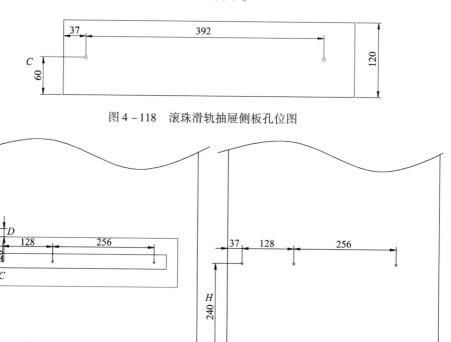

图4-118　滚珠滑轨抽屉侧板孔位图

图4-119　滚珠滑轨柜体侧板孔位图

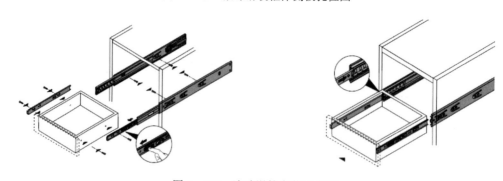

图4-120　滚珠滑轨安装示意图

第一步：滑轨拆分，将滑轨拉出，拨动滑轨中的小拨件，可将滑轨拆分成两部分。

第二步：将安装于柜体侧板部分的滑轨用自攻螺丝锁紧于柜体侧板上，按照侧板上的预留孔定位锁紧，最少需要三颗自攻螺丝锁紧。

第三步：将安装于抽屉侧板部分的滑轨用自攻螺丝锁紧于抽屉侧板上，按照抽屉侧板上的预留孔定位锁紧，最少需要三颗自攻螺丝锁紧。

第四步：将安装好滑轨的抽屉沿着柜体侧板上滑轨的滚珠推进柜体里面，来回拉伸抽屉检查抽屉滑动的灵活性。

4.4.3　金属抽屉五金配件应用

随着生活水平的不断提高，人们对现代家具的舒适性、实用性的功能需求以及消费者的个性化需求越来越高。金属抽屉区别于木质抽屉在于抽屉侧板上的改变，金属抽屉可以通过改变抽屉侧板材质及装饰图案来满足消费者的多样化需求。金属抽屉广泛用于现代厨房的设计，是现代厨房设计的一个新亮点。

奥地利百隆（Blum）家具配件有限公司生产多种带不锈钢旁板及导轨的金属抽屉，这种金属抽屉配件加工时只需要将抽屉面板、抽屉底板和抽屉后板安装在相应的位置即可，安装简单方便。根据百隆公司金属抽屉的分类，可分为普通钢板抽屉（METABOX）、全拉式豪华金属抽屉（TANDEMBOX plus）、豪华金属抽方杆系列（TANDEMBOX antaro）、豪华金属抽百变星系列（TANDEMBOX intivo）、乐薄抽（LEGRABOX）等。

4.4.3.1　金属抽屉的结构组成

金属抽屉主要由导轨、抽帮、标志盖、前接码、后接码、钢背板、抽屉面板和抽屉底板组成，如图 4 – 121 所示。

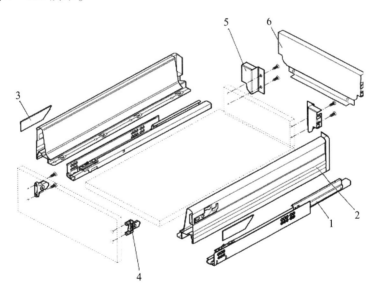

图 4 – 121　豪华金属抽基本组成
1—导轨　2—抽帮　3—标志盖　4—前接码　5—后接码　6—钢背板

在百隆的金属抽屉系列中，豪华金属抽方杆系列和豪华金属抽百变星系列是在豪华金属抽屉的基础上演变而来，不同的是抽帮上的变化。豪华金属抽方杆系列添加了竖扶杆，竖扶杆与抽帮之间可以添加插板，丰富了金属抽屉的设计；豪华金属抽百变星系列则是在抽帮上增加插板，插板可以根据不同的需求更换材质及图案以便提供个性化需求。如图 4 –122所示为豪华金属抽屉（TANDEMBOX plus）、豪华金属抽方杆系列（TANDEMBOX antaro）、豪华金属抽百变星系列（TANDEMBOX intivo）。

图 4 - 122　豪华金属抽屉、豪华金属抽百变星系列、豪华金属抽方杆系列

4.4.3.2　金属抽屉设计规范

金属抽屉设计规范涉及的尺寸有：抽屉在柜体内的空间范围、抽屉面板的排孔范围尺寸、抽屉背板的安装尺寸、柜体上安装导轨的排孔尺寸和抽屉底板及背板的裁切尺寸。

以百隆豪华金属抽百变星系列（TANDEMBOX intivo）高抽屉为例。

（1）抽屉在柜体内的空间范围

柜体内抽屉的安装需求是设计抽屉的基础，最小的柜体净深为 $NL + 3$mm（NL 是导轨的标称长度），最小的柜体净高为 224mm。如图 4 - 123 所示。

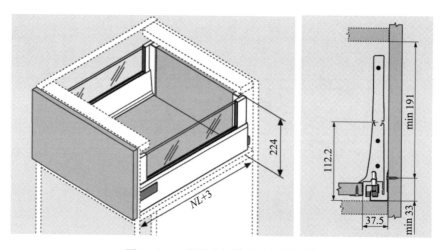

图 4 - 123　抽屉在柜体内的空间范围

（2）抽屉面板的排孔范围尺寸

抽帮安装抽屉面板上，距离面板最底面最小为 47.5mm，距离面板侧边缘为 $15.5 + FA$（FA 是抽屉面板和柜体侧板重叠部分距离），如图 4 - 124 所示。

（3）抽屉背板的安装尺寸

抽屉背板主要是安装背板固定件，设计孔位以背板上面的边为基准，第一个孔距离为 8mm，侧边距离为 9mm，如图 4 - 125 所示。

（4）柜体侧板上安装导轨的排孔尺寸

柜体侧板上导轨的排孔根据导轨的标称长度进行排孔，第一个孔距离侧板边缘为 37mm，如图 4 - 126 所示。

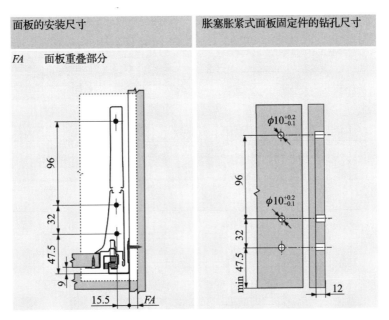

图 4 - 124　抽屉面板的排孔范围尺寸

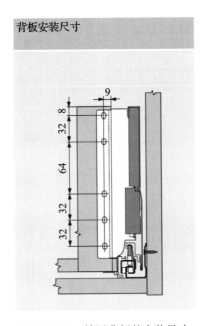

图 4 - 125　抽屉背板的安装尺寸

（5）抽屉底板及背板的裁切尺寸

抽屉底板及背板的裁切尺寸要根据柜体的长度、宽度和高度进行裁切，底板的宽度为柜体净宽 $LW - 75mm$，深度为导轨标称长度 $NL - 24mm$；背板宽度为柜体净宽 $LW - 87mm$，高度为 199mm，如图 4 - 127 所示（图示为 16mm 厚底板及背板）。

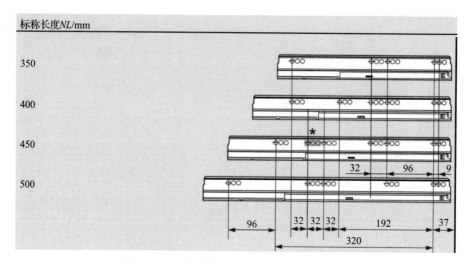

图 4 – 126　柜体侧板上安装导轨的排孔尺寸

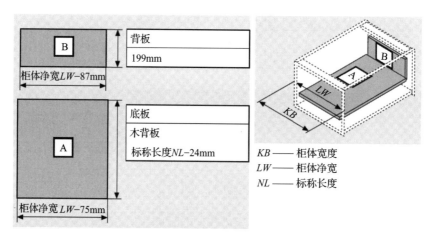

图 4 – 127　抽屉底板及背板的裁切尺寸

4.4.3.3　金属抽屉安装、拆卸和调节

（1）金属抽屉安装

金属抽屉安装如图 4 – 128 所示。

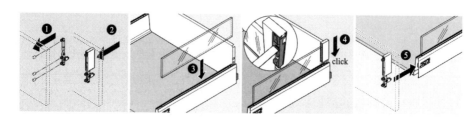

图 4 – 128　安装示意图

第一步：面板固定件安装于抽屉面板上。

第二步：前卡板安装于面板的固定件上。

第三步：抽帮与抽背板和抽底板安装在一起，将插板插入抽帮中。

第四步：后卡板安装于抽背板和抽帮上，锁紧抽屉插板。

第五步：抽屉面板通过固定件安装连接。

（2）金属抽屉调节

金属抽屉调节如图 4 – 129 ~ 图 4 – 132 所示。这里的调节主要指的是对抽屉面板的倾斜度、高度和侧面进行调节，使抽屉在安装中达到完美的状态，如图 4 – 129 所示。

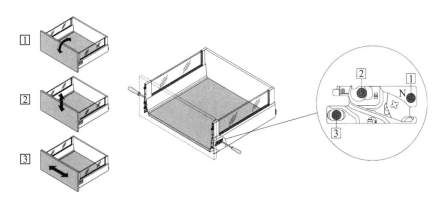

图 4 – 129　抽屉面板的倾斜度、高度和侧面调节

① 倾斜度调节：通过调节抽帮中调节组件螺丝 1，旋转螺丝可进行倾斜度的调整，调节完后进行锁紧，在面板高度大于 400mm 时，需要额外提高其稳定性，如图 4 – 130 所示。

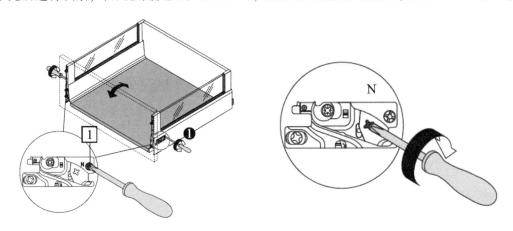

图 4 – 130　倾斜度调节

② 高度调节：通过调节抽帮中调节组件螺丝 2，旋转螺丝可对面板高度进行调节，如图 4 – 131 所示。

③ 侧面调节：通过调节抽帮中调节组件螺丝 3，旋转螺丝可对面板的侧面位置进行调节，如图 4 – 132 所示。

（3）金属抽屉的拆卸

第一步：拆卸抽屉面板，打开装饰盖，逆时针旋转抽帮中的连接螺丝，松开抽屉，拆卸抽屉面板，如图 4 – 133 所示。

第二步：拆卸插板，翻开后卡板锁紧扣，卸开后卡板，拆卸插板，如图 4 – 134 所示。

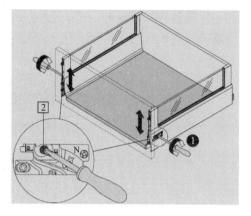

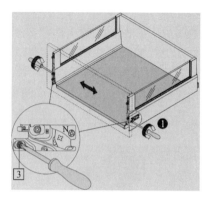

图 4 - 131　高度调节

图 4 - 132　侧面调节

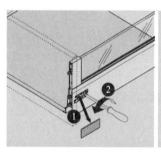

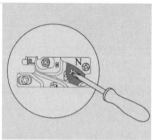

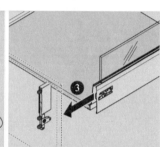

图 4 - 133　拆卸抽屉面板

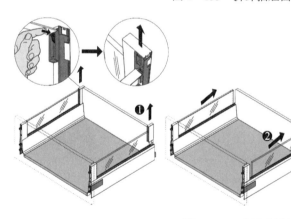

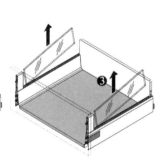

图 4 - 134　拆卸插板

本 章 小 结

　　本章通过对板式家具进行不同的模块划分，并对不同模块中使用的家具五金进行了详细的讲解，以此为基础分析了不同家具五金在板式家具中的设计方法和手段。这些家具五金包括各类型的连接件、铰链、导轨和抽屉等。

第5章 家具五金安装的规范与标准

学习目标

板式家具最大的特点是"拆"和"装"，五金配件的正确使用和正确而快速的安装方法是拆装家具的核心环节。通过学习家具五金安装环节的使用规范，掌握从如何选择安装工具、如何正确使用工具、如何保持五金连接件的平衡、如何降低操作难度、如何从小件到整体完整安装，到认识板式家具的结构组成、安装顺序，再到安装过程要遵守的基本准则进一步规范和引导连接件的正确安装使用，从而提高五金连接件在家具安装环节的效率。

知识重点

- 了解家具五金的钻孔设备
- 掌握家具五金现场安装的工具和模板
- 掌握板式家具安装流程和步骤

5.1 家具五金钻孔工序与设备

板式家具的结合与固定主要靠家具结合部位的五金连接件实现，五金连接件实现连接的基础在于各零部件上孔位的准确性，因此家具钻孔是一项非常重要的工作。

5.1.1 家具五金的钻孔类型与要求

（1）钻孔的类型

现代板式家具零部件上的家具五金孔位主要包括以下几种：

① 圆榫孔：用于安装圆榫，定位各个零部件；

② 连接件孔：用于连接件的安装和连接；

③ 导引孔：用于各类螺钉的定位以及便于螺钉的拧入；

④ 铰链孔：用于各类门铰链的安装。

（2）钻孔要求

钻孔时要求孔径大小一致，这就要求钻头的刃磨要准确，钻头不能成椭圆，直径不能小于钻孔的直径，否则会造成扩孔或孔径不足等现象。钻孔的深度要一致，这一点要求钻头的刃磨高度要准确，新旧钻头要分别放在不同的排座上。孔间尺寸要准确以保持孔间的位置精度，一个排座上钻头间距是确定的，一般不会出现偏差，但是排座之间的尺寸是人为控制的，易出现位置间的误差。图 5-1 所示为五金孔位的孔径、孔深和孔距偏差测量图。

（3）五金孔位检验标准

钻孔工序的质量检测要求见表 5-1。

孔距偏差　　　　　　　　　孔深偏差　　　　　　　　　孔径偏差

图 5 - 1　五金孔位偏差测量

表 5 - 1　　　　　　　　　　　　**钻孔工序产品质量检验要求**

孔距	边距偏差 ±0.2mm，间距偏差 0.2mm
孔径	木榫孔径偏差 ±0.07mm，直径 15mm； 三合一、直径 12mm 二合一孔径偏差 +0.1mm； 塑料头孔径偏差 ±0.1mm； 二合一螺杆、三合一螺杆孔径偏差 ±0.2mm； 预埋件孔径偏差 +0.1mm； 格板帽孔径偏差为 -0.2mm
衣柜孔深	顶板起连接作用的纵向木榫孔深 12.5 ~ 13.5mm； 旁板起连接作用的横向木榫孔深 27.5 ~ 28.5mm，纵向木榫孔深 12.5 ~ 13.5mm； 塑料头孔深 12.5 ~ 13.5mm； 格板帽孔深 8.5 ~ 9.5mm； 直径 15mm 三合一孔深 13 ~ 13.5mm
活动柜孔深	顶板起固定作用的纵向木榫孔深 13 ~ 14mm； 旁板起连接作用的横向木榫孔深 28 ~ 29mm，纵向木榫孔深 11.5 ~ 12.5mm； 底板起固定作用的横向木榫孔深 29.5 ~ 30.5mm； 抽面起固定作用纵向木榫孔深 11 ~ 12mm，抽侧横向木榫孔深 20 ~ 21mm； 直径 12mm 二合一孔深 9 ~ 9.5mm
孔口崩边面	外表无法隐藏的孔口崩边面允许 0.5mm² 孔 2 处； 安装后能完全掩盖的孔口崩边面允许 1mm² 孔 3 ~ 4 处
表面	打孔后可视表面的封边条不允许有碰伤、划伤、磨伤现象； 组装后能完全掩盖的工件不影响结构尺寸的，每批次 1 件中允许 1 ~ 2 个补孔； 正面不允许有因打孔造成的裂纹、鼓泡、机器划伤、碰伤、磨伤等现象
配套性	加工后所有的部件必须配套检验，左右方向与图纸、投料单上一致

5.1.2　常用钻孔设备及特点

板式家具零部件的五金孔位的钻孔是采用各种类型的排钻加工的，根据钻孔轴的数量常见的排钻有单轴排钻和多轴排钻。不同类型钻孔设备的加工效率和加工精度不一样，自动化程度越高的设备其加工效率和加工精度会越高。选择自动化程度高的钻孔设备能最大限度地保障连接件的孔位标准，提高家具的装配速度和装配质量。

5.1.2.1　单轴排钻

单轴排钻的钻排只有一排组成，是一种自动化程度较低的钻孔设备，若零部件的孔位能设计在一排时，可以一次完成钻孔工作，否则需多次钻孔。由于多次钻孔变换了加工基准，因此零部件的加工精度相对较低，仅适合一些小型的生产企业或用于多排钻的辅助钻孔要求。常见的有立式单轴钻和卧式单轴钻。

5.1.2.2　多轴排钻

现代多轴排钻与传统排钻在性能上差异很大，主要表现在三个方面。

（1）数字式计数显示

现代排钻的垂直钻排分成两段独立钻座，通过钻座下部丝杆螺母的带动将两段独立钻座沿 Y 轴（纵向）拉开或合拢，并采用数字式计数器显示拉开距离（图 5 - 2），以扩大钻孔范围。垂直钻座沿 X 轴（横向）移动采用齿轮齿条带动，用数字式显示仪标定移动的距离，并带有气动或液压锁紧系统。

（2）钻座可旋转

现代多排钻的垂直钻座可通过销钉的变换定位，使两段独立的钻座各自旋转 90°（图 5 - 3），实现横向钻孔的目的。

图 5 - 2　数字显示仪

图 5 - 3　可旋转钻头

（3）快速更换钻头

排钻的各钻座上均采用快换钻头，大大提高排钻的生产效率（图 5 - 4）。

为了保证钻孔精度和产品质量，板式家具零部件的五金钻孔一般采用多排钻来完成。国内常见的多排钻钻座上的钻头间距为 32mm，通常水平钻座由整排构成，垂直钻座由两段独立的排座构成。多排钻的钻座数量一般有 3～12 排多轴排钻，常见主要有三排钻、六排钻等。如表 5 - 2 中所示板式家具常见的多轴排钻。

图 5 - 4　快速更换钻头

表 5 - 2　　　　　　　　　　　　　　板式家具常见的多轴排钻

序号	名称	图示
1	铰链钻床	
2	三排钻	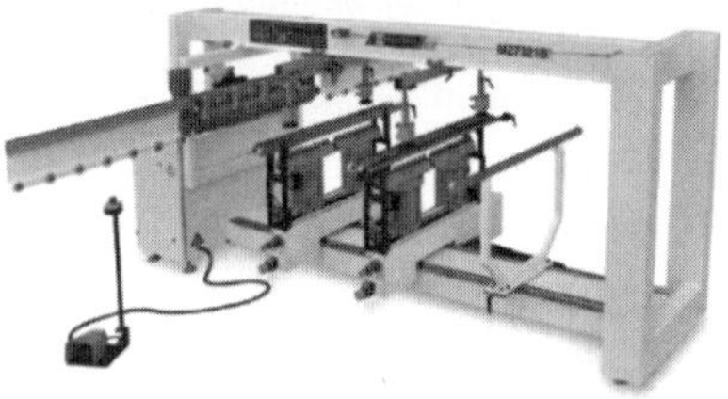
3	六排钻	

　　铰链钻床是专门应用于门板铰链孔的设备，这种类型的钻床加工孔位单一，但自动化程度不高，常见于一些小型的板式家具企业。

　　三排钻定位灵活，操作方便，适合于加工孔位单一、孔数较少的板式家具零部件，是板式家具生产中常见的钻孔设备。当孔位繁多、孔数较多时，通过调整各个排座距离或变换垂直钻座的位置来确保一次加工完成，如不能一次完成时，需要变换孔位的定位基准，而使孔位的加工精度降低。

　　六排钻适合于加工孔位繁多、孔数较多的板式家具零部件，而且钻孔时基本可以一次定位后完成零部件的要求，因此钻孔的孔位精度高，生产效率高，是规模较大的家具企业常见的钻孔设备。

5.1.2.3　数控机床和加工中心

　　数控机床和加工中心具有加工质量高、生产效率高、科学高效地利用木质材料、产品附加值高以及工人的劳动强度低等优点，可为家具制造企业获得高额利润，因此具备先进数控技术的加工机床与加工中心在家具制造行业中将有广阔的应用前景。

　　数控机床是利用数字化技术实现完全自动化控制的机床，只要将加工零部件的信息（如刀具相对于零部件运动轨迹的尺寸参数、切削加工过程中的工艺参数和辅助加工零部件的信息）用规定的计算机语言组成数据代码，编程，输入数控操作模块，然后由数控操作模块处理，最后发出信号和指令进行全自动化的加工，基本上即可代替手工操作。

数控机床在家具制造业中应用广泛，是因为其具有以下特点：

① 自动化程度高：数控机床的加工过程是按输入程序自动完成的，一般情况下，操作者只需监控机床的运行状况。具体的工艺程序早已编入其加工程序中，操作者在加工时可根据实际情况，适时调整，灵活掌握。

② 生产效率高：数控机床通过一次装夹工件即可完成多种工序的加工，节省了工件装夹、拆卸和机床调整等大量的辅助时间。

③ 加工精度高：数控机床的定位和重复定位精度比较高，因此可以保证加工零件的一致性和尺寸精度，减少了人为因素对加工精度的影响。

④ 工艺可换性强：数控机床通过改变数控加工程序，可实现对不同工件的加工，而且不用更换靠模、样板模具等专用工艺装备。

⑤ 能高效优质完成复杂型面零件的加工。

⑥ 便于实现 CAD/CAM 技术。

随着定制家具的快速发展，个性化与多样化的风格成了设计的主流，而五金连接件的连接方式也更加多样化，孔位的设计势必更加复杂化，从而对钻孔设备的智能化要求就更加重要。金田豪迈木业机械有限公司和广东先达数控机械有限公司生产的数控钻孔设备是定制家具钻孔设备厂家的佼佼者。

金田豪迈木业机械有限公司创建于 1979 年，致力于引进及推荐世界先进的木材工业技术与装备。豪迈旗下的 PTP 160/PTP 160 Plus（带锣铣主轴）CNC 加工中心（图 5－5）是专为中国市场板式家具生产需求设计的加工中心，其简单灵活的加工方式成为板式家具特别是定制企业家具零部件钻孔的首选。

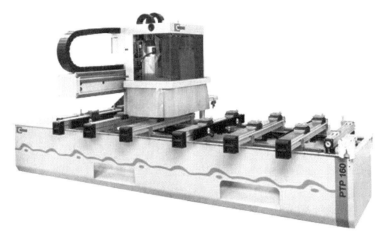

图 5－5　PTP 160/PTP 160 Plus（带锣铣主轴）CNC 加工中心

广东先达数控机械有限公司创立于 1995 年，在木工机械领域，通过精工的制造和真诚的服务获得了《采用国际标准产品》的认证，拥有 25 项创新性技术专利，成为国家高新技术企业、定制化板式家具设备专家。其旗下的 SKD 智能木工钻铣中心（图 5－6）深受板式定制企业青睐，其产品覆盖国内定制家具知名品牌顶固、联邦高登等。

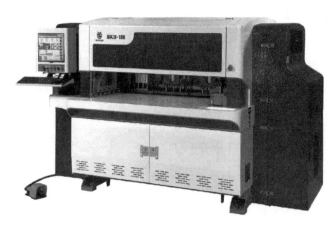

图 5 - 6　SKD - 125 智能木工钻铣中心

SKD - 125 智能木工钻铣中心板材零部件宽度加工范围 50 ~ 1250mm；最小长度 250mm；最大厚度 50mm，最大限度满足了定制家具中各种规格板件的零部件。其 48s 内能够处理 32 个孔位；8h 的工作时间内能够完成 280 ~ 320m² 板件；能够处理 900 ~ 1100 块板件，加工效率是国内同行数控钻的 2 倍。

钻孔设备的孔位精度与加工板件时基准的一致性、调机的精度稳定性密切相关，目前主流的钻孔设备是 CNC，部分大企业甚至是定制的多主轴、流水线式 CNC，结合信息化的自动控制，这就大大提高了连接件孔位的精度，安装配合更精密。

5.1.3　传统多轴排钻与 CNC 钻孔中心的对比

在现代板式家具生产中，钻孔的设备主要是多排钻和 CNC 钻孔中心，家具企业如何在两者之间取舍，取决于其是否符合企业生产及产品体系，是否、利于降低成本、提高生产效率。传统多排钻与 CNC 钻孔中心的对比主要包括以下几个方面：加工方法，加工效率、加工范围和人工与管理成本。

5.1.3.1　加工方法

（1）排钻加工方法

在进行排钻钻孔加工时，首先根据加工工件图纸要求定位调机，加工出第一件工件（即首件）时，核对首件是否符合图纸的要求，核对无误后才能进行批量加工。

（2）CNC 钻孔中心加工方法

在使用 CNC 钻孔中心加工时，首先归位机床原点，加工前扫描加工零部件上的钻孔信息来提取事先保存在 CNC 钻孔中心的钻孔程序，放置工件到加工台面，按键完成零部件钻孔。

CNC 钻孔中心与排钻的加工方法相比较，其优点主要表现如下：

① 与多排钻相比，CNC 钻孔中心节省了调机、重复定位以及首件确认的时间，从而提高了钻孔的效率并且能够提高钻孔的准确率。

② CNC 钻孔中心需要预先把钻孔的信息转换成设备能够读取的格式，钻孔中心可自动提取进行加工。能够录入多个加工信息，可重复调用，更符合柔性化的生产模式。

③ CNC 钻孔中心有激光定位和物理机构定位，能够使得加工的孔位更加准确。

5.1.3.2　加工范围

（1）加工零件的尺寸规格

多排钻多用于幅面平整、同一批次规格变化不大、尺寸公差小的板件，调机定位容易，孔位品质稳定。而 CNC 钻孔中心则适用于多种规格尺寸板件的钻孔加工，尤其是异形的板件加工更能够凸显其优势。

（2）加工零部件的孔位的复杂性

零部件孔位的复杂性关系到钻孔的效率和精度，多排钻适合孔位分布比较均匀、规律性强的零部件孔位加工，对于孔位分布较零散、甚至是没有规律可循的板件孔位，使用 CNC 钻孔中心优势更加突出。

5.1.3.3　加工效率

多排钻尤其是六排钻，是大批量生产的典型设备。如果同一批次零部件数量大时，可先在多排钻进行加工。CNC 钻孔中心省略了调机、重复定位以及首件确认的时间，但如果零部件批次数量大时，加工的效率不如多排钻。

多排钻和 CNC 钻孔中心对于不同情况的钻孔有不同的优势，因此，在加工中应该对零部件进行分类成组，分别选择不同的钻孔设备，可节省时间和费用，提高产量，充分发挥设备的优势。

5.1.3.4　人工与管理成本

相对于传统的排钻，数控设备在人工与管理成本上更具有优势，表 5－3 所示是以广东先达数控机械有限公司旗下的数控钻为例与传统排钻在人工与管理成本上的对比。

表 5－3　　　　　　　　　　　　　　数控钻与传统排钻对比

参数	先达数控钻	传统排钻	数控钻优势
加工工艺	可进行 6 面编程完成所有钻孔、开槽和铣异形槽，产品无须试装	只能应用于钻孔，产品必须试装	一机多能，大大降低生产与人工成本
钻孔数据传输	通过多种方式与生产管理软件对接（如 U 盘或网络），应用条形码、二维码扫描，数据输入设备，实现自动化加工	按照打印图纸排孔并需要人工手动调整设备	减少人为操纵出错；降低耗材成本
非标产品孔位	非标产品孔位无条件限制，实现自动化定位加工	非标产品需要频繁反复调试，要多次加工才可实现	提高工作效率和加工精度
标准 8h 效率	加工 250～300m²	加工 70m²	提高 4 倍加工速度
处理相同订单所需设备和人工要求	1 台，1 个普通操作工	3 台，3 个熟练排钻工人	无须技术操作，减少操作工，降低管理成本
操作工年薪	约 4000 元/月（普工）1 台设备 ×12 个月 = 48000 元	约 8000 元/月（熟练师傅）×3 台设备 ×12 个月 = 288000 元	一年可节省约 24 万元左右人工成本
功率损耗（每天）	1 台数控钻总功率 7.5kW	1 台三排钻最低功率为 4.5kW，3 台排钻同时生产所需要功率为 13.5kW	相同加工速度节省 6kW

5.2　安装环节使用的工具及其特点

5.2.1　安装环节使用的工具与模具

"工欲善其事，必先利其器"，选择合适的安装工具对安装速度有极大提高，在安装之前要准备好工具，具体的工具如表5-4所示。

表5-4　　　　　　　　　　　　安装所需工具表

序号	工具名称	用　　途
1	冲击钻	固定吊柜打木塞孔、膨胀螺丝
2	充电钻	开孔，上三合一螺杆，固定螺丝，可调换各种钻头
3	电锯	开孔（53mm以上），切割作用
4	铁锤	打钉，调整部件小移位
5	胶锤	调整见光板件的移位，预防板材的破损
6	角尺	垂直划线，现场开孔，切割定位
7	拉尺	测量尺寸
8	墙纸刀	拆包，修边
9	十字螺丝刀	长短各一把：拧螺丝、偏心体、调门铰
10	一字螺丝刀	长短各一把：拧螺丝、偏心体、调门铰
11	短刨	修整板件不平整或调整尺寸
12	钢锯	切割衣通、上下柜等金属材料
13	平板锉	修正金属件切割平面的毛刺
14	玻璃胶枪	打玻璃胶固定板件或收口
15	六角扳手	调整隔断内底轮
16	钢钳	钳钉，维修五金件
17	钻：ϕ35mm	门铰孔
18	钻：ϕ19mm	抽屉锁孔
19	钻：ϕ15mm	三合一偏心体孔
20	钻：ϕ10mm	三合一预埋螺母孔
21	钻：ϕ8mm	三合一连接螺杆孔
22	钻：ϕ5mm	拉手孔
23	铅笔	现场划线
24	刀片	配制品：切割用
25	玻璃胶	配制品：固定，收口用
26	批头	配制品：电批用
27	钢锯条	配制品：切割用

安装模具的使用可以极大提高板件孔位的准确性和钻孔的方便性，利用好安装模具可以大大减少安装的深度和提高安装的准确性。

以百隆公司生产配套的几款钻孔模具说明其在安装加工中的使用。百隆的钻孔模具中包括 ECODRILL 手动铰链钻模、铰链钻模、定位模、安装座钻模、BLUMTION 阻尼/TIP － ON 机械触碰式开启钻模、多功能钻模等，见表 5 － 5。

表 5 － 5　　　　　　　　　　　　　　钻模的分类说明

钻模名称	适用的五金件	图示	加工图示
ECODRILL 手动铰链钻模	铰链的铰杯安装		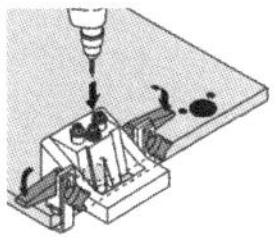
铰链钻模	铰链的铰杯孔和铰链十字、一字底座孔		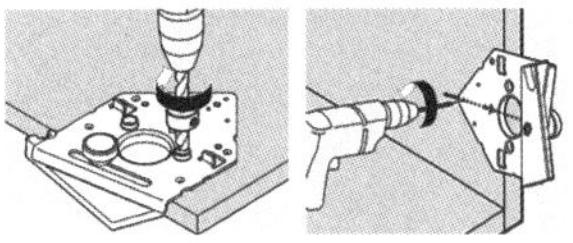
定位模	铰链十字、一字底座孔		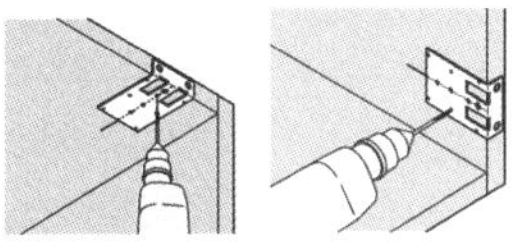
安装座钻模	铰链十字底座孔	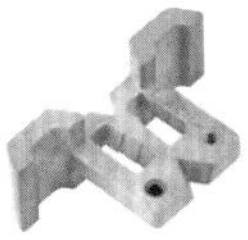	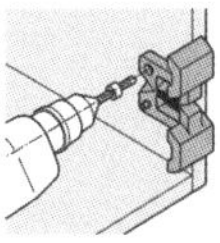
阻尼/机械触碰式开启钻模	BLUMTION 阻尼/TIP － ON 机械触碰式开启孔	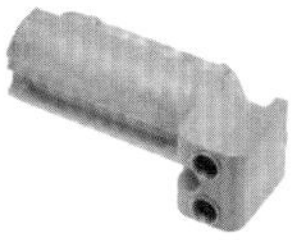	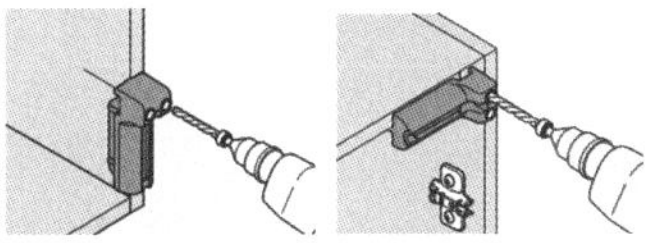
多功能钻模	预钻导轨、省力装置和铰链底座孔		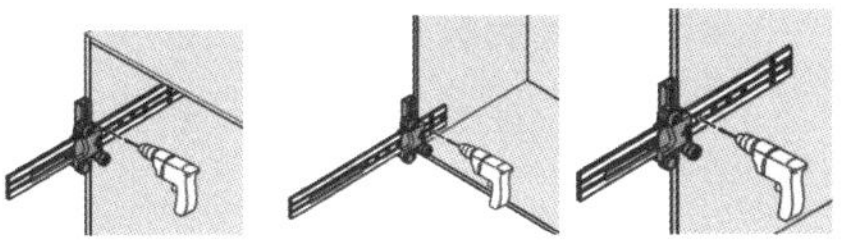
	预钻抽屉面板、背板和底板固定孔	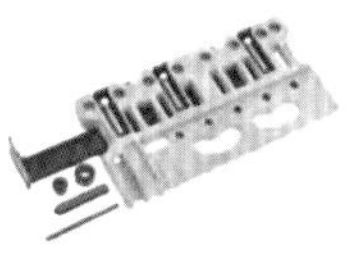	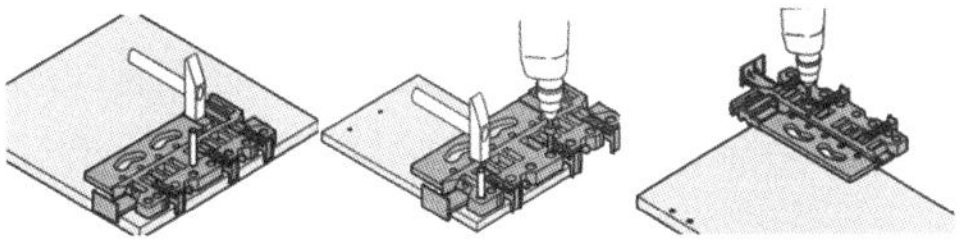
豪华金属抽屉系列钻模	预钻锁紧和同步装置固定孔		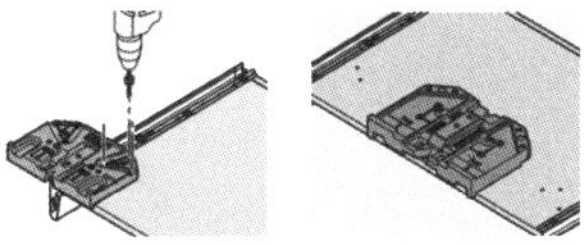
导轨系列钻模	导轨挂钩固定孔		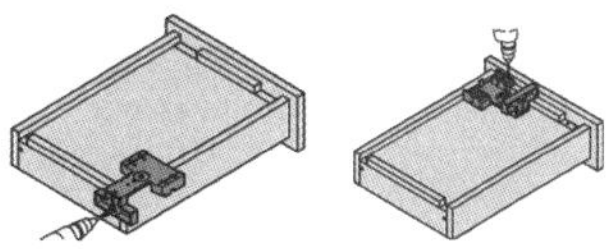

续表

钻模名称	适用的五金件	图示	加工图示
导轨系列钻模	预钻导轨定位销和防脱卸装置固定孔		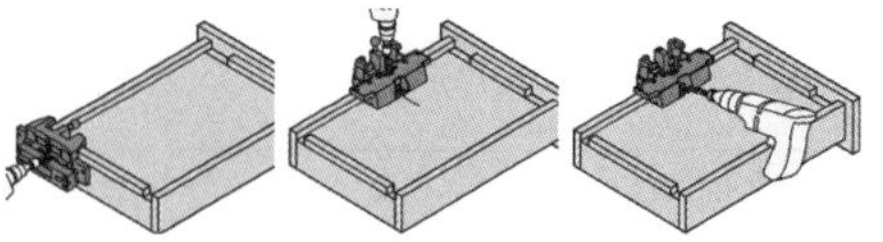
转角抽屉钻模	转角抽屉同步五金固定孔	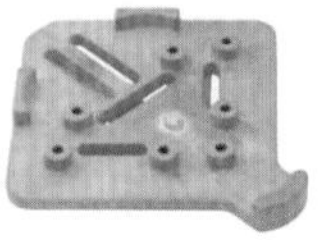	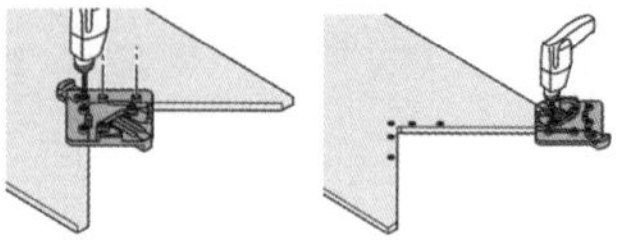
镜子门铰钻模	镜子门铰链铰杯的粘贴位置		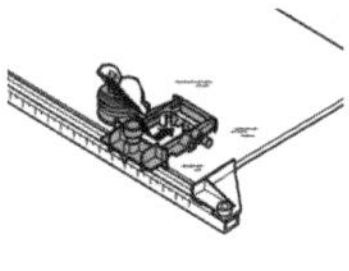

5.2.2　安装环节的特点

家具五金配件已经成为现代定制家具产品价值和附加值的重要参考标准，不同档次的家具产品配套不同档次的五金配件，决定了产品的不同品质和价值。定制家具的个性化和鲜明的差异性决定了定制家具在安装时具有工厂加工，异地装配；现场安装和装修空间的衔接的特点。

（1）工厂加工，异地装配

定制家具每一个零部件都是产品，每一个产品都是部件。因此定制家具的拆装性实现了家具从单件到组合，从组合到单件的重复演变。

（2）现场安装

现场安装是定制家具安装的最大特点，是实现个性化和差异化的定制家具的重要手段。

（3）装修空间的衔接

现代的空间装修不是单纯的分割与组合，而是装修空间的衔接和风格搭配，定制家具的安装是整个空间装修的重要环节和组成部分。

5.3　安装环节的规范

5.3.1　五金连接件的安装指导书

项目介绍：此操作指导是板式家具安装最常见的安装环节，适用专业、非专业安装人士在工厂试装、安装展示培训、上门安装以及售后 DIY 安装。

目的：推行简单、快速的安装方法，规避由于安装造成的次品及效率低下问题。

安装分为 3 部分，分别为预埋螺母、螺杆、偏心体。

5.3.1.1　预埋螺母安装

预埋螺母有两种材质，一种材质为 PP，见表 5 - 6，另一种材质为合金，见表 5 - 7。根据不同的板材材质的需求选择不同的材质的预埋螺母。不同材质预埋螺母的安装方法也不一样。

表 5 - 6　　　　　　　　　　　　**PP 材质预埋螺母安装指导书**

PP 材质预埋螺母安装指导书	
适用范围：材质为 PP 的预埋螺母 	工具：胶锤 
序号　　　　　　步骤	图示
1　　将预埋螺母放置在孔上，螺母平面与板件平面平行	
2　　用胶锤冲击将螺母敲进孔中，力度适中，预埋螺母敲进孔中应与板件平齐，低于板件 0.5mm 为最佳	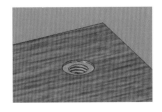

表 5 - 7　　　　　　　　　　　　**合金预埋螺母安装指导书**

合金预埋螺母安装指导书	
适用范围：材质为合金的预埋螺母	工具：六角扳手 
序号　　　　　　步骤	图示
1　　将预埋螺母放置在孔上面，螺母平面与板件平面平行	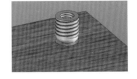
2　　用六角扳手把预埋螺母拧进板件中，应与板件平齐，低于板件 0.5mm 为最佳	

5.3.1.2 螺杆安装

螺杆分两种：一种是普通的拆装螺杆，见表 5 – 8，另一种是快装螺杆，见表 5 – 9，与偏心体配套使用。

表 5 – 8　　　　　　　　　　　　拆装螺杆安装指导书

拆装螺杆安装指导书		
 适用范围：带自攻螺丝拆装		工具：十字螺丝刀、手电钻 
序号	步骤	图示
1	开始安装应该手扶或借助装闸，先让螺杆以垂直于预埋孔的方向对准，点按电钻开关，先拧进 1/5 螺牙，目测螺杆是否垂直，不垂直拧出调整	
2	可长按电钻开关，快速拧入 3/5，松开按钮	
3	最后剩下的 1/5，点按开关拧紧，以螺杆转速变缓慢至停止	

备注：安装人员须掌握微型手电钻的基本使用方法，如会换装钻头、会看垂直水平状态、熟悉电钻的惯性力度

表 5 – 9　　　　　　　　　　　　快装螺杆安装指导书

快装螺杆安装指导书		
 适用范围：快装螺杆		工具：免工具
序号	步骤	图示
1	将螺杆塞到板件孔中	
2	塞装快装螺杆时到位即可，切忌推装过位	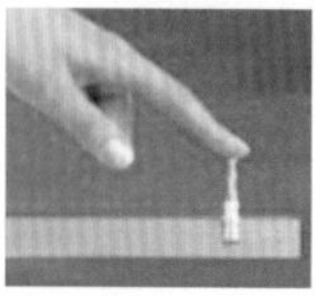

5.3.1.3　偏心体安装

偏心体是和拆装螺杆配合使用的，通过偏心旋转的原理把两块板件进行合并。偏心体有两种，一种为三合一的偏心体，如表 5 – 10 所示，另一种为二合一的偏心体，如表 5 – 11所示。

表 5 – 10　　　　　　　　　　　　三合一偏心体安装指导书

三合一偏心体安装指导书		
 适用范围：三合一偏心体		工具：十字螺丝刀
序号	步骤	图示
1	把偏心体压到板件对应的孔中。注意：在压入偏心体之前应把孔中的木屑清理干净，偏心体上的"△"对准侧孔方向	
2	把带有偏心体的板件与带有拆装螺杆的板件进行组合	
3	使用十字螺丝刀顺时针方向拧紧偏心体，通过两块板相对方向的受力收紧使两块板件进行合并，达到连接效果	
4	螺丝刀拧偏心体时顺时针旋转180°即可，不宜再用力扭转	

备注：不同厚度板材使用的偏心体的规格不一样，但操作方法是一样的

表 5 – 11   **二合一偏心体安装指导书**

二合一偏心体安装指导书	
适用范围：二合一偏心体 	工具：十字螺丝刀、胶锤 

序号	步骤	图示
1	用胶锤把偏心体敲进板件对应的孔中	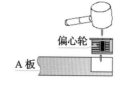
2	把带有偏心体的板件与带有拆装螺杆的板件进行组合	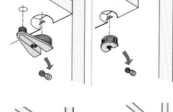
3	使用十字螺丝刀顺时针方向拧紧偏心体，通过两块板相对方向的受力收紧使两块板件进行合并，达到连接效果	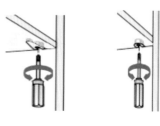
4	螺丝刀拧偏心体时顺时针旋转 180° 即可，不宜再用力扭转	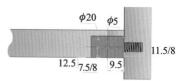

备注：不同厚度板材使用的偏心体的规格不一样，但操作方法是一样的。二合一偏心体多用于层板的连接

5.3.2　柜　体　安　装

以一字整体衣柜为例，样图如图 5 – 7 所示。

安装步骤：

柜体主要通过三合一偏心体，木榫进行连接。

① 先将预埋螺母用胶锤分别轻敲入侧板、顶板、底板的预埋螺母孔内，预埋螺母要平齐板件板面，如有高出板件板面的预埋螺母，要用刨刀修平，一般情况下，预埋螺母凹进板件板面 0.5mm 为宜。

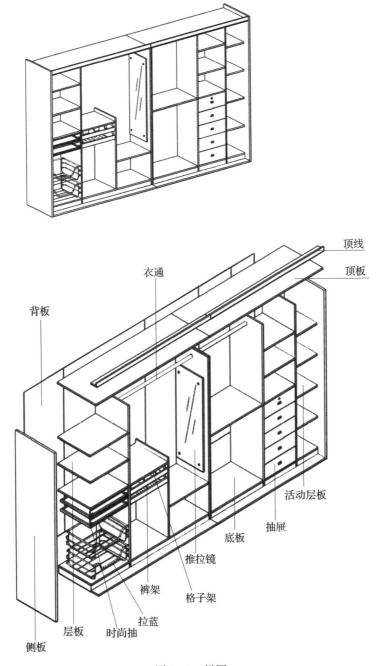

衣通

顶线

顶板

背板

活动层板

抽屉

底板

推拉镜

格子架

裤架

拉蓝

时尚抽

层板

侧板

图 5 - 7　样图

② 将连接杆用电钻或螺丝刀拧入侧板预埋螺母孔孔内，连接杆要与板表面成 90°，连接杆与侧板螺母连接要拧到位，如果连接杆与侧板连接不到位，板件与板件连接时导致偏心体与连接杆锁不紧，产生柜体松动，影响柜体的强度，一般情况下，连接杆露出板件的长度为 24～28mm，如图 5 - 8 所示。

③ 踢脚板与底板连接，将踢脚板的连接杆插入底板的孔中，将偏心体装入踢脚板上

的孔中，偏心体偏心"△"对准连接杆孔，用螺丝刀逆时针方向旋转偏心体180°，锁紧偏心体，如图5-9所示。

④ 将定位木榫插入顶板、底板、固定层板木榫孔孔内，定位木榫露出板件截面的尺寸8~10mm为宜，不允许超过10mm，木榫露出过长容易使板件板面鼓起和损坏。

⑤ 将顶板、底板、固定层板分别与侧板连接，并用偏心体锁紧。偏心体的安装方法：将偏心体依次装入顶板、底板、固定层板偏心体孔内，偏心体的偏心"△"对准连接杆的孔位，然后将顶板、底板、固定层板的一端插入侧板上的连接杆，将偏心体用螺丝刀逆时针方向旋转180°锁紧。如图5-10所示。

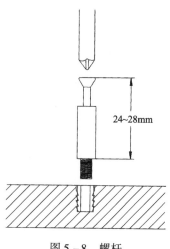

图5-8 螺杆

锁紧：
　　母体装入板材的时候，身上的箭嘴标记必须对准拉杆位置

• 十字螺丝刀：PZ 2
• 一字螺丝刀：6×1.5mm

需要工具：

12mm 厚度板材：
• 十字螺丝刀 PZ 2

13~15mm 厚度板材：
• 十字螺丝刀 PZ 2 或者一字螺丝刀

16~29mm 厚度板材：
• 十字螺丝刀 PZ 2 或者一字螺丝刀

图5-9 偏心体

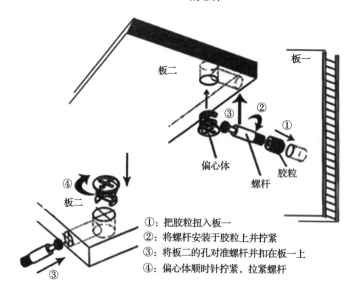

①：把胶粒扭入板一
②：将螺杆安装于胶粒上并拧紧
③：将板二的孔对准螺杆并扣在板一上
④：偏心体顺时针拧紧，拉紧螺杆

图5-10 三合一组合

⑥ 将各部位锁紧后，检查缺口位、检查背板两面有无刮花，将好的一面向正视面，然后固定背板（背板安装方式：插槽式，钉板式，当背板为 18 厘时用三合一连接，其他安装方式可参考本书第 4 章中的背板连接方式），如图 5－11 所示。

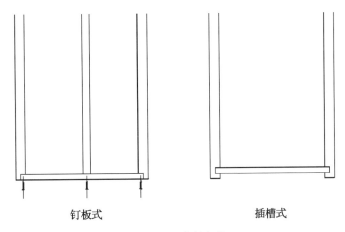

钉板式　　　　　　　　　插槽式

图 5－11　背板安装

⑦ 连接另外一块侧板，按照上述的方法将顶板、底板、固定层板依次连接，将偏心体用螺丝刀逆时针旋转 180°锁紧偏心体。

⑧ 当第一个单元柜完成后，装入活动层板与两侧板进行连接。活动层板托的安装方法：先确定好活动层板的位置，划线做好标记，依次用自攻螺丝锁紧金属件，安装时应注意，金属件装好后要保持平行，避免金属件与金属件的平面不平整。然后用胶吸盘放入金属件的吸盘孔内，最后放入活动层板，如图 5－12 所示。

要特别注意柜体所有的三合一偏心体都必须锁紧，防止柜体松动，以避免衣柜整体倾斜。背板固定时定位要准确，预防钉子钉空位置，导致钉子日后挂坏客户的衣物。所有单元柜安装时，均依照上述方法依次进行组装。

5.3.3　抽　屉　安　装

抽屉是柜类家具常用的重要功能部件，在一定程度上决定了定制柜体的安装质量。如图 5－13 所示，以三节滚珠导轨安装为例。

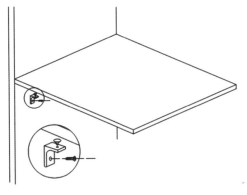

图 5－12　层板

图 5－13　抽屉

① 先将预埋螺母用胶锤轻敲入板件螺母预埋孔内，预埋螺母要与板面平齐，不允许高出板面，凹进板面0.5mm为宜。

② 将三合一连接杆用手枪钻或者螺丝刀拧入板件的预埋螺母孔内，连接杆要与板件的板面成90°，连接杆与面板和装饰的螺母连接要到位，连接杆与板面螺母连接不到位会导致偏心体与连接件锁不紧，会使组件松动，降低抽屉强度，一般情况下连接露出板面的长度24～28mm为宜；将抽后板与抽侧板用三合一连接杆连接起来，如图5-14中（a）所示。

③ 用螺丝刀把偏心体按逆时针方向旋转180°，锁紧抽侧板与抽后板，如图5-14中（b）所示。

④ 如图5-14中（c）所示，把抽底板沿着抽侧板的凹槽插入槽中，并把抽面板用三合一连接杆与抽侧板连接。

⑤ 用螺丝刀把偏心体按逆时针方向旋转180°，锁紧抽面板与抽侧板，如图5-14中（d）所示。

⑥ 拆分三节滑轨，并把安装于抽侧板的滑轨用φ3×12的自攻螺丝安装于抽屉的左右侧板上，如图5-14中（e）所示。

⑦ 抽屉安装完成，如图5-14中（f）所示。

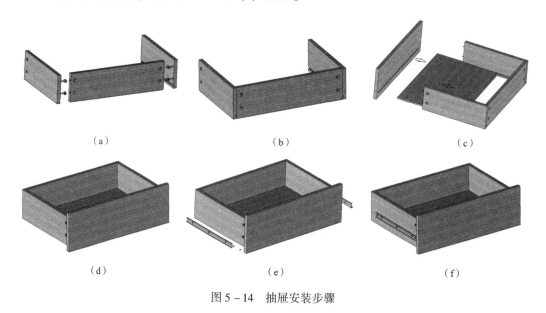

（a）　　　　　　　　　　　（b）　　　　　　　　　　　（c）

（d）　　　　　　　　　　　（e）　　　　　　　　　　　（f）

图5-14　抽屉安装步骤

5.3.4　移门安装

以铝合金移门为例。

（1）移门组件

移门组件有竖框、上横框、中横框、下横框、上滑轮、下滑轮、防撞条、防尘毛刷、玻璃、夹层（丝质、布艺、藤艺等）、板件等。

（2）移门内部结构及安装

如图5-15和图5-16所示。

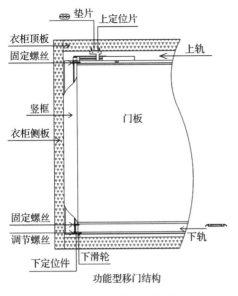

图 5 - 15　缓冲定位型　　　　　　　　图 5 - 16　普通滑轮型

① 移门功能配件及安装工具：上、下滑轨，上下定位器，自攻螺丝，机丝，六角扳手等。

② 毛条的安装：在安装过程中，贴毛条的位置必须清理干净，否则粘上去后容易脱落。

③ 滑轮的安装：在滑轮的后面有一个调节螺丝，六角自攻螺丝通过边框固定，根据实际情况而定滑轮的高低。两头的滑轮必须保持平行，否则会出现移门一边高一边低的情况。上滑轮的安装方法同下滑轮一样。

（3）移门与主体柜安装

移门安装前，要把组装好的柜身用水平尺校正，其柜体要横平竖直，两条对角线误差小于等于 3mm，以上工作完成后再进行安装推拉门所需部件。

根据柜体的结构将移门上导轨安装在主体柜的顶板下部或顶柜底板的下部，导轨内进主体柜或顶柜底板 1.5mm，再将下导轨安装在柜体的下垫板上（说明：每支下导轨需配四支定位件，定位件分别从导轨的两端推进，两端的前后导轨槽各推进一支），下导轨内进 13.5mm，上下导轨均用 15mm 长的自攻螺丝固定。

门扇的安装应从里向外，首先将门的上头插入上导轨槽中，右手握住门扇竖框，左手将移门的下滑轮向上挑起，移动移门使其下滑轮对准下轨道滑轮槽轻轻放下即可。

调整移门，将相对两边移门调整至与柜体侧板吻合，中间推拉门与两侧边推拉门重合位吻合。特别说明：移门安装调试完成后再进行防撞条的粘贴，防撞条应长出竖框上下各 30mm 嵌入竖框粘贴，粘贴时必须保持干净。移门一定要与柜体调至吻合，否则会影响推拉门的缓冲效果，失去阻尼轮的意义。

本 章 小 结

板式家具的一个重要特点是可拆装性，本章通过对板式家具的安装环节进行了规范讲解，突出了在板式家具的安装中如何能够快速、准确地使用家具五金达到板式家具的快速安装。包括安装工具的使用、安装过程的作业指导书和安装注意事项。

第6章 国外最新五金连接件及其应用

学习目标

通过对国外最新的五金连接件的认识和学习，了解国外先进的五金连接件并能够从中学习五金连接件的发展方向，学会运用最新的五金连接件。

知识重点

- 了解国际著名的五金公司有哪些
- 掌握锚型锁紧系统的应用方法
- 掌握 INVIS 隐形磁性螺丝的应用方法
- 掌握木片连接系统的应用方法

6.1 国外五金连接件最新发展趋势

现代家具五金起源于欧洲，随着工业化程度的不断提高、新材料与新技术的应用，欧洲工业化的迅速发展为家具五金新技术提供了保障。目前，国产家具五金配件完全可以替代进口的五金配件，但技术含量高的功能性配件，我国与国外相比还存在一定的差距。下面介绍一些国外著名家具五金制造公司。

（1）奥地利优利思百隆有限公司

Blum（百隆）——享誉全球的国际顶级家具和橱柜五金生产商，全称奥地利优利思百隆有限公司，创始于 1952 年，总部设在奥地利赫希斯特，在全球 80 多个国家和地区设有分公司或代表处。2007 年度 Blum 的销售收入超过 10 亿欧元，在世界家具及橱柜

五金行业中遥遥领先。Blum 还是全球同行业中最先通过 ISO9001 和 ISO14001 认证的企业。

Blum 致力于不断创新，目前已经拥有 1200 多项国际专利。其率先推向市场的顶级快装铰链、豪华金属抽屉、阻尼系列以及上翻门系列等现已经成为行业中的典范。

在国外，Blum 与众多世界知名橱柜品牌建立了密切的合作关系；在中国，橱柜行业的诸多著名品牌，如科宝、海尔、欧派等都是 Blum 的合作伙伴。

Blum 还是研究现代厨房的专家，Blum 每一款新品的推出，都体现出 Blum 对厨房研究的最新成果。

（2）奥地利格拉斯集团

1947 年，阿尔弗雷德创立了 Grass（格拉斯）公司，是国际认可的家具制造设备和抽屉滑动系

统，格拉斯公司在全世界有奥地利、德国、美国 3 个生产基地，在全球有 143 个销售网络。公司专注铰链、滑轨和安装机械的研发与生产，多次获得 LGA 德国检测中心认证、CTB 法国质量检测认证、IF 德国设计大奖、INNOVATION AWARD IN PARIS 法国创新奖。2004 年，公司加入 Würth 集团。2007 年，与 Mepla‑Alfit 合并成立新的 GRASS 集团。

（3）德国海蒂诗公司

1888 年，卡尔·海蒂诗（Karl Hettich）开发一款被称为挠曲机的特定用途机械，使黑森林布谷鸟钟的锚式擒纵装置实现机械化生产。1928 年，奥古斯特·海蒂诗（August Hettich）开发出钢琴铰链生产线，此举也为集团在家具行业中的经营发展奠定了基础。1930 年，海蒂诗三兄弟保罗、奥古斯特和弗朗茨做出一个具有战略意义的决策，在当时德国家具制造行业的中心东威斯特伐利亚‑利佩（East Westphalia‑Lippe）的赫福德（Herford）成立一家新公司。至此，海蒂诗正式迈入家具五金行业。从 1966 年开始，Kirchlengern 成为企业的总部所在地，生产面积达到了 8000m²。

海蒂诗是以家具行业为主的多元化集团公司。海蒂诗的生产基地遍布全球，除德国外，在西班牙、捷克、巴西、美国、俄罗斯和中国都设有工厂。此外，海蒂诗建立了全球的销售网络，在英国、法国、意大利、瑞典、波兰、加拿大、墨西哥、日本、韩国、新加坡、印度、澳大利亚、新西兰和中国香港都设有销售公司。这个商业网络确保了海蒂诗随时都在客户身边，为他们提供高质量的服务。海蒂诗的产品品种齐全，包括铰链、抽屉系列、滑轨、移门和折叠门、办公家具五金、连接件以及其他各种五金件，几近覆盖整个家具五金配件领域，海蒂诗的产品有 10000 多种，有 36 个海蒂诗子公司及代理机构，满足 100 个国家对家具五金的需求。该公司的技术力量雄厚。

（4）德国海福乐公司

1923 年，年仅 26 岁的 Adolf Hafele 与姻亲 Hermann Funk 一起，在小镇 Aulendorf 开了一家小小的木匠工具批发商铺，从此开始了创业生涯。1928 年，他们把商铺搬迁到当时家具工业的中心 Nagold 镇（纳戈尔德），并在那儿建造了自己的房子，作为安居和发展的基地。从那时起，海福乐每年都有长足的发展，1933 年首次把业务开展到了德国以外的地区，1939 年开始用"海福乐大全"名义印发产品资料手册，并形成传统。

第二次世界大战以后，伴随着德国经济的复苏和发展，秉承德意志民族的严谨作风和悠久的工匠艺术，海福乐以开发的心态积极参与国际经济合作，逐渐从小商铺发展为综合性、横跨家具和建筑五金两大行业专业五金生产和贸易商。海福乐曾参与了"32 系列家具工业标准"的制定和发展，"杯式铰链"的开发和标准制定；另外，还独立研发了球面偏心锁紧连接件，从而使 MINIFIX、四合一、偏心紧固件等名词成为行业专用词汇。

目前，海福乐集团在全球共设立了三十余家子公司及三十多个服务、销售办事处，员工总数超过三千人，产品销售网络覆盖世界六十多个国家和地区，2005 年营业额近七亿欧元，是世界较大的家具五金及建筑五金生产及供应商之一。

（5）瑞士 Lamello 公司

瑞士 Lamello 公司创立于 1946 年，是一家专业从事家具连接技术的公司。Lamello 公司于 1955 年发明了木片连接系统。这一革命性的发明一直到今天仍有众多厂商采用。在 2001 年和 2009 年 Lamello 公司先后发明了 INVIS 磁性螺丝和 P 连接系统，这两个产品对于家居家装领域是一个划时代的产品，不仅提升了家具产品的品质，又提高了生产效率。Lamello 公司研发实力雄厚，平均每两年都会有新的产品推向市场。不断推动家居领域的更新和发展。

不同于传统的家具五金连接件，INVIS 磁性螺丝和 P 连接系统，在新材料和新技术上的应用颠覆了传统五金的连接方法。P 连接系统材料主要是塑料，而其连接牢固性不亚于金属材料的连接；INVIS 磁性螺丝利用磁场正负极的作用而牢牢锁住，可抵抗的拉力达 842.8N，表面没有任何外露的接口，却可以用专业的工具迅速将其拆卸或装配，真正达到牢固、隐蔽和快捷的优点。

6.2 锚型锁紧系统——P 系统及其应用

6.2.1 概念及其分类

6.2.1.1 P 系统应用的标准化模式

P 连接系统是瑞士 Lamello 公司于 2009 年研发的产品，由配件和设备两方面组成。所有的配件在外观上都是上面小下面大的一个倒 T 形结构。P 系统的开槽设备是根据这个 T 形机构对板材进行开槽的。由于其连接性能远超传统连接系统，一经上市就备受各界关注与广泛好评，被誉为家具及家装领域的划时代产品。

6.2.1.2 P 系统在家具制造和室内装修上的应用

P 系统在家具制造和室内装修上的应用非常广泛。家具制造上，P 系统的应用能够使家具的结构设计更具有创新和灵活性，其家具的连接强度远比使用传统的连接件高，并且连接的角度更加丰富，可进行任意角度连接。P 系统在家具上的应用如图 6 - 1 所示。

图 6 - 1　P 系统连接件在家具上使用

在室内装修上，P 系统连接能够减少对装修板材的堆叠，从而减少安装的时间；改变装修板件之间的连接结构和胶含量，使室内环境更加环保，板件之间的连接更加灵活。P 系统在装修上的应用如图 6 - 2 所示。

图 6 – 2　P 系统连接件在室内装修上使用

6.2.1.3　P 系统连接件的优势及其适用范围

（1）P 系统连接的优势

P 系统不仅能提供高强度的角度连接，还是隐形的，连接效果美观。与传统的三合一连接件相比较，P 系统连接主要表现在如下几个特点：

① 安装简单：取代螺丝或胶水，从 T 形槽边缘滑入即可，无须工具；有专用的开槽设备，定位快速、简单、精准，不像三合一还要安装预埋件并且配件手动插入型材槽，如图 6 – 3 所示。

② 强度高：由于其独特的 T 形槽口，使得连接件与板材接触面积大，即使是强度差一些的板材也能保证最佳的拉紧效果，如图 6 – 4 所示。

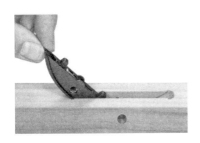

图 6 – 3　P 系统连接件滑入示意图

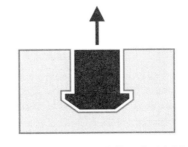

图 6 – 4　P 系统连接件强度示意图

③ 轮廓槽横向公差：P 系统可以将两块板材完美拉齐、拉紧，在水平方向上有 2 ~ 3mm 的调整量，由于连接器没有用螺钉固定，它们可以在凹槽内移动，从而允许工件的完全对齐、对准。如图 6 – 5 所示。

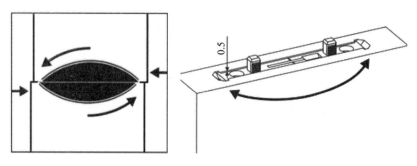

图 6 – 5 轮廓槽横向公差

④ 小的开槽切削深度：最小材料厚度为 12mm，由于在浅切削深度大的表面锚固，所以是面板连接的理想选择。如图 6 – 6 所示。

⑤ 防止扭转：P 系统自带的定位系统可防止连接件的扭转，不需要额外使用木棒。如图 6 – 7 所示。

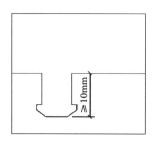

图 6 – 6 小的开槽切削深度

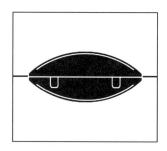

图 6 – 7 防止扭转

（2）适用范围

P 系统连接件的高强度性非常适用于板式家具和室内装饰领域的连接。特别是柜体、博古架、开放式家具、定制家具、护墙板的连接等。如图 6 – 8 所示。

图 6 – 8 P 系统连接件适用范围

6.2.1.4 P 系统连接件的分类

P 系统连接件根据连接的方式不同，主要有四种类型：Clamex P、Bisc P、Tenso P 和 Divario P。其中，Clamex P 有两种形式，一种是 Clamex P，另外一种是 Clamex P Medius，具体表现如表 6 – 1 所示。

表 6 - 1　　　　　　　　　　　　　　　P 系统连接件的分类

序号	名称	使用范围	图示
1	Clamex P	可拆装装配件；用于家具领域，商业展示空间，展览展柜，室内装饰	
	Clamex P Medius	可拆装装配件；适用于两个搁板在同一高度上与分隔板相遇的搁板单元的分隔板连接	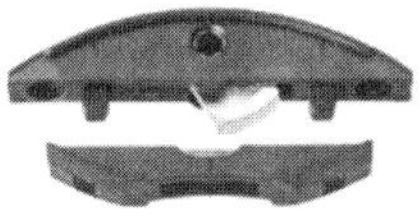
2	Bisc P	与 Clamex P 配合使用，用于面板平齐连接，加强和提高抗剪强度；适用于台面或厨房台面	
3	Tenso P	胶合自动锁紧；适用于墙板、装饰线条、浴室柜等	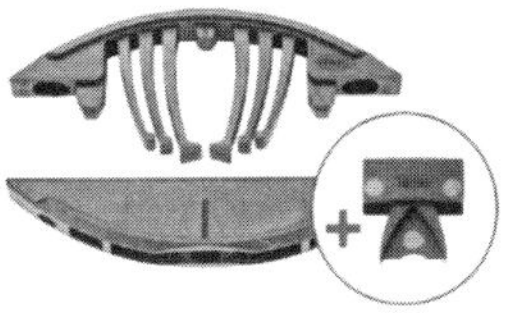
4	Divario P	自动锁紧，用于滑动插入的隐形装配；适用于各类柜体中层板	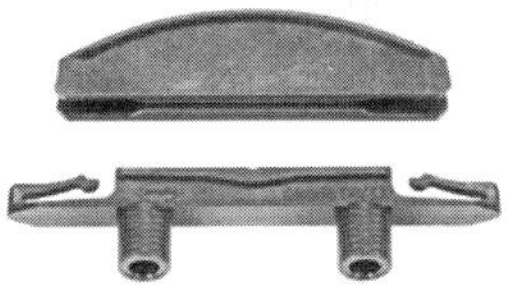

　　通过表 6 - 1 可以看出，P 系统连接件类型可根据家具连接形态和结构特点进行选择，这样给家具设计带来更多的灵活性。

6.2.2　Clamex P 连接件及其应用

　　Clamex P 是一种可拆装的连接配件，根据板件厚度的不同有 Clamex P - 10 和 Clamex P - 15 两种选择；根据连接部位的不同，Clamex P 还有一种 Clamex P Medius10/15，主要用于两个相同水平面的隔板的连接，如图 6 - 9 所示。

6.2.2.1　Clamex P 连接件的优势和适用范围

（1）特点和优势

Clamex P 连接件是 P 连接系统里的一种可拆装配件。该连接件除了拥有 P 系统的通用优势外，还有自身的优点，如表 6 - 2 所示。

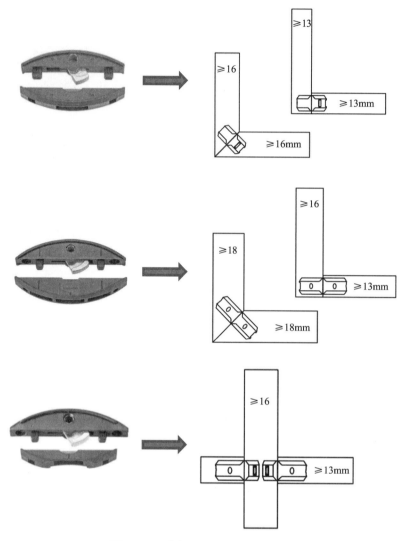

图 6 – 9　不同 Clamex P 的不同连接

表 6 – 2　　　　　　　　　　　　**Clamex P 连接件优势**

序号	优势	示意图
1	可拆装：使用六角改锥可反复拆装使用，安装简单，降低了安装成本	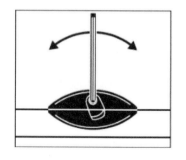

续表

序号	优势	示意图
2	美观性：板材上只有 6mm 的安装孔，不像传统三合一或二合一连接件在家具表面会有一个很大的圆孔，保证了家具外表的美观性	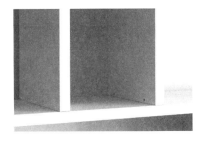
3	拉紧力大：采用碳纤维材质制成，拉紧强度大，最大可达 1862N 的拉力，是传统三合一连接件 10 倍的拉力	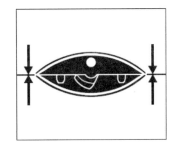
4	多角度连接：开槽深度浅，决定了连接角度可以从 22.5°～180°，比如墙板的连接、柜体的连接等。给家具设计人员提供了更多的可行性方案	
5	方便存储：预先装好 P 连接件的板材可以叠放，便于存储和运输	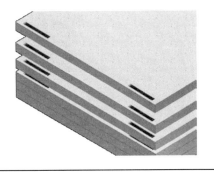

（2）适用范围

家具领域、商业展示空间、展览展柜、室内装饰都可以使用 Clamex P 连接件，如图 6－10所示。

图6-10 Clamex P 连接件应用

6.2.2.2 Clamex P 连接件的应用过程

（1）Clamex P 连接件的使用方法

Clamex P 连接件的工作原理如图6-11所示，在板件上使用专用设备开出 T 形槽，连接的一块板表面开出的安装孔位，如图6-11（a）（b）所示；把 Clamex P 连接件分别滑入槽中，如图6-11（c）所示；使用六角改锥顺时针锁紧 P 系统连接件，如图6-11（d）所示。

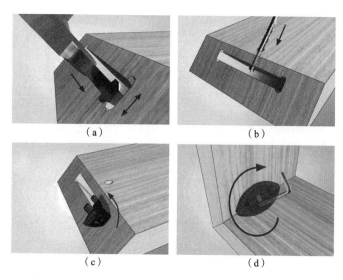

图6-11 Clamex P 连接件工作原理

（2）Clamex P – 15、Clamex P – 10 连接件和 Clamex P Medius10/15 选择与技术参数

① Clamex P – 15 连接件（最小可连接 16mm 板材）

技术参数		拉力检测	
尺寸 ················· 66mm × 29mm × 10mm		材质	破坏拉力/N
		密度板	~1220
刀具 ················· φ100.4 × 7 × 22		刨花板	~1070
		多层板	~1880
材质 ················· 碳纤维		松木	~1810
调整量 ················· 水平方向 ±1.5mm		榉木	~1930

② Clamex P – 10 连接件（最小可连接 13mm 板材）

技术参数		拉力检测	
尺寸 ················· 52mm × 19mm × 9.7mm		材质	破坏拉力/N
		密度板	~610
刀具 ················· φ100.4 × 7 × 22		刨花板	~580
		多层板	~1750
材质 ················· 碳纤维		松木	~1310
调整量 ················· 水平方向 ±1.5mm		榉木	~1490

③ Clamex P Medius10/15 连接件（针对家具层板和立板的连接）

技术参数		拉力检测	
尺寸 ················· 66mm × 14.5mm × 9.7mm		材质	破坏拉力/N
52mm × 7.5mm × 9.7mm		密度板	~850
刀具 ················· φ100.4 × 7 × 22		刨花板	~710
		多层板	~1150
材质 ················· 碳纤维		松木	~790
调节量 ················· 水平方向 ±1.5mm		榉木	~1350

（3）安装生产过程

① 开出 P 系统连接件的槽

a. CAD 软件定位开槽的位置；

b. 用 Zeta P2 连接机或 CNC 加工中心开 P 系统槽口；

c. 滑入连接件。

② 储存

a. 尽管已经安装了连接件，但是可以层叠放置，节约空间；

b. 如需处理表面时，可以快速简单地取出连接件。

③ 散装运输：运输时即使安装了连接件，也可以叠放，节约运输空间，同时也避免

了在运输过程中对产品造成损坏。

④ 现场组装

a. 现场通过一个六角改锥一个人即可完成连接，省时省人工；

b. 安装时不需要使用圆棒来定位；

c. 需要移动时，拆卸简单，方便移动。

6.2.2.3　Clamex P 连接件在家具制造和室内装修上的应用

Clamex P 在室内装修上的应用如图 6 - 12 所示。

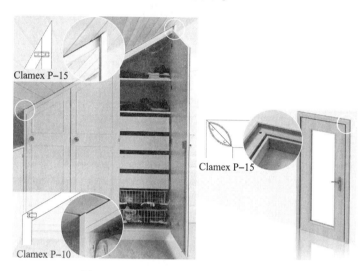

图 6 - 12　Clamex P 在室内装修上的应用

Clamex P 在家具制造上应用如图 6 - 13 所示。

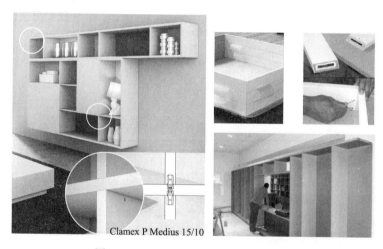

图 6 - 13　Clamex P 在家具制造上应用

6.2.3　Tenso P 连接件及其应用（可以拆装的连接件）

继 Clamex P 连接系统问世以来，Lamello 公司还在不断探索和研发。2013 年，全新的 Tenso P 连接件问世。

6.2.3.1　Tenso P 连接件的分类、优势和适用范围

特点和优势：与之前的 Clamex P 相比，Tenso P 连接件有自己的独到优势，如表 6 - 3 所示。

表 6 - 3　　　　　　　　　　　　　Tenso P 连接件优势

序号	说明	图示
1	美观：板材表面看不见任何结点	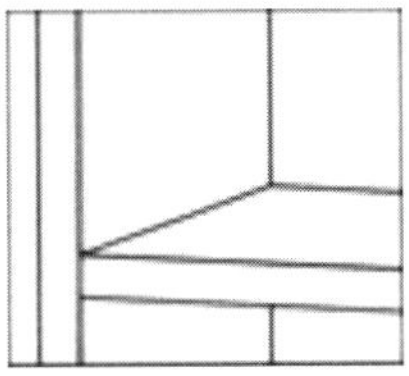
2	拉紧力大：采用碳纤维材质制成，拉紧强度，最大可达 15kg。配合胶使用，不需要额外的拉紧工具（如螺丝或 F 夹）	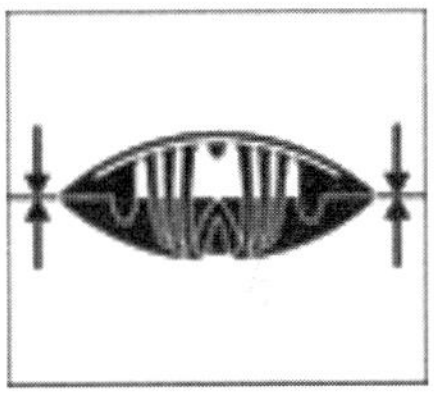
3	涂胶方便：在开好槽的工件端面涂上胶	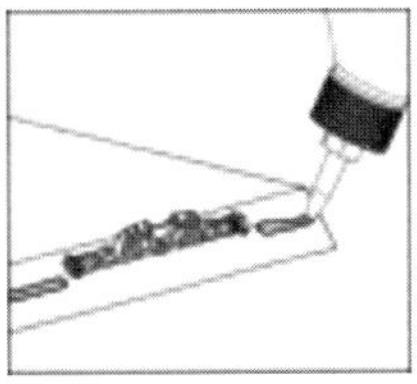
4	多角度连接：配合胶使用，也可以是任意角度的连接	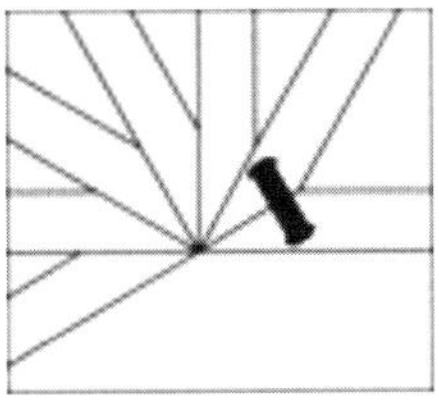
5	安装轻便：安装时不需要很大的力量，只需轻轻一点力度便可完成连接。组装时不需要使用任何工具	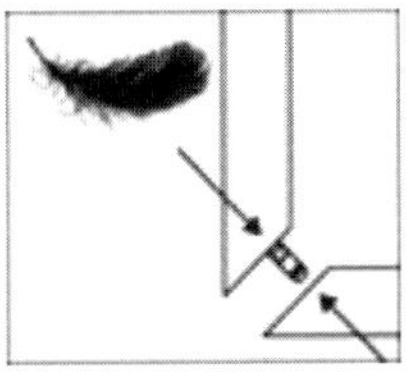

与 Clamex P 连接件相比，Tenso P 连接件在美观上做得更极致，板面完全没有看到安装的孔位；安装上更加轻便，只需要轻轻用力就可以完成连接件的安装。

6.2.3.2　Tenso P 连接件的技术参数和强度

Tenso P 连接件的技术参数如图 6 - 14 所示。

技术参数	
尺寸 ··································	66mm×27mm×9.7mm
刀具 ··································	$\phi 100.4 \times 7 \times 22$
材质 ··································	高强度玻璃纤维
调整量 ································	水平方向 ±1mm
拉力/N	~150

图 6 – 14　Tenso P 连接件的技术参数

Tenso P 连接件对板件厚度要求如图 6 – 15 所示，L 形连接的板件厚度最小为 13mm；同一水平面两块隔板时，竖板最小厚度为 19mm，切角连接时最小厚度为 18mm。

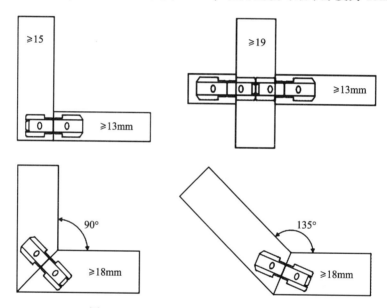

图 6 – 15　Tenso P 连接件对板件厚度要求

6.2.3.3　Tenso P 连接件的应用过程

Tenso P 连接件的应用过程如图 6 – 16 所示。

第一步：使用设备在板上开出 T 形槽，如图 6 – 16 中（a）所示；

第二步：分别滑入 Tenso P 连接件，如图 6 – 16 中（b）所示；

第三步：在板件的连接结合端面涂上胶水，如图 6 – 16 中（c）所示；

第四步：用力扣紧即完成两块板件的连接，如图 6 – 16 中（d）所示。

加工过程：

① 使用 Zeta P2 或 CNC 加工中心进行开槽；

② 临时储存

a. 预装连接件后依然可以叠放，节约存储空间，如图 6 – 17 所示；

b. 处理表面时，可以快速简单地取出连接件。

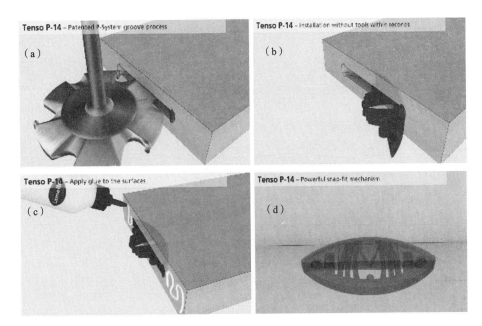

图 6 - 16　Tenso P 连接件的应用过程

③ 工厂组装

a. 在工件端面涂好胶；

b. 不需要额外的压紧装置，因此不会损伤工件，如图 6 - 18 所示；

c. 组装后可轻松擦除溢出的胶；

d. 涂胶组装好后即完成连接，只需一个人就可完成，省时省人工。

④ 整件运输：可散件运输，现场组装，也可以在工厂组装好后直接摆放到现场。

6.2.3.4　Tenso P 在家具制造和室内装修上的应用

适用范围：家具，书柜，餐边柜，衣柜，墙板，装饰线条，浴室柜等，如图 6 - 19 所示。

图 6 - 17　Tenso P 加工后的叠放

使用 Tenso P-14

未使用 Tenso P-14

图 6 - 18　Tenso P 使用对比

图 6 – 19　Tenso P 连接件的应用

6.2.3.5　Tenso P 与 Clamex P – 14 的区别

Tenso P 和 Clamex P – 14 的区别主要表现在优势、功能、拉力、安装步骤和应用范围上，如表 6 – 4 所示。

表 6 – 4 　　　　　　　　　　**Tenso P 和 Clamex P – 14 的区别**

	Tenso P 连接件	Clamex P 连接件
优势	任意角度连接； 高强度拉力； 隐形，表面看不见任何节点	任意角度连接； 高强度拉力； 可拆装
功能/应用	组装时需要涂胶； 特别适合90°连接	可拆装的连接件； 不需要涂胶； 适合45°等异形连接
拉力	150N	800 ~ 1900N
安装步骤	开 P 系统槽； 插入连接件； 涂胶； 组装锁紧	开 P 系统槽； 钻一个 6mm 安装孔； 插入连接件； 组装锁紧
应用	表面无任何安装孔的家具，浴室柜或不需要反复拆装的家具墙板的阴角阳角，板与板直接的连接	开放式家具，需要拆装的家具异形或45°连接的木制品

6.2.4　应用 P 系统连接件的硬件和软件

6.2.4.1　应用 P 系统连接件的硬件——Zeta 开槽机和 CNC 加工中心

（1）Zeta 开槽机

作为和 P 系统配合的手动开槽设备，Lamello 公司设计并研发了 Zeta P2 开槽机。为了能为 P 系统开出 T 形槽，Lamello 公司专门为该设备研制了独创的 VMD 刀具运行控制系统。这个系统可使刀体在加工的过程中上下跳动。同时还能保持设备的稳定运行。Zeta 开槽机如图 6 - 20 所示。

图 6 - 20　Zeta 开槽机

① 特点和优势：全新的开槽方式是 Zeta P2 这款设备核心所在，开槽时刀体行进至最大深度时，刀体自动上下跳动一次，然后退回到原始位置，如图 6 - 21 所示。

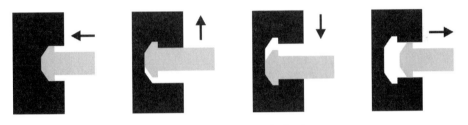

图 6 - 21　Zeta P2 开槽操作原理

使用简单，控制精准。独特的 VMD 控制系统保证了刀具每次跳动的精准性。快速换档方便操作，使用安全。如果关上 VMD 控制系统，换上其他刀具，也可作为木片连接机使用。

② 使用方法：Zeta 开槽机提供五种不同档位来调节 P 系统连接件的槽深，如图 6 - 22 所示。

Clamex P 连接件的开槽，完成一个接点的连接仅需 1min45s，如图 6 - 23 所示。

Tenso P 连接件的开槽，由于没有打孔环节，整个加工过程可缩短 40s，如图 6 - 24 所示。

P系统的深度调档

通过旋转按钮最多提供5种开槽深度

-18#档位　　Divario P-18连接件

-14#档位　　Tenso P-14连接件

-15#档位　　P-15连接件和P-15/10连接件大的部分

-10#档位　　P-10连接件和P-15/10连接件小的部分

-《off》档　　刀具不再跳动

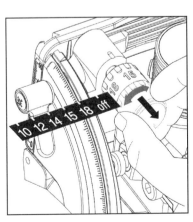

图 6 - 22　Zeta 开槽机的档位调整

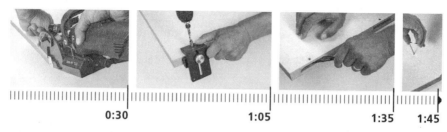

图 6-23　Clamex P 连接件的开槽

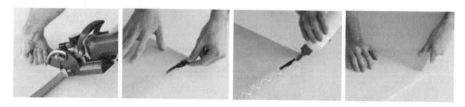

图 6-24　Tenso P 连接件的开槽

（2）CNC 加工中心

P 系统的连接件，不光可以通过 Zeta P2 开槽机来完成开槽。也可以通过加工中心来进行开槽。通过加工中心软件，使刀体上下移动，即可完成开槽。

可以和 Lamello P 系统配合的 CNC 加工中心厂家包括豪迈、比雅斯等，如图 6-25 所示。

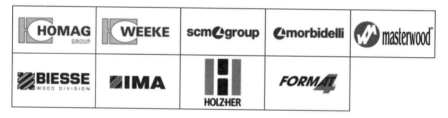

图 6-25　与 Lamello P 系统配合的 CNC 加工中心厂家

6.2.4.2　可以与 P 系统配合的软件

可以与 P 系统连接件配合的软件包括法国的 TopSolid 软件、imos 等，如图 6-26 所示。

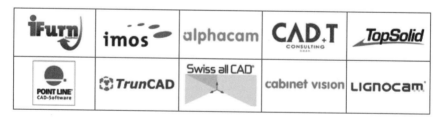

图 6-26　与 P 系统连接件配合的软件

总　结

Lamello P 连接系统在家具和室内设计领域是一款划时代的产品。在设计上设计师可以大胆设计，实现以前不能实现的结构；在生产上，其快速简便的开槽模式降低了人们对技术工人的依赖，任何人都可以轻松上手；在最终效果上，家具变得更为美观大方。

6.3 INVIS 隐形磁性螺丝及其应用

6.3.1 概念及其工作原理

INVIS 隐形磁性螺丝是 Lamello 公司又一项顶级的发明。该螺丝采用磁性原理，安装拧紧螺丝不需要接触到螺丝，只通过一个旋转的磁场驱动螺丝运动，从而达到锁紧和松开的目的，如图 6 – 27 所示。

图 6 – 27 INVIS 隐形磁性螺丝

INVIS 隐形磁性螺丝的工作原理需要有隐形磁性螺丝和磁场驱动器，如图 6 – 28 所示。工作原理如图 6 – 29 所示。

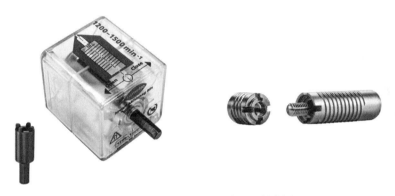

图 6 – 28 磁场驱动器和隐形磁性螺丝

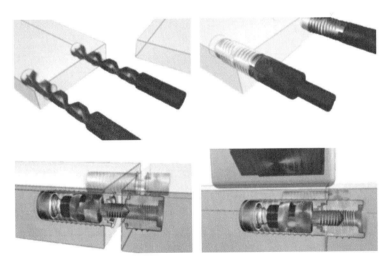

图 6 – 29 INVIS 磁性螺丝的工作过程

把磁头安装在任意一款转速在 1200 ~ 1500r/min 的充电式手枪钻上，磁头的旋转带动了 INVIS 磁性螺丝内部的旋转。原理类似齿轮啮合，INVIS 磁性螺丝的螺丝和螺母被分别放置在工件的两端，连接时磁头本身并不直接接触螺丝，通过磁力线驱动螺丝旋转。锁紧与松开螺丝，只需调整磁头的旋转方向即可，如图 6 – 30 所示。

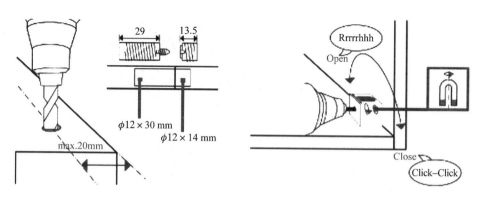

图 6 - 30　锁紧与松开螺丝

6.3.2　分类及其优势

INVIS 磁性螺丝相比其他连接件的优势见表 6 - 5 所示。

表 6 - 5　　　　　　　　　　　　　**INVIS 磁性螺丝优势**

序号	优势	图示
1	快捷：可反复拆装。螺丝和磁头采用永磁铁，可反复使用	
2	强度高：强度高，拉力大。每个螺丝可以提供 1568N 的拉力	
3	方便：INVIS 磁性螺丝，允许有 1mm 误差量，保证了在手动开槽出现误差的情况下，也能提供足够的拉力	
4	高档：全新的连接方式，提高了产品的质量和档次。连接效果美观大方	

6.3.3　使用 INVIS 的工艺流程

使用 INVIS 的工艺流程比较简单，钻孔—拧紧 INVIS 螺丝—旋转磁头完成连接。下面以两个家具的连接例子说明。

以桌子的连接为例，如图 6 - 31 所示。

以柜体的连接为例，如图 6 - 32 所示。

图 6 - 31　桌子的连接

(a) 用 Rasto 靠模定位开孔位置　(b) 拧紧 INVIS 磁性螺丝保证孔位不变　(c) 在桌面开孔
(d) 拧紧 INVIS 磁性螺丝的螺母　(e) 旋转磁头完成连接　(f) 完成组装

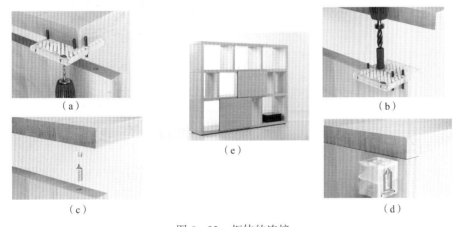

图 6 - 32　柜体的连接

(a) 使用 Rasto 靠模定位开孔位置　(b) 保持定位销的位置，开对应的孔　(c) 拧上 INVIS 磁性螺丝
(d) 使用磁头进行连接　(e) 连接完成的柜体

6.3.4　INVIS 的具体应用案例

(1) 桌子的连接

INVIS 连接桌子腿，快捷美观，而且每个腿都可以拆卸，方便运输。如图 6 - 33 所示。

(2) 楼梯和墙板的连接

连接墙板时，不需要过多的人力，只几个人就可完成连接，而且表面无任何节点。如图 6 - 34 所示。

(3) 开放式家具柜体的连接

开放式家具因为没有背板，INVIS 磁性螺丝可以提供一个高强度的连接方式。如图 6 - 35 所示。

图 6-33　桌子连接

图 6-34　楼梯和墙板的连接

图 6-35　开放式家具柜体的连接

（4）特殊材料、特殊形状的连接

对于表面贴有特殊材料的板材，由于材质脆，容易产生划痕，连接的时候不能借助额外的压力来压合。INVIS 磁性螺丝在连接这种材料时有独特的优势。如图 6-36 所示。

图 6-36　特殊材料、特殊形状的连接

总　　结

INVIS 磁性螺丝可以说是所有木制品连接工艺中顶级的一种。特别是针对楼梯、桌子的连接，是当前任何一种连接件无法与之相比的。而且 Lamello 公司还在不断研发和改进 INVIS 磁性螺丝，使之能应用于其他领域，如医疗领域（骨骼增高）和航空领域（飞机内饰）等。

6.4　木片连接系统及其应用

6.4.1　概　　念

木片连接系统是欧洲最传统的一种连接方式，La-mello 公司于 1955 年发明该连接系统，至今已有 60 多年的历史。直到今天，在全球范围内仍有众多家具及装饰公司采用此连接方式。如图 6 – 37 所示。

图 6 – 37　木片

6.4.2　分类及其优势

（1）木片的分类

Lamello 的木片根据尺寸不同有三种规格，这三种规格可适用于各种规格、各种角度的板材连接。如图 6 – 38 所示 20#、10#、0#木片。

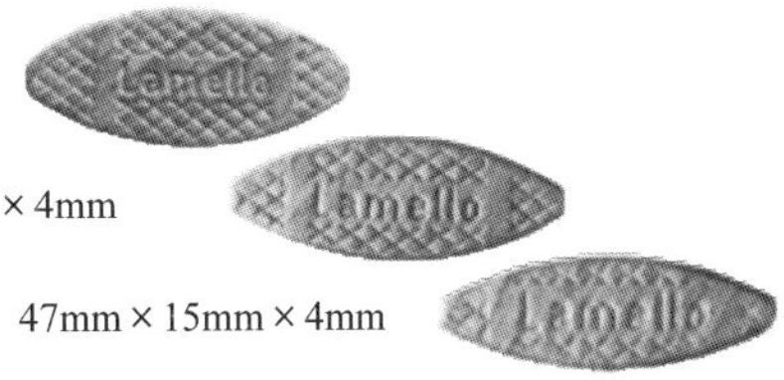

20#：56mm × 23mm × 4mm

10#：53mm × 19mm × 4mm

0#：47mm × 15mm × 4mm

图 6 – 38　不同规格的木片

（2）特点和优势

① 快速

a. 水平方向上允许有误差量；

b. 定位方便，不需要额外靠尺，中心部分的开槽只需用铅笔画线定位即可；

c. 由于水平方向上允许有 1 ~ 1.5mm 的误差量，相比圆棒，开槽的位置不需要 100%精确。

② 简单

a. 每个木片的两边都是对称的；

b. 所有规格的木片都只是用一把刀片，降低了频繁更换刀片而造成的误差；

c. 连接简单，省时快捷。

③ 精确

a. 独特的半圆形槽口，圆形锯片强度高寿命长，不易变形；

b. 即使木材表面有结疤，也能保证开槽的精度；

c. 一把刀可以和 Lamello 13 种连接件配合，维修成本低，寿命长。

④ 用途广

a. 任何板材、厚度都能找到合适的连接片；

b. 可适用于 8 ~ 10 mm 薄板任意角度连接；

c. 由于木片本身的强度，可保证连接薄板时的强度和稳定性；

d. 最经济的连接方式，降低了生产成本。

6.4.3 使用木片连接系统的工艺流程

Lamello 木片开槽机是专门配合 Lamello 木片使用的一款开槽机。新一代 Lamello 木片开槽机功率更强，完全按照人体工程学设计。而且操作简便，可多角度开槽。使用方法如图 6 – 39 所示。

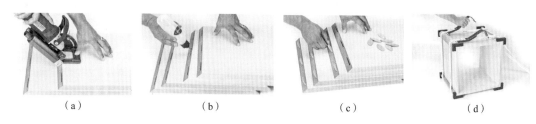

（a） （b） （c） （d）

图 6 – 39　木片使用方法

（a）开木片槽　（b）端面涂胶　（c）插入木片　（d）拉紧工件等胶固化

6.4.4 木片连接系统的具体应用案例

木片可以用在家具和厨房制造、店铺装修、展台搭建，可以用来固定连接木材和面板，以及复合材料，如图 6 – 40 所示。

图 6 – 40　木片的使用图

总　　结

虽然近些年新的连接系统不断问世，但是从 1955 年 Lamello 公司发明木片连接系统以来，Lamello 木片依然在全球范围内受到家具厂、装饰公司和木工爱好者的喜爱。

本 章 小 结

　　Lamello 公司先后发明了 INVIS 磁性螺丝和 P 连接系统，这两种连接件是家居领域划时代的产品。INVIS 磁性螺丝的连接件结合的板件，虽然在表面没有任何外露的接口，却可以用专业的工具迅速地将其拆卸或装配，真正达到了牢固、隐蔽和快捷。P 连接系统连接件兼顾着加工简单、连接方便、拆卸容易以及强度优良等性能；木片连接提供了任何板材厚度、任何连接角度连接的可能性，使板件的连接方式更加灵活多变。连接件的人性化、智能化设计在整个产品设计理念中越来越重要，而新技术、新材料的使用使得连接件更加丰富多彩，为家具设计的人性化、个性化和易于拆装性提供了更多技术保障。

第7章　基于软件系统下的五金件应用

学习目标

通过对软件的学习，要深刻意识到信息化对家具设计生产的重要性。掌握家具五金系统如何导入软件系统，软件系统如何与整个家具设计和生产产生作用。

知识重点

- 掌握 TopSolid Wood 软件平台搭建的方法
- 掌握 TopSolid Wood 软件的功能特点
- 掌握 TopSolid Wood 软件的设计生产流程

7.1　TopSolid Wood 软件的介绍

TopSolid 是法国 Missler 公司旗下软件，Missler 是世界顶尖的 CAD/CAM 一体化软件供应商，是国际市场上的主要竞争者之一。30 年来，Missler Software 一直致力于为工业领域的产品制造商及其分包供应商提供完全集成的 CAD/CAM 一体化解决方案。TopSolid 正是传承了 Missler Software30 年来的经验，深入通用机械设计加工、钣金、模具、家具等工业应用领域，从而形成了从产品设计到加工以及管理的一体化解决方案。由于其不断创新的技术和完全集成的一体化解决方案，Missler Software 在国际 CAD/CAM 领域不断发展壮大，全球上万家企业正成功运用着 TopSolid CAD/CAM 一体化解决方案。

7.1.1　TopSolid Wood 系统平台

TopSolid Wood 作为 Missler 为家具行业量身定制的设计与加工先进系统，是在传统设计制造技术基础上，不断吸收计算机技术、信息技术而发展起来的。通过应用性能优越的 CAD/CAM 软件来满足市场需求、创新设计、工艺技术、生产过程等在内的产品生命周期的全过程调控。

TopSolid Wood 实现开发、销售、制造紧紧相互关联，开发即可销售展示，开发即可生产制造，销售即可制造。店面端生成的家具产品完全基于工厂端的结构和工艺，店面端回来的项目，工厂端直接打开拆单，即可生产。

整个系统分为工厂端与店面端，店面端根据工厂端的技术产品数据，依照定制客户的要求生成定制项目，生成定制项目后直接发回工厂端进行拆单操作。系统管理操作如图 7 - 1 所示，管理流程如图 7 - 2 所示。

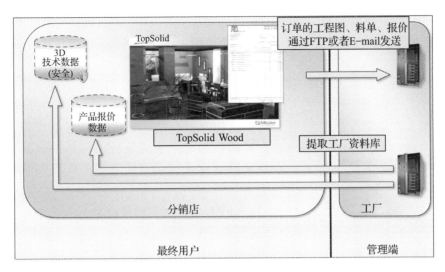

图 7 - 1　系统管理操作

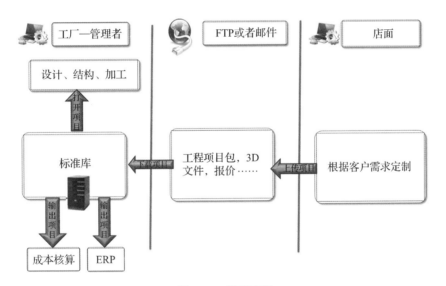

图 7 - 2　管理流程

7.1.2　TopSolid Wood 功能特点

作为专为家具量身定做的家具系统，在 TopSolid Wood 上进行工作时，你可以随时组织你的工作。这为非标产品的设计提供了很好的平台，多种模式与店面端的交互，在工厂端可以设计带参数化的标准家具单元，也可以设计带参数的部件，不管客户需要做任何改变，店面端均可灵活组合成客户所需的家具。

TopSolid Wood 的在位设计模式，在一个文件里，设计你的零件和装配，不管是操作还是管理都极其方便。不管是从细节到总体或者从总体到细节，还是结构分组或计划重组，都让设计者随心所欲。作为优秀的家具设计工具，它能让你快速地展现出你的设计，智能创建模型、智能组件装配、家具结构分析是它的功能特点。

7.1.2.1 参数化的设计手段

TopSolid Wood 精确的3D设计模式清晰直观地呈献设计意图，尺寸精确的模型保证了准确的生产加工依据，其参数化设计能快速修改变更设计、轻松实现产品系列、迅速响应客户订单。

参数的利用可以最大限度提高家具造型设计与结构设计的效率，在实际的家具设计中，为了满足美观上和工艺上的要求，我们需要经常对家具的结构和外形进行修改，但是对于整体概念已经确定、基本结构和生产工艺已经定义好的家具，更改基本的造型会影响家具结构、下料、刀具调整等每一个细节，因此，很多家具生产厂商为了避免因调整家具生产工艺限制家具的样式、尺寸和造型，从而限制了订单的数量。

但是利用参数可以最大限度对已定义的家具进行智能修改，只要修改最基本的家具尺寸，整体的结构会自动改变，包括打孔、五金件的位置，进一步自动导出到图纸，真正将一件家具做好，可以适应不同客户的需求，而且智能参数的利用在更改尺寸的同时会最大限度考虑已经配置好的五金件结构，智能计算打孔位置，不用担心更改结构导致钻孔结构出错的问题，做到用最短的时间进行最精确的结构设计。如图7-3所示。

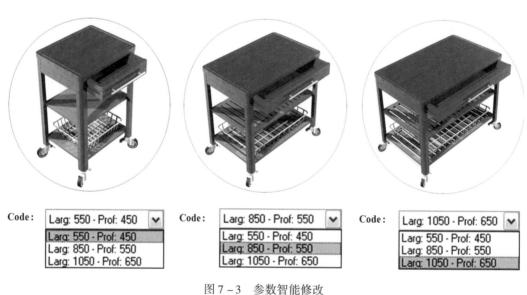

图7-3 参数智能修改

7.1.2.2 专业化的木工操作工具

TopSolid Wood 的专业木工功能，让设计者考虑某些具体结构应该如何从画图中解脱出来，真正回归考虑家具外观、结构等设计本身，使设计更加简单，提高设计效率，设计即可制造。专业的行业工具完全符合家具生产工艺，保证了设计出来的产品就是可以用于准确生产的家具。如图7-4所示。

家具的生产工艺有着与其他行业不同的特点，这也是很多基本的制图工具没有办法完成高效率、高精度设计的原因，只是停留在最基本的直线、曲线造型，不能直接完成精确、高效率的家具设计。

图 7 - 4　专业的木工操作工具

7.1.2.3　开放性的设计系统

TopSolid Wood 提供灵活的自定义平台，目的是提供一个家具企业自主管理的解决方案，贯穿扩展型企业，覆盖整个家具供应链。结合家具有限公司自身特点，选定 TopSolid Wood 相应的功能模块，采取自定义扩充的方式，从而符合特殊的家具有限公司企业需要，最终成为针对家具有限公司企业完备的解决方案，不需要依赖软件厂商进行产品的建立和维护。如图 7 – 5 所示。

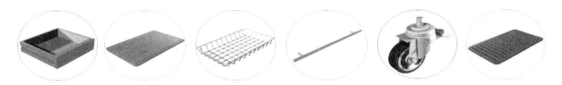

图 7 – 5　自定义标准库

TopSolid Wood 强大的用户自定义，可以使得企业更加有效地积累企业的知识库。自定义的标准件库包括家具的标准单元、五金件、刀型、子装配（抽屉）以及各种家具。通过 TopSolid 智能的装配、关联工具、驱动参数以及产品目录代码管理，能有效地积累企业的知识，最终形成属于企业本身的知识系统，实现与店面端的完美结合。

7.1.2.4　制造车间的无缝对接

TopSolid Wood 设计即制造，不管是人工加工还是设备加工均能关联连接到制造车间。如图 7 – 6 所示。

（1）输出到 CNC 系统

通用格式：WoodWop，Xilog，PanelCam。

Dxf 格式：BiesseWorks，MasterWork，NCHops，TwinCam32，WoodWop，Xilog，Panel-Cam，CadCode。

（2）输出给排料软件系统

标准格式：Opticoupe，Profitcoupe，Ardis。

其他：TXT 格式或者 Excel 格式。

（3）标准的输出/输入接口

图形：DXF，DWG，IGES，STEP……

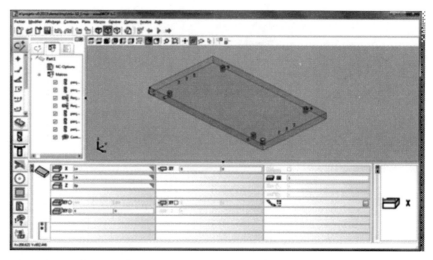

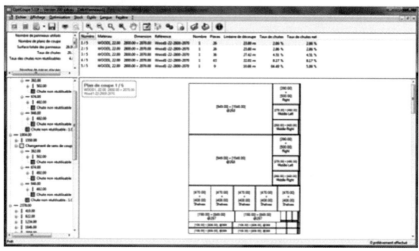

图7-6 软件输出加工对接

图片：BMP，JPEG，TIFF……

通用格式：输出3DPDF（可以在PDF实现3D旋转）。

7.2 TopSolid Wood 软件家具五金数据库建立

五金配件数据库的建立过程是企业五金配件使用标准化的建立过程，它不是游离于设计体系的准则，是作为参与者与其他模块相互配合构成完整的设计体系。五金配件数据库的建立重点在于怎么样进入设计系统和怎么样从设计系统出来。借助软件系统来实现数据库的建立与输出。

7.2.1 家具五金数据库的数据分类

对五金数据库数据进行分类有利于五金配件在设计系统中调用，能够让使用者合理运用五金配件，按照五金配件的功能进行分类，可以分为结构配件和功能配件，如图7-7所示，其在设计系统中所表达的效果如图7-8所示。

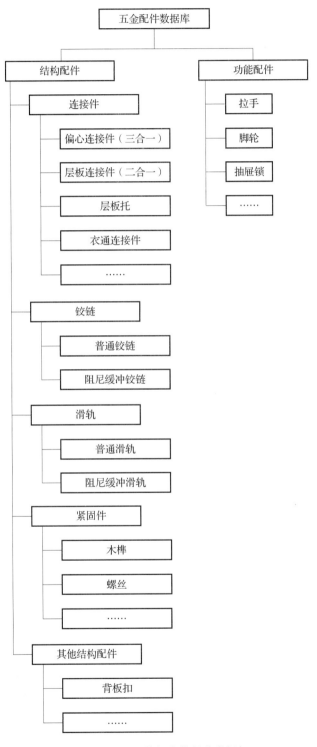

图7-7 五金数据库数据分类框架

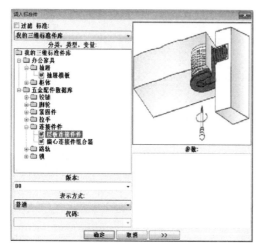 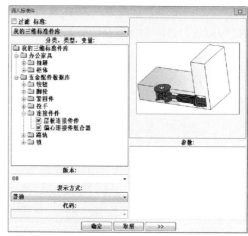

图 7-8　设计系统中的表达效果

7.2.2　家具五金数据库数据模型的建立

建立五金配件的数据模型是建立数据库的核心，数据模型的建立是对五金配件参数的筛选和提取。五金配件，有很多的规格参数，而企业需要筛选和提取的数据是与我们设计系统有密切关联的规格参数，以达到在设计系统中灵活运用五金配件数据库。图 7-9 所示为一个螺杆的五金配件，在建立数据库时，只需要提取螺杆的长度参数和螺杆安装钻孔的直径参数即可。

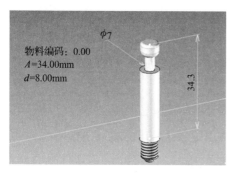

$\phi 7$

物料编码: 0.00
A=34.00mm
d=8.00mm

34.3

$code	A（螺杆长）	d（螺杆钻孔直径）	物料编码
24mm螺杆	24	8	1204011010824
28mm螺杆	28	8	1204011010828
32mm螺杆	32	8	1204011010832
34mm螺杆	34	8	1204011010834

图 7-9　参数化数据库

7.2.3　家具五金规格在软件中的表达

有了一套合理的设计准则后，接下来就是如何将其配置到设计软件中了。排孔规则在软件中以阵列的形式表达，不同软件在具体描述上可能不一，需要注意的是软件只是提供了一种规范的格式和自动计算的功能，排布规则还要根据设计准则来灵活运用，一般遵循能少则少原则来设置。

如 TopSolid 中总结了步进、居中步进、距离、高级 4 种阵列规则，如图 7-10 所示，以 $d0/d1$（基准点前后起值）、步进值 p（孔位间距）、孔位数 n 四个参数来设置阵列，基本上可以涵盖所有板式家具设计出现的情况，如遇到较复杂的排列情况还可以借助软件的函数表达式（如图 7-11）来实现，比较方便。

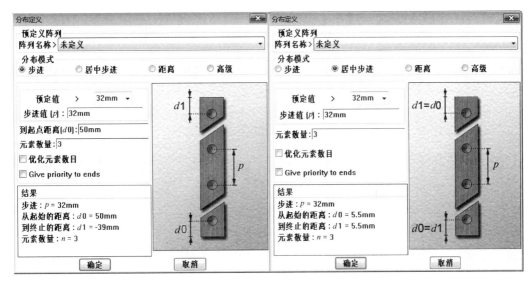

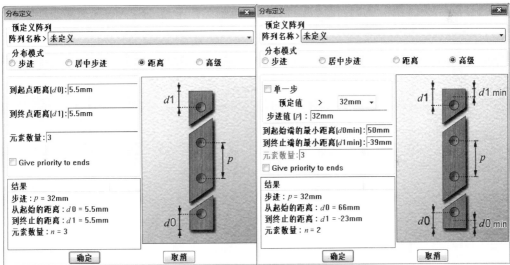

图 7 – 10　阵列规则

AND(x,y)	逻辑与，如果 x 和 y 都是真，返回1
OR(x,y)	逻辑或，如果 x 和 y 至少有一个是真，返回1
NOT(x)	逻辑非，如果 $x <> 0$，返回0，如果 $x = 0$，返回1
WHEN(x,y,z)	如果 $x = 0$，返回y，否则返回z

图 7 – 11　函数表达式

7.3　TopSolid Wood 软件应用案例

以衣柜的设计方案说明 TopSolid Wood 在实际设计拆单中的应用，图 7 – 12 所示为该衣柜的平面设计图。

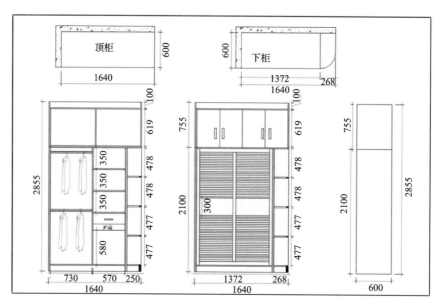

图 7 - 12　衣柜的设计方案

7.3.1　方　案　分　析

方案中衣柜要求使用的板材材质及衣柜的颜色花纹及整体尺寸；方案中衣柜的基本单元柜体组成（上、下柜和圆弧柜）及尺寸；方案中衣柜的门的要求及尺寸（移门和平开门），包括移门的花色、类型、门芯和平开门拉手等；方案中衣柜内部空间的布局和使用的功能部件（抽屉、拉篮等）。

7.3.2　方　案　设　计

进入软件设计界面，使用曲线画出方案中衣柜的整体尺寸轮廓（1640mm×600mm×2855mm），这个矩形的轮廓空间作为衣柜的设计辅助空间，为其后的单元柜体模块提供空间依据。如图 7 - 13 所示。

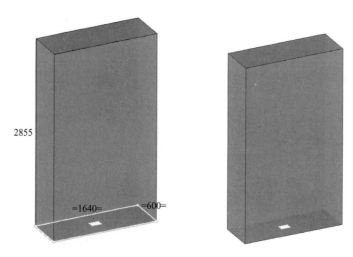

图 7 - 13　衣柜整体尺寸的辅助空间设计

点击装配中调入标准库，在弹出的选择对话框中分别选择单元下柜、圆弧柜和顶柜。根据方案中尺寸要求修改单元柜的长、宽和高（如图 7 - 14）。标准库中的标准单元为企业设计系统中的标准基础单元柜体，柜体中的板件之间已经安装了企业的标准系统，安装好三合一连接件和开槽操作。

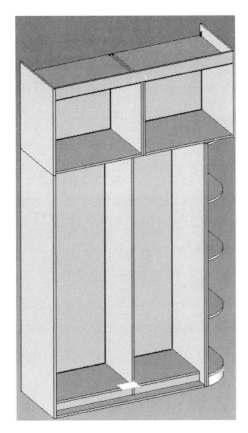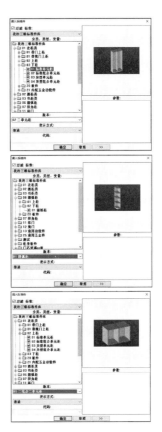

图 7 - 14　下柜、圆弧柜和顶柜的调入

同样，点击装配中调入标准库，在弹出的选择对话框中选择功能部件。先选择层板功能部件，安装方案柜体内的布局，完成柜体内的布局分割，完成布局分割后再调入抽屉等功能部件，如图 7 - 15 所示。

点击装配中调入标准库，在弹出的选择对话框中选择门部件，分别调入移门和上柜平板门，可以在设计模型中点击移门模型，更换不同的门芯类型和铝门框型，如图 7 - 16 所示。

完成了方案中柜体的设计，检查软件模型与方案中的要求是否符合，配置柜体颜色（如图 7 - 17），编辑方案的订单信息，完成信息的输入，最后保存设计方案。

7.3.3　方案输出

设计方案的输出有三部分，第一部分为该设计方案中的生产 BOM 表信息，下发到仓库和生产车间完成生产物料的准备和生产；第二部分，生成方案中各类板件的加工程序代码，该代码为板件过数控加工中心中使用；第三部分，生产方案中衣柜的零部件图和柜体的装配爆炸图等。

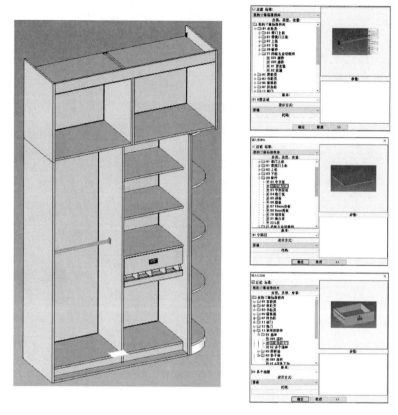

图 7 – 15　功能部件的调入

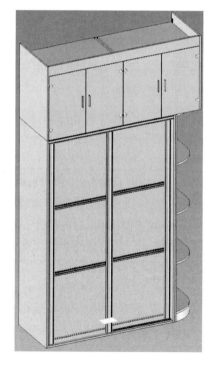

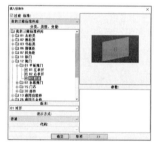

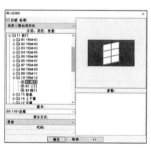

图 7 – 16　调入平板门和移门

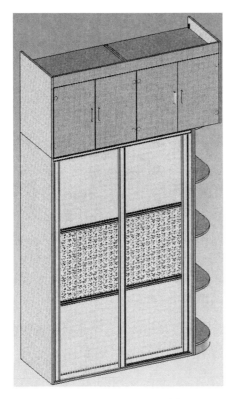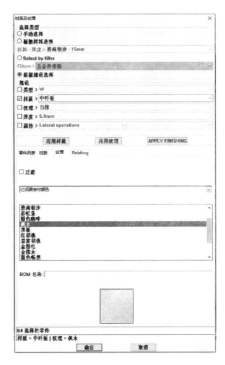

图 7 - 17 配置柜体颜色

（1）BOM 表的输出

点击木工命令中输出 BOM 表命令，在弹出的选择对话框中选择一个 BOM 表输出文件，选择使用 Excel 输出 BOM 表文件，如图 7 - 18 所示。

序号	部件名称	长度	宽度	厚度	单位	数量	封边	开槽	打孔	颜色	基材	备注	五金规格
1	0型挂衣杆	717	28	15	支	2					五金		
2	9mm背板	1992	740	9		1	0			松木	中纤板		
3	9mm背板	1992	436	9		1	0			松木	中纤板		
4	9mm背板	629	704	9		2	0			松木	中纤板		
5	L06拉手				个	1					五金		78mm
6	L13拉手	110	19	9	个	4					五金		110mm
7	YBM12-1	2042	621	35	扇	2					碧海银沙		
8	中侧板	2100	500	18		1	2111	双K包槽			中纤板		
9	中侧板	655	582	18		1	2111	单K包槽			中纤板		
10	中侧板	655	582	18		1	2111	单K包槽			中纤板		
11	中固层板	426	476	18		2	2111				中纤板		
12	中隔层	580	230	18		3	2211				中纤板	锣	
13	中隔层板	426	478	18		1	2111			松木	中纤板		
14	地脚板	580	82	230		1	1111				中纤板	锣	
15	踢脚板(横)	730	82	18		2	1111				中纤板		
16	踢脚板(横)	426	82	18		2	1111				中纤板		
17	垫板	1174	100	18		1	1111				碧海银沙		
18	外侧板	2100	600	18		1	2111	单K包槽			中纤板		
19	外侧板	2100	600	18		1	2111	单K包槽			中纤板		
20	外侧板	2100	250	18		1	2111				中纤板		
21	外侧板	755	600	18		1	2111	单K包槽			中纤板		
22	外侧板	755	600	18		1	2111	单K包槽			中纤板		
23	封板	1424	100	18		1	1111				中纤板		
24	平板掩门	652	353.5	18	扇	2	2222				中纤板		
25	平板掩门	652	353.5	18	扇	2	2222				中纤板		
26	底板	730	500	18		1	2111	单K包槽			中纤板		
27	底板	694	582	18		1	2111	单K包槽			中纤板		
28	底板	582	694	18		1	2111	单K包槽			中纤板		
29	底板	500	426	18		1	2111	单K包槽			中纤板		

图 7 - 18 BOM 表输出

（2）加工程序输出

点击木工命令中加工输出命令，根据不同的加工型号选择输出加工程序文件。如图7-19所示。

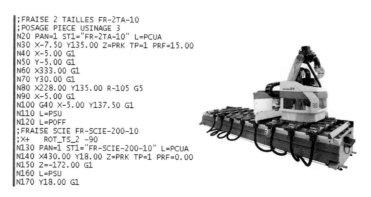

```
;FRAISE 2 TAILLES FR-2TA-10
;POSAGE PIECE USINAGE 3
N20 PAN=1 ST1="FR-2TA-10" L=PCUA
N30 X-7.50 Y135.00 Z=PRK TP=1 PRF=15.00
N40 X-5.00 G1
N50 Y-5.00 G1
N60 X333.00 G1
N70 Y30.00 G1
N80 X228.00 Y135.00 R-105 G5
N90 X-5.00 G1
N100 G40 X-5.00 Y137.50 G1
N110 L=PSU
N120 L=POFF
;FRAISE SCIE FR-SCIE-200-10
;X+    ROT_TS_2 -90
N130 PAN=1 ST1="FR-SCIE-200-10" L=PCUA
N140 X430.00 Y18.00 Z=PRK TP=1 PRF=0.00
N150 Z=-172.00 G1
N160 L=PSU
N170 Y18.00 G1
```

图7-19　加工输出

（3）图纸输出

点击木工命令中批量绘图命令，在弹出的选择对话框中选择一个绘图模板和选择模型中需要输出的部件输出图纸文件。如图7-20所示。

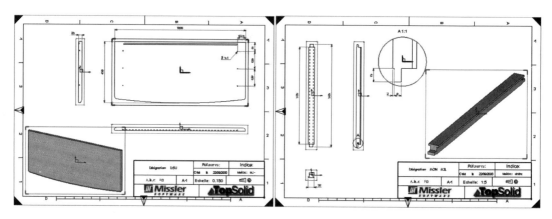

图7-20　图纸输出

本 章 小 结

定制家具的设计依赖于软件的应用，通过软件实现设计、生产和销售的无缝对接。本章通过对TopSolid Wood软件的特点进行分析，阐述了家具五金在软件系统中如何正确和快速地使用，并通过一个整体衣柜设计方案的例子来详细说明了在软件系统下家具五金的调用方法。

拓 展 知 识

拓展知识1 家具五金件来料检验要求

家具五金件的来料检验是家具企业质量管理的重要内容，是根据家具企业内部实际生产情况并且按照国家标准或行业标准中关于检验部分的相关规定进行检验。

表1所示为某家具企业关于五金件来料检验标准的指导书，提供参考。

表1   **检验标准指导书**

适用范围：五金件的质量检验	文件版本：
	编号：
	页码：共 页 第 页
	制定日期：

检验程序：来料抽样→对照样本→检验→试装→填写记录

检验项目	检验标准	工具	检验方法	支持性资料
外观	① 颜色：与标准样本颜色要求一致； ② 样本检验：参照样本，要求被检物外观与样本一致； ③ 模板检验：将被检物与有效模板（如：装饰铝条、异型饰条、转角件）试装，不允许变形、扭曲	样本 模板	参照样本目视试装	
尺寸	① 量具检验：使用量具检量，符合技术文件要求视为合格； ② 模板检验：将被检物与有效模板试装，符合设计要求视为合格； ③ 凡需攻丝的配件，孔位的深度应大于或等于文件要求，丝口大小符合文件要求； ④ 允许尺寸偏差：长度：-0.5mm；直径：-0.2mm	卷尺 卡尺 样本 模板	参照样本尺量试装	
重量	称重后对比样本重量，允许重量偏差： ① 0.1~1g：±0.01~0.1g； ② 1~5g：±0.3~0.5g； ③ 5~20g：±1~3g； ④ 20g以上：±4g	电子秤	称重	
承受力	将被检物与有效模板试装，大动作、大力度加力在被检物上时，不允许松动、脱落和有异常声音等现象	模板	试装	

续表

检验项目	检验标准	工具	检验方法	支持性资料
防腐性能	将被检测物置于湿度≥85%的空间，并用湿布在表面间隔性淋水，放置15天，表面无膨胀、鼓泡、剥落、生锈、变色和失光等现象		目视手摸	
表面质量	① 电镀件：镀层表面无锈蚀、毛刺、露底；镀层表面应光滑平整，无起泡、泛黄、花斑、烧焦、裂纹、划痕、磕碰伤等缺陷； ② 喷涂件：涂层应无漏喷，锈蚀；涂层应光滑均匀，色泽一致，应无流挂、疙瘩、皱皮、飞漆等缺陷； ③ 金属合金件：应无锈蚀、氧化膜脱落、刃口、锐棱；表面细密，应无裂纹、毛刺、黑斑等缺陷； ④ 焊接件：焊接部位应牢固，应无脱焊、虚焊、焊穿；焊缝均匀，应无毛刺、锐棱、飞溅、裂纹等缺陷	样本	目视手摸对照样本	GB/T 3324—2008
螺杆、螺母、扳手	① 试拧检查螺杆与螺母的牙型是否吻合； ② 检查开口扳手与螺母、螺杆是否能配套使用； ③ 检查开口扳手的厚度是否足够，太薄受力易损； ④ 检查螺杆、螺母的螺距是否让使用者方便省力	螺丝刀卡尺	试装目视	
螺丝	① 检查螺丝的螺距是否让使用者方便省力； ② 检查螺丝的杆径是否符合要求； ③ 如果是实木用的螺丝、螺母，检查是否有加硬处理	螺丝刀卡尺	试装目视	
拉手	① 检查颜色是否与色板相同，同批货颜色是否一致； ② 如果是拉手饰片、拉头或珠子配套组成的拉手，把所有配件组成完整一套时，检查组合是否配套、颜色是否与色板相同； ③ 拧螺杆用的螺孔内是否干净无物，试装检查配套性； ④ 如果有两个螺孔拉手，要拿到家具上试装，检查拉手两孔的中心距是否与家具上的孔距符合； ⑤ 如果是长手柄型易断裂的柄拉手，检查其材质，并且做试摔测试，判定是否会断裂； ⑥ 检查拉手表面是否有刮伤痕迹和污点胶水印； ⑦ 检查拉手表面是否有电镀不良、发黑、气泡和掉漆等缺陷； ⑧ 检查拉手上是否有毛刺、水口毛边等现象； ⑨ 如果表面是涂油漆或涂灰的拉手，检查其油漆或灰光漆是否容易脱落	螺丝刀样板卷尺卡尺	试装目视	

续表

检验项目	检验标准	工具	检验方法	支持性资料
合页	① 检查长、宽、厚规格是否符合要求，沙拉孔的位置是否正确； ② 检查合页的材质是否正确，能否承受所要求达到的力度； ③ 检查合页扭转的灵活度，不能太松也不能太紧； ④ 如果是弹簧合页，检查其弹力是否达到要求； ⑤ 检查颜色是否与色板相同，同批货颜色是否一致； ⑥ 检查表面是否干净、无污点； ⑦ 检查电镀是否良好，表面不能有起泡、掉皮； ⑧ 如果是组合型合页，检查左右边是否能配套组合； ⑨ 有角度要求的合页，注意合页的打开角度是否符合要求； ⑩ 如果是普通型合页，检查合页的铁芯是否组合牢固，是否容易松动； ⑪ 检查合页上沙拉孔的方向是否正确，沙拉孔应该是在合页装到家具上后的正面	螺丝刀 自攻螺丝 电钻 卡尺 试件	试装 目视	
滑轨	① 规格、结构：孔位误差≤±0.5mm，厚度误差≤±0.3mm； ② 灵活性：路轨安装后要保证推拉顺畅灵活； ③ 拉出安全性：安装后，抽屉（键盘、拉门等）不允许有从轨道中无意滑出的现象； ④ 承受能力：路轨拉出后用大力作用其上，路轨应无变形或损坏，回弹路轨回弹性应良好	自攻螺丝 卡尺 卷尺 电钻	试装 目视	
其他类 （透气盖、 直钉、马钉、 门铰、胶帽、 垫片、圆底 脚钉等）	① 外观：有样板的对照样板； ② 规格：测量其规格，符合文件要求； ③ 重量：称重量，与标准要求一致； ④ 试装：需要试装的要求试装后效果符合技术要求，需要试钉的要求强度符合要求	螺丝刀 电钻 卡尺 试件	试装 目视	
铰链类	① 外形：对照样板，与样板一致。表面不许有电镀不良、生锈或变形； ② 材质：将样板于被检物称重，相比较相差±5g为合格； ③ 规格：规格不许有混装现象，埋入板材部分深度误差在0.3mm以内； ④ 颜色：对照样板，颜色与样板一致； ⑤ 机械性能：试装检验，将试件门铰安装于成品上，大动作较大力作用于门铰上； 　配件无松动，脱落现象； 　自然开启、关闭，无异常声响且灵活性达标； 　门板开启45°左右，能自然关闭； ⑥ 可调节性：将门铰在最低三门以上衣柜或书柜上试用，检验门板之间缝隙及自由伸缩性，缝隙应在2~3mm，自由伸缩0~6mm	螺丝刀 电钻 卡尺 试件	试装 目视	

续表

检验项目	检验标准	工具	检验方法	支持性资料
磁碰	① 外观：对照样板，与样板一致； ② 规格：规格符合标准要求，重量与样板相差 ±5g； ③ 试装：磁碰无自身结构配件松动、脱落、异常声音及失灵现象； ④ 表面质量：表面允许少许色差，正面不应有裂纹、明显毛刺及机械损伤，非正面允许少许缺陷	自攻螺丝 卡尺 卷尺 电钻	试装 目视	
滑轮类	① 外观：与参照样板一致，表面无凹凸不平、麻点、划痕、气泡、裂纹、色差、波纹、毛批、破损等缺陷； ② 规格：高度允许偏差 ±0.5mm，宽度允许偏差 ±1mm； 材质：承重与样板对比，相比较差 ±10g 为合格； ③ 灵活性：滑轮灵活运转，且刹车灵活； ④ 稳固性：将滑轮安装到试件上从 20cm 的高处落下，配件无松动、无破损、无清晰可辨的噪声，转动、平动依然灵活，为合格	卡尺 卷尺	试装 目视	

拓展知识2　板式家具常用功能尺寸设计

（1）桌台类功能尺寸设计

① 桌面高度：桌高是桌子设计中最重要的参数。桌面高应与椅座高保持一定的尺度配合关系。设计桌高的合理方法是先有椅座高，然后加上桌面与椅面的高差尺寸即可确定桌高。

桌高 = 座高 + 桌椅高差（约1/3坐高）

桌椅高差也是一个重要的尺寸参数。它应使使用者长期保持正确的坐姿，即躯体正直，前倾角不大于30°，肩部放松，肘弯近90°，且能保持30～40cm的视距。合理的高差应等于三分之一的坐高（即人体坐姿时头顶到椅面的高度）。国家标准《GB/T 3326—1997 家具桌、椅、凳类主要尺寸》规定桌面与椅凳座面高差（$H - H_1$）为250～320mm。桌面高（H）为680～760mm，其尺寸级差（ΔS）为10mm，这是我们的设计依据。

设计站立用工作台，如讲台、营业台等，要根据人站立时自然屈臂的肘高来确定其高度，按人体的平均身高，工作台高以910～970mm为宜，如考虑着力工作需要，台面高可以降低20～50mm。

② 桌面宽度和深度：桌面的宽度和深度是根据人体坐姿时手臂的活动范围、桌面的使用性质以及桌面上放置物品的类型和方式来确定的。对于餐桌、会议桌，应以人体占用桌边沿的宽度为依据来进行设计。面对面坐的桌子、多人平行使用的桌子，在考虑相邻两人平行动作幅度的同时，还要考虑人们面对面对话时的卫生要求等，因此应加宽、加深桌面。比如，8 人对坐的桌面尺寸：宽度 2000mm、深度 750～900mm。多人用桌的尺寸分类如图 1 所示，具体参考尺寸见表 2。

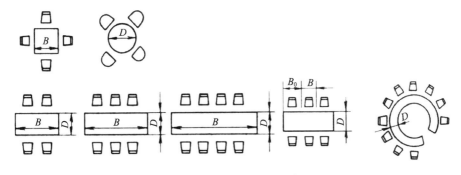

图1　多人用桌常用平面示意图

表2　　　　　　　　　　　　多人用桌常用平面尺寸　　　　　　　　　　单位：mm

编号	宽度 B	深度 D	附加尺寸
1	780～850		
2		600～850	
3	1150～1300	750～900	
4	1700～2000	750～900	

续表

编号	宽度 B	深度 D	附加尺寸
5	3000	750~900	
6	700~800	750~900	$B_0 = 720$
7		500	

课桌、阅览桌、制图桌等桌类，桌面可设计成一定的倾斜度，当坡度为15°左右时，人阅览时的视线与倾斜桌面接近90°，文字在视网膜上的清晰度高，因此，能使人获取舒适的视域。这样既便于书写，又能使人体保持正确的坐姿，减少了弯腰与低头的动作，从而减轻了腰背部的肌肉紧张和酸痛现象。

③ 桌下空间尺寸：桌下空间就是容膝空间，它的净空宽度应能满足双腿放置与活动，它的净空高度应高于双腿交叉时的膝高，并使膝部有一定的活动余地。这里既要限制桌面的高度，又要保证有充分的容膝空间，那么膝盖以上至桌面板以下这部分空间尺寸就是有限的，其间抽屉的高度必须根据这个有限的范围来确定，不能根据抽屉的功能要求来设计。所以中间的抽屉普遍较薄，有的甚至取消这个抽屉，以保证抽屉底面与座面之间的垂直距离不小于160mm。站立用工作台的下部空间，不需要设置腿部活动空隙，一般设计成柜体，用于收藏物品。但底部为适应人体紧靠工作台做着力动作的需要，应设计充足的空间，一般高度为80mm，深度在50~100mm为宜。

④ 桌面的颜色：鲜艳的颜色容易使人视觉产生疲劳。因此，一般桌面颜色不宜太鲜艳，也就是色彩不宜太饱和。总之，桌面要有不刺激视觉的色、形、光等，以达到使用方便和舒适的要求。

（2）国家标准推荐的桌台类家具主要尺寸

国家标准《GB/T 3326—1997 家具桌、椅、凳类主要尺寸》推荐的桌台类家具主要尺寸见表3至表6和图2至图5。

表3   双柜桌尺寸   单位：mm

桌面宽	桌面深	宽度级差	深度级差	中间净空高	柜脚净空高	中间净空宽	侧柜抽屉内宽
B	T	ΔB	ΔT	H_3	H_4	B_4	B_5
1200~2400	600~1200	100	50	≥580	≥100	≥520	≥230

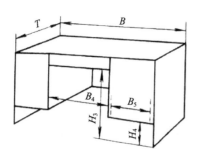

图2 双柜桌的尺寸示意图

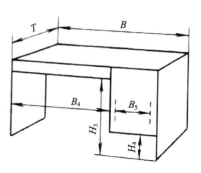

图3 单柜桌的尺寸示意图

表 4 　　　　　　　　　　　　　　单柜桌尺寸　　　　　　　　　　　　单位：mm

桌面宽	桌面深	宽度级差	深度级差	中间净空高	柜脚净空高	中间净空宽	侧柜抽屉内宽
B	T	ΔB	ΔT	H_3	H_4	B_4	B_5
900～1500	500～750	100	50	≥580	≥100	≥520	≥230

表 5 　　　　　　　　　　　　　　单层桌尺寸　　　　　　　　　　　　单位：mm

桌面宽	桌面深	宽度级差	深度级差	中间净空高
B	T	ΔB	ΔT	H_3
900～1200	450～600	100	50	≥580

表 6 　　　　　　　　　　　　　　梳妆桌尺寸　　　　　　　　　　　　单位：mm

桌面高	中间净空高	中间净空宽	镜子上沿离地面高	镜子下沿离地面高
H	H_3	B_4	H_6	H_5
≤740	≥580	≥500	≥1600	≤1000

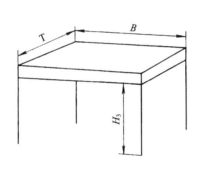

图 4　单层桌的尺寸示意图

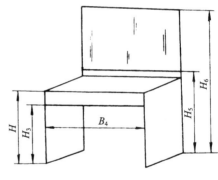

图 5　梳妆桌的尺寸示意图

（3）国家标准推荐的柜类家具主要尺寸

① 衣柜的柜内空间尺寸如图 6 及表 7 所示。

国家标准《GB/T 3327—2016 家具柜类主要尺寸》推荐的柜类家具主要尺寸见图 7 至图 9 和表 9。

② 床头柜的主要尺寸如表 8 及图 8 所示。

③ 书柜、文件柜的主要尺寸如图 9 及表 9 所示。

一般来说，书橱类家具存放书籍等物品，所需的空间是以宽度和书橱隔板之间的层间高度来确定的。它是以书的开本尺寸上限，留 20～30mm 空隙，以便取书和有利于通风。

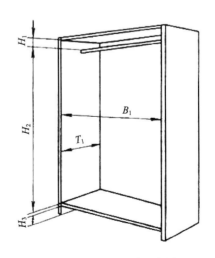

图 6　柜内空间尺寸示意图

表7 柜内空间尺寸 单位：mm

柜体空间深		挂衣棍上沿至顶板内表面间距离 H_1	挂衣棍上沿至底板内表面间距离 H_2	
挂衣空间深 T_1 或宽 B_1	折叠衣物放置空间深 T_1		适于挂长外衣	适于挂短外衣
≥530	≥450	≥40	≥1400	≥900

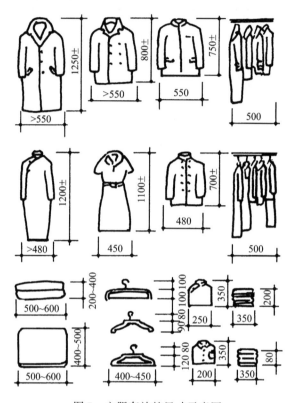

图7 衣服存放的尺寸示意图

表8 床头柜尺寸 单位：mm

柜面宽 B	柜深 T	柜体高 H
400～600	300～450	500～700

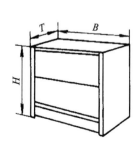

图8 床头柜尺寸示意图

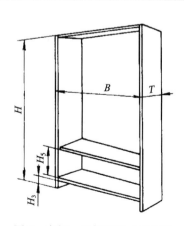

图9 书柜、文件柜尺寸示意图

表9　　　　　　　　　　　　书柜、文件柜尺寸　　　　　　　　单位：mm

类型	尺寸	宽度 B	深度 T	高度 H	层间净高 H_5
书柜	主要尺寸	600～900	300～400	1200～2200	230
					310
	尺寸级差 ΔS	50	20	第一级差200	—
				第二级差50	
文件柜	主要尺寸	450～1050	400～450	（1）370～400	≥330
				（2）700～1200	
				（3）1800～2200	
	尺寸级差 ΔS	50	10	—	—

拓展知识3　橱柜的制图标准及设计规范

（1）橱柜的制图标准

① 柜身尺寸定义：地柜（立柜）尺寸表示柜身尺寸，其深度不包含门板，高度不包含台面和地脚。吊柜尺寸表示柜身尺寸，其深度不包含门板，高度不包含顶板（顶线）、灯线，如图10所示，不同柜体在平面图中的表达方式：地柜平、立面图；吊柜平、立面图；中高柜平、立面图。

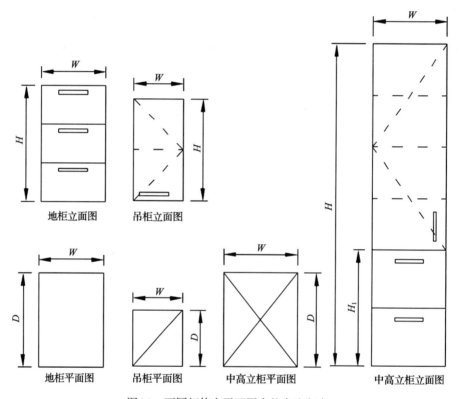

图10　不同柜体在平面图中的表达方式

② 柜号的应用：柜号用①、②、③、④等号码顺序表示，包括地柜、中高柜、立柜以及吊柜。排列顺序由地柜开始，依次向吊柜排列，抽油烟机位无柜时不标柜号，有柜时则标柜号。同一柜体在平面图和立面图标注相同的柜号。如图11所示。

③ 拉手表示

a. 用一个狭长的小矩形表示拉手，但小矩形不代表拉手形状，拉手形状可查阅材料栏中的拉手型号对照实物。

b. 拉手横装则矩形横画，拉手竖装则矩形竖画。

c. 拉手的定位尺寸按工艺标准。特殊情况，要求在图上注明；或说明不开拉手孔，到现场安装。

d. 配铝合金扣手时也以上述方法表示。

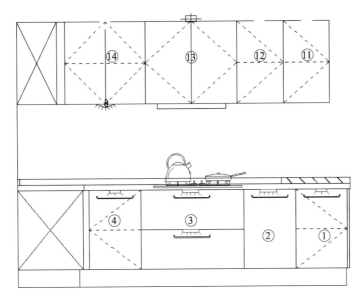

图 11　柜号的应用

e. 铝型材玻璃门的拉手表示如图 12 所示。

④ 门板的尺寸表示

a. 单门柜：门尺寸同时表示柜身的宽度。

b. 双门柜：两门相等时只标柜总宽，不相等时要分别标出〔见图 13（a）〕。

c. 中高柜、高柜门板高度的标注〔见图 13（b）〕：高度方向没有划分时，只标柜总高。高度方向分两部分时，如果下部高度需同旁边的地柜高度对齐，下部的高度同地柜标准，

图 12　铝型材玻璃门

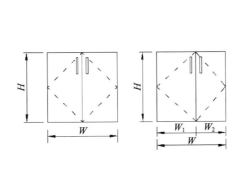

（a）

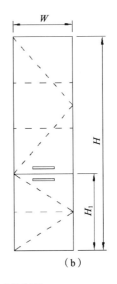

（b）

图 13　双门柜、中高柜、高柜门板高度的标注

（a）双门柜的标注　　（b）中高柜、高柜门板的标注

上部留开空不标注，但一定要标总高。高度方向分三部分时，下部同图 13（a）方式标注，中部按设计标准，上部不用标注，但一定要标总高。

⑤ 转角关系的标注：当两个柜单元成 90°或非 90°转角关系时，其对应的立面图以展开图的形式表示：① 号柜转角位处画两条相交叉的对角线，表示该位置无门。转角柜上的封板叫固定封板，在立面图上标出实际尺寸；② 号柜左边画出 ① 号柜的投影区，投影区不用标尺寸。② 号柜左边封板叫活动封板，立面图上标出实际尺寸，如图 14 所示。

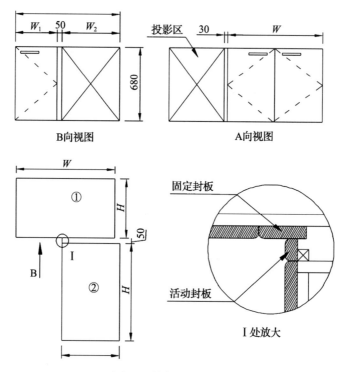

图 14　转角关系的标注

⑥ 带抽屉地柜的标注：抽屉地柜划分类型有：单抽地柜；两抽平分地柜；三抽地柜（包括三抽平分和小中中两种），如图 15 所示。抽屉门柜：标准抽面高度为固定值，采用标准款式抽屉地柜时，无须标出每一抽面的具体高度；当抽面为假抽或附带其他功能时，应加文字说明，如图 16 所示。

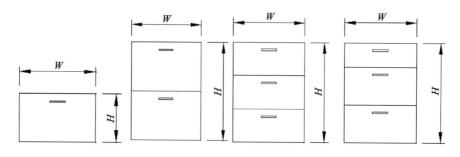

图 15　单抽、两抽平分、三抽平分、三抽小中中

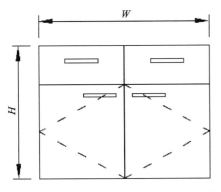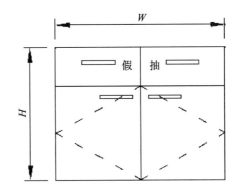

图 16　抽屉门柜

⑦ 圆弧柜的标注：圆弧柜有 1/4 圆弧柜和非 1/4 圆弧柜两种，两种圆弧标注方法不同，如图 17 所示，非 1/4 圆弧柜标出弦长 W 和弦高 H（见图 17 右图）。

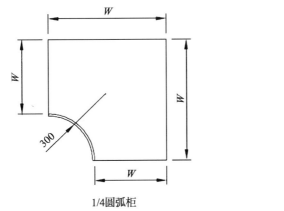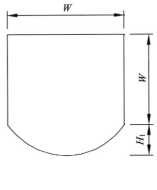

1/4圆弧柜　　　　　　　　　　　　　非1/4圆弧柜

图 17　1/4 圆弧柜和非 1/4 圆弧柜标注

⑧ 开门的方向标注：从装门铰边的中点画两条虚线相交于没有门铰边的两个端点，抽屉和拉门不画虚线，如图 18 所示，从左往右分别是左开门、右开门、上翻门和下翻门。

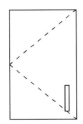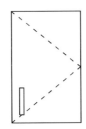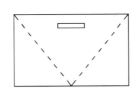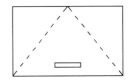

图 18　开门的表示方法

⑨ 开放柜体的标注：开放柜立面需画出板厚，同门柜区分开。如图 19 所示。

⑩ 拉门的表示：在立面图下方标出配件名称。如果配件同门一起拉出，同抽屉画法，

如图 20 所示。如果门为平开门，配件独立拉出，同平开门画法，拉手竖装则拉手符号竖画。

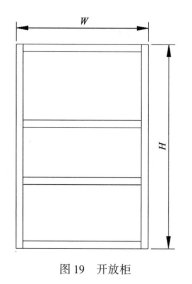

图 19　开放柜

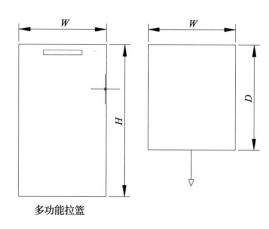

多功能拉篮

图 20　拉门的表示

⑪ 层板的标注表示：当柜体内部带有活动层板时，在立面图中以虚线表示。玻璃门柜统一配玻璃层板，无须加文字说明。如图 21 所示。

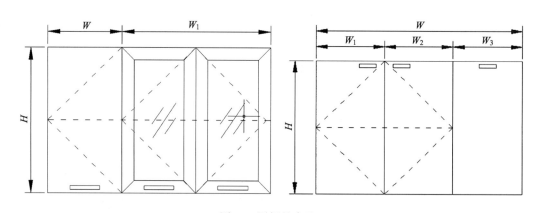

图 21　层板的表示

⑫ 竖板的标注表示：当柜体内部带有竖隔板时，在平面图中以虚线表示，如图 22 所示。

⑬ 门板的工艺要求标注表示：门板材料及其款式造型应在图纸中标题栏上方的材料配件表中加以注明。如果门板材料由不同颜色搭配时，在立面图下方注明主材色与搭配色，并将搭配色在立面图中用阴影表示。如图 23 所示。

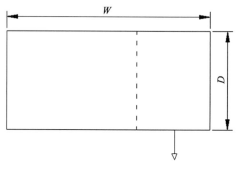

图 22　竖板的表示

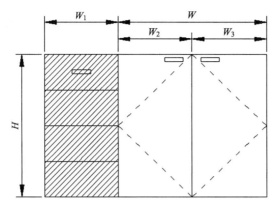

图 23　门板工艺的表示

⑭ 地柜第脚板的标注表示：地柜带有封闭式地脚板时，在其平面图中以偏移前端30mm 的虚线表示（开放式地脚不画虚线），地脚高度非标准时，应附加文字说明，如图24 所示；开放金属脚的柜体不画虚线。

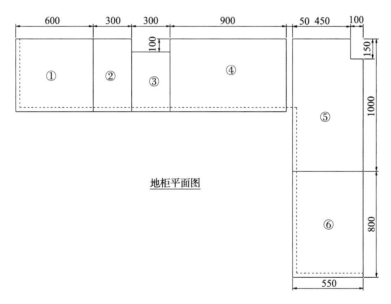

地柜平面图

图 24　地脚平面的表示

⑮ 搁板的标注表示：在吊柜立面图中以偏移量为 30mm 的两条直线表示一块搁板，以两组四条直线表示两块搁板，搁板的实际厚度另加标注，深度在立面图用文字标出，如图 25 所示。

⑯ 顶板的标注表示：以实线画出顶板平面图，并标示其长度及宽度方向尺寸，如图26 所示。

⑰ 顶线的标注表示：在吊柜平面图中以向外侧偏移 30mm 的虚线表示线条，如图 27所示。

⑱ 灯线的标注表示：在吊柜平面图中以向内侧偏移 30mm 的虚线表示，灯线工艺代码在材料明细注明，如图 28 所示。

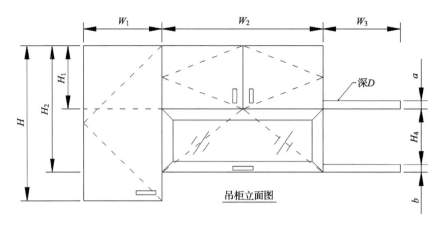

图 25　搁板的立面表示

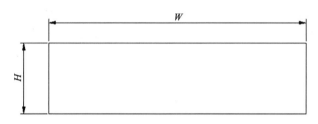

图 26　顶板平面表示

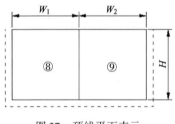

图 27　顶线平面表示

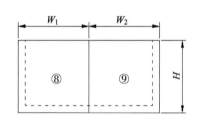

图 28　灯线平面表示

⑲ 灯的标注表示：橱柜中使用到灯的时候，由如下方法表示，具体的灯的型号在材料表中列出。

a. 装在吊柜内顶板的灯的表示如图 29（a）所示。

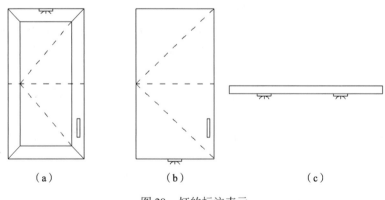

（a）　　　　　　　（b）　　　　　　　（c）

图 29　灯的标注表示

b. 装在吊柜底下的灯的表示如图29（b）所示。

c. 搁板灯的表示如图29（c）所示。

⑳ 煤气灶的标注表示：以统一的立面、平面符号表示，与实际具体形状无关。具体开孔尺寸按炉具对应的纸模；客户提供炉具，应注明开孔尺寸，平面和立面图如图30所示。

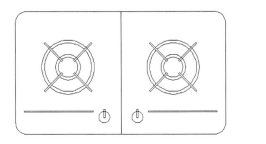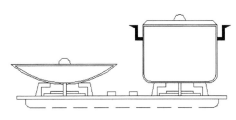

图30　煤气灶的标注表示

㉑ 水盆的标注表示：以统一的立面、平面符号表示，与实际具体形状无关，单盆和双盆独立表示。以材料配件表中注明的名称及型号为准；客户提供水盆时，应注明开孔尺寸，如图31所示。

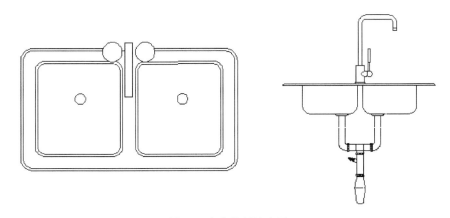

图31　水盆的标注表示

㉒ 厨房各种电器的标注表示，如图32所示。

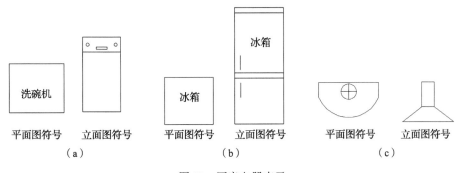

图32　厨房电器表示

（a）洗碗机的表示　（b）冰箱的表示　（c）烟通式抽油烟机的表示

㉓ 台面标注表示

a. 台面结构以台面平面图表示，挡水板以实线表示，防水线以虚线表示，对"一"字形超长结构及"L"型、"U"型大尺寸结构，台面须分两块（"U"结构可能分三块）制作，分界线（接驳线）以实线表示，图中须标明尺寸，并在图形下方加以文字说明，如图33（a）（b）所示。

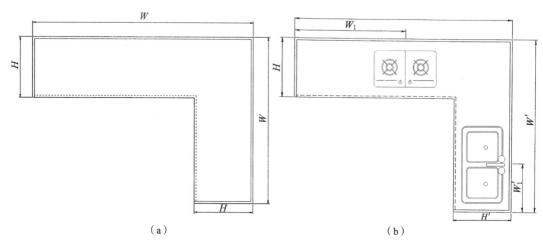

图33　台面标注表示

b. 当台面为加厚台面时（如60mm厚），台面两端如果为见光面，必须注明是否同台面前端一样。

c. 须添加水盆和炉具，统一以炉孔及盆孔的中心至台面边缘线的距离作为定位基准。如果客户对盆或炉灶离台面前端的距离有特殊要求的，必须在图纸上注明，否则按公司工艺规定开孔。如图33所示（b）。

d. 防水线用虚线表示，侧防水线要加文字说明，如图34所示。

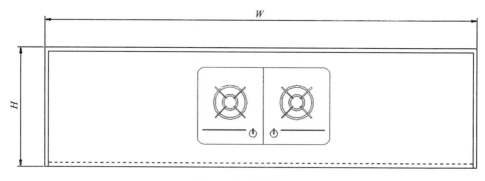

图34　防水线表示

e. 台面图纸的右下角，即标题栏上方必须要有台面材料及工艺明细表，台面加工时需要。

㉔ 台面切角的标注表示：台面切角尺寸均为台面靠墙尺寸，不包括挡水边，如图35所示。对于不规则的台面切角，且尺寸难以精确测量时，可采用图35右边所示方法处理（阴影部分表示平挡水边接台面的材料，现场切割）。

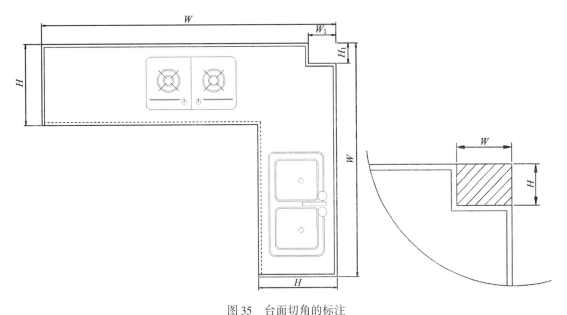

图 35　台面切角的标注

㉕ 斜角转角台面标注表示如图 36 所示。

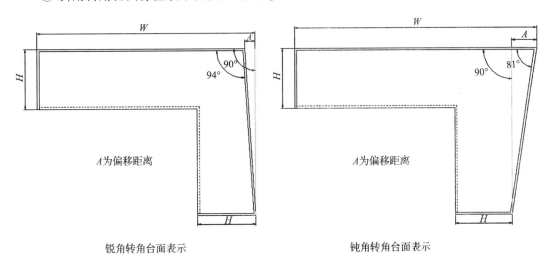

锐角转角台面表示　　　　　　　　钝角转角台面表示

图 36　斜角转角台面

（2）整体橱柜的设计规范

① 设计规范的原则

原则一：以标准的零部件组成标准的柜子，以标准的柜子组成个性化的整套橱柜。

原则二：厨房的非标准尺寸，通过 3 种手段予以解决：

a. 对 L 形橱柜，把非标准尺寸集中在转角的封板上；

b. 对一字形橱柜，把非标准尺寸集中在靠侧边墙的封板上；

c. 设计开放柜。

原则三：对于不规则的厨房，通过避开障碍物、墙体角度以保证柜身的完整性和易加工性，尽量简化或不做切角柜。

② 标准化设计规范

a. 非标尺寸设计处理方法见表10。

表10 非标尺寸处理方法

转角封板法 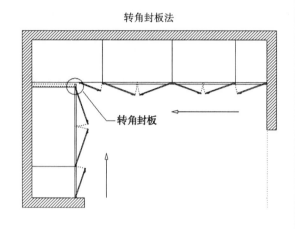 转角封板	说明：在设计L形橱柜时，按箭头方向先排列标准柜，最后将余下的非标尺寸集中于封板 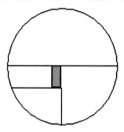
靠墙封板 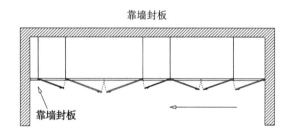 靠墙封板	说明：厨房出现非标尺寸如左图，可以考虑按箭头方向摆列标准柜，将余下的非标准尺寸于靠墙一侧设计封板
开架柜法 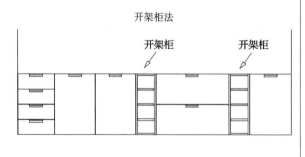 开架柜　开架柜	说明：由于开架柜在宽度和深度两个方向的尺寸可以不受限制，因此考虑将非标准尺寸设计一个开架柜，如左图

b. 切角柜简化方法见表11。

斜角柜、切角柜是制约生产力的一大通病。柜子经过切角后的剩余空间已无多少利用价值，因而简化切角柜、斜角柜对客户并无大碍，对生产则大大有利：既提高了生产效率，又降低了设计及生产出错的概率。只要不影响配件安装，思路则是能简则简。

表 11 切角柜简化方法

简化面	简化后

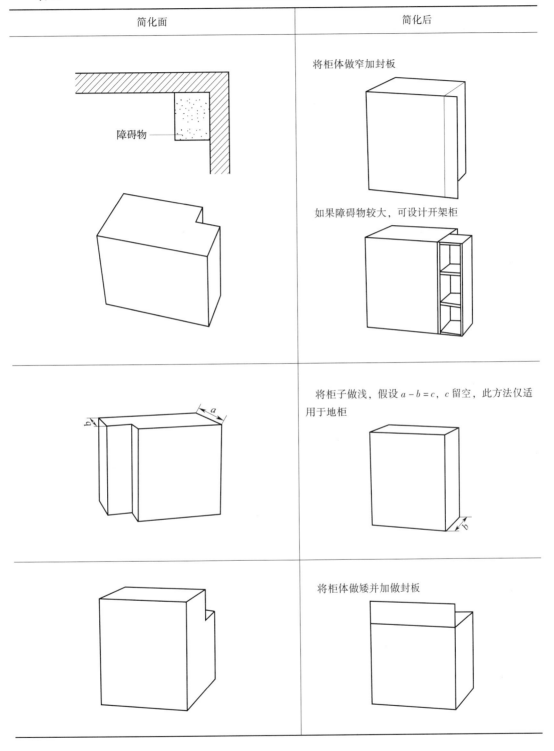

将柜体做窄加封板

如果障碍物较大，可设计开架柜

将柜子做浅，假设 $a-b=c$，c 留空，此方法仅适用于地柜

将柜体做矮并加做封板

障碍物

③ 标准化处理方法

a. "一"字形锐角墙（无障碍物）见表 12。

表 12   **"一"字形锐角墙（无障碍物）**

图　例	标准化处理方法
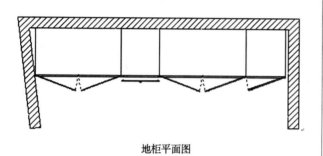 吊柜平面图 地柜平面图	吊柜平面图： 　将左锐角墙柜设计成标准柜，左边带前封板和底封板、顶封板。为防测量尺寸不准确，封板可预留 5～10mm 安装余量，封板靠墙侧边做直边，留到现场处理。防火板、水晶类门板现场加工易产生崩缺等缺陷，设计时应注意。现场安装前须带齐封边、胶水等材料和相关工具并注意安装方法 　地柜平面图： 　地柜按照设计原则设计成标准柜后，其余可让留空，正面（即前面）做封板，间隙在 10mm 以内可以不做封板

b. "一"字形钝角墙（无障碍物）见表 13。

表 13   **"一"字形钝角墙（无障碍物）**

图　例	标准化处理方法
吊柜平面图 地柜平面图	处理方法和锐角的情况类似； 　如果钝角比较大，做了标准柜后还有很大的空间，甚至有可以装一个小柜的位置则可以设计开架柜

c. "一"字形异型墙柱，见表14。

表 14   **"一"字形异型墙柱**

图 例	标准化处理方法
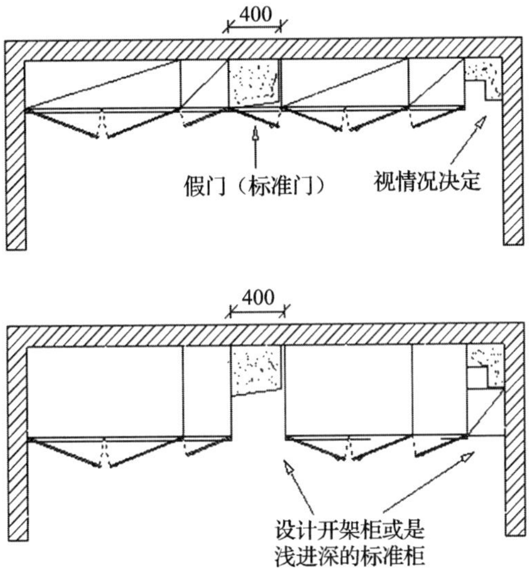 假门（标准门） 视情况决定 设计开架柜或是浅进深的标准柜	在吊柜平面图中，对于中部墙柱的处理我们可以用一个标准的假门；对于墙角的墙柱，要视具体情况而定； 地柜平面图中，可以设计开架柜或是浅进深的标准柜；建议：宽度在 150～250mm，深度有 150mm 以上可以设计无门的开架柜； 宽度大于 250mm、深度大于 150mm 时可以设计标准门柜

d. "L"型直角墙见表15。

表 15   **"L"型直角墙**

图 例	标准化处理方法
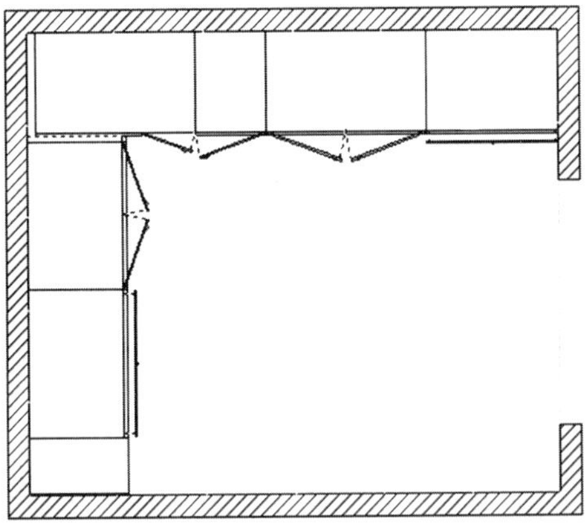	"L"型橱柜： 在转角处设计两个标准关系柜带封板处理：A 为转角柜，B 为转角关系柜 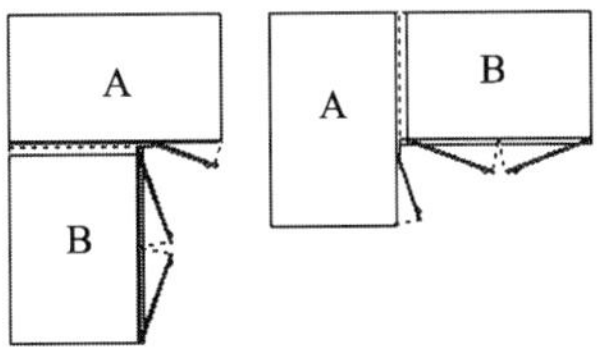 为地柜时，转角柜靠墙一侧一般预留空位。 为吊柜时，带封板及靠墙一侧留空位处需做底封板和顶封板

e. "L"型直角墙带墙柱见表16。

表16   **"L"型直角墙带墙柱**

图　例	标准化处理方法
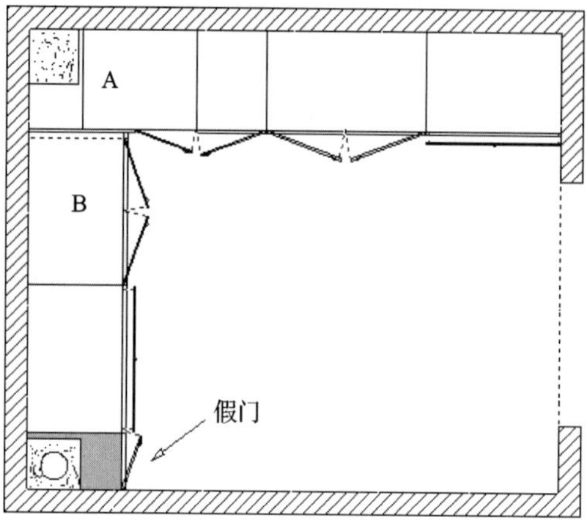	墙柱、水管"L"型橱柜： 　　做法如左图，如果是地柜，在转角处用合适的转角柜来处理。左下角的水管根据具体情况选择做假门还是开架柜。 　　如果是吊柜，处理方法和地柜类似，只是留空的位置要留底封板和顶封板于现场安装

f. "L"型锐角墙见表17。

表17   **"L"型锐角墙**

图　例	标准化处理方法
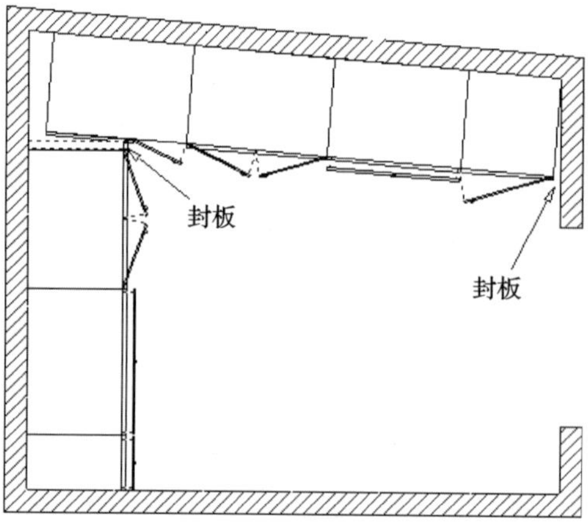 地柜平面图	地柜根据设计原则用标准柜排列。 　　吊柜除了做正面封板之外，还要在留空位置做底封板和顶封板。 　　在此种情况下，有墙柱时，结合一字形墙柱处理办法。 　　台面尺寸一定按实际墙体情况测量准确，有凹凸不平的墙面，后挡水边顶部可加工盖板现场修整处理

g. "L"型钝角墙见表18。

表18 "L"型钝角墙

图　　例	标准化处理方法
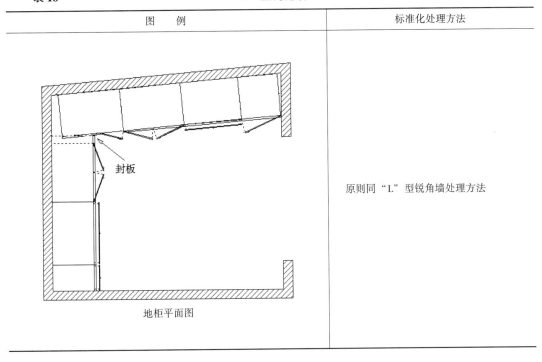 地柜平面图	原则同"L"型锐角墙处理方法

拓展知识4　百隆（Blum）活力空间厨房设计

厨房作为人类居住生活不可缺少的活动空间慢慢成为人们日益重要的活动中心。一日三餐的洗切、备餐、烹饪和清洗整理等，我们一天常常在厨房中消耗 2～3h，如何充分利用厨房、优化厨房中的操作流程是值得思考和研究的问题。

奥地利百隆（Blum）公司是一家全球著名的家具五金生产商，一直致力于研究日常厨房生活需求。通过对世界范围内数以万计的厨房进行观察，总结了厨房使用者的习惯，并在百隆的新产品研发上得以体现，百隆活力空间设计正是基于这些实际的数据，为厨房使用者提供了更加方便与舒适的厨房使用体验。

百隆（Blum）活力空间的设计基于三个核心内容：优化的操作流程；充足的储存空间；高度操作舒适性。如图37所示。

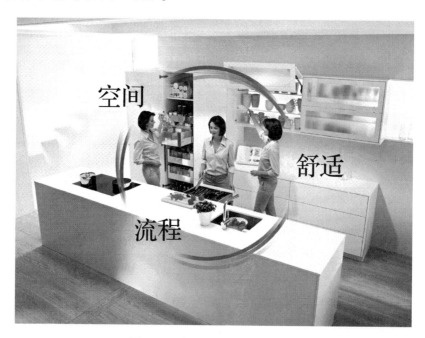

图37　活力空间的三个设计核心

（1）流程

细分厨房功能区域，方便的拿取设计，优化工作路线。

厨房是集存放、清洗、操作和烹饪于一体的使用空间，为了实现更加有效的厨房操作，可将厨房功能区进一步细分为食品储备区、厨具存放区、清洗区、准备区和烹饪烘烤区。食品储备区和厨具存放区分开摆放各类食品与餐具；洗涤用品和垃圾桶则安排在清洗区；主要的操作准备区最好能位于水槽和灶台之间，这里可摆放辅助用具和各类调料；大小锅具、烹饪用具应放在灶台的烹饪烘烤区，如图38所示。

不同功能区的合理搭配是减少厨房走动路线、减少厨房操作耗时、减轻劳动强度的有效方法。活力空间将厨房细分为五个功能区域并进行有效规划，通过绳线研究法得出对比数据：使用无详细区域规划的厨房每天要行走 264m，20 年约 1927km；使用活力空间厨

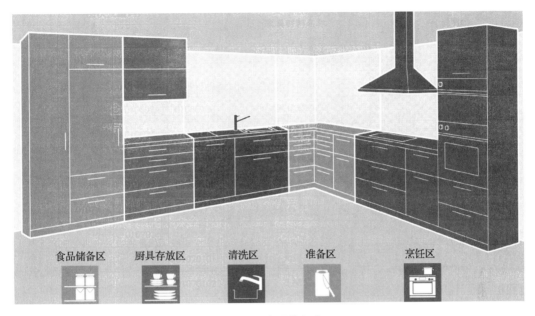

图 38　厨房功能细分

房每天行走 210m，20 年约 1530km，相对于无区域规划的厨房活力空间节省了 25% 的行走流程。如图 39 所示。

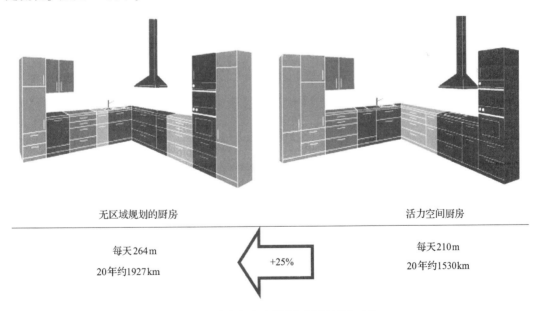

图 39　活力空间与未规划厨房绳线法对比

为了最大程度实现舒适性和人性化操作，在厨房的垂直方向上也做出区域划分，把经常使用的储存物放置在最容易拿取的高度，不常使用的储存物放置在较容易拿取的高度，极少使用的储存物放置在最高或最低不易拿取的位置，如图 40 所示。

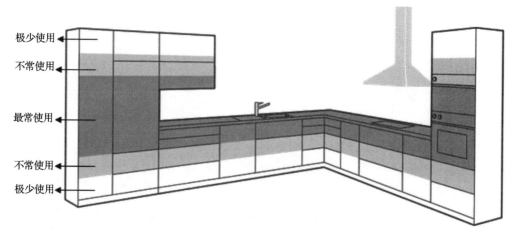

图40　垂直方向的区域规划

　　对于地柜，为了方便拿取各类物品，厨房地柜最好采用高舒适性的全拉出抽屉代替柜门式设计，这样拿取锅具等物品时无须弯腰，抽屉使物品一目了然，伸手可及。相对于地柜的柜门设计，为了拿取储存物，使用者不得不弯腰下蹲，寻找或需要费力清理挡在前面的物品才能拿到放置在柜子里面的物品（图41）。全拉式抽屉可以完全打开抽屉，抽屉内用内分隔件来实现抽屉物件井井有条的储存效果，方便寻找和拿取（图42）。

图41　地柜的拿取设计对比

图42　抽屉内分隔效果

对于吊柜，采用上翻门，使用者可以按压面板自动开启，折叠系统被活动面板掩盖，整个柜体可以毫无阻碍地完成打开，柜里面的物品一目了然，方便拿取，不用担心操作时头会碰到柜门，如图43所示。

图43　吊柜的拿取设计对比

（2）空间

最佳的空间利用。为了确保橱柜有充足的储存空间可以利用，活力空间采用了多种解决方案，将厨房柜内每一个角落都变成宝贵的储存空间。百隆的拐角抽和水槽抽充分利用了地柜拐角和水槽四周，一目了然，方便拿取，如图44所示。

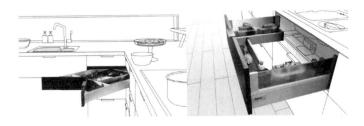

图44　转角角抽和水槽抽

对于食品储存采用高柜内抽设计，实现从三个方向拿取物品的可能，并且这样的设计减少寻找物品的时间，如图45所示。

在充分利用现有空间的情况下，百隆抽屉系统可以通过改变抽屉的深度、宽度和高度而获得更多的储存空间，见图46至图48所示。

宽度利用：用一个宽的抽屉代替两个窄的抽屉，可增加15%的收纳空间（图46）。

高度利用：四周闭合的高抽屉能够充分利用到抽屉的高度空间，不但物品能够稳当地放置抽屉内，而且能够增加55%的收纳空间（图47）。

图45　高柜内抽

图 46　抽屉宽度利用

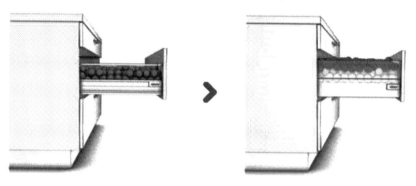

图 47　抽屉高度利用

深度利用：在空间既定的情况下，可以安装更深的抽屉，加大抽屉深度，最多能够增加 30% 的收纳空间（图 48）。

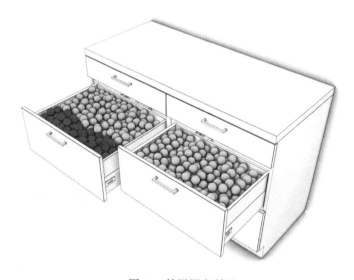

图 48　抽屉深度利用

（3）动感

高度舒适的操作体验。橱柜五金件的操作体验直接影响了厨房使用者的烹饪乐趣，动感的厨房操作可以让厨房与使用者互动，让他们亲身体验什么是运动的品质。

百隆的 SERVO – DRIVE 电动系列产品就是一个很好的例子。无论是上柜还是下柜，即使无法腾出双手，也可以通过胯部、膝部或是脚尖轻轻触碰，柜门或抽屉都能自动打开。这些产品的应用，实现了开启轻松流畅、关闭轻柔静谧的舒适操作，使得厨房的动感体验更胜一筹，如图 49 所示。

图 49　SERVO – DRIVE 电动系列

活力空间的厨房设计目的就是让使用者在厨房工作时更省时、省心和省力，让厨房更简单实用，活力空间让你爱上厨房。

附　录

附录1　相关标准明细

国外相关五金的标准文件明细

Serial No	Standards No.	现有版本	英文名称	中文
S－EN－005	ISO 4026	2003.12	Hexagon socket set screws with flat point	六角凹头平端定位螺钉
S－EN－006	ISO 868	2003	Plastic and ebonite – determination of indentation hardness by means of a durometer（shore hardness）	塑料和硬质橡胶　用硬度计测定压痕硬度［肖氏（SHORE）硬度］
S－EN－007	ISO 7721	1983	Countersunk head screws – head configuration and gauging	沉头螺钉　头形和测量
S－EN－008	ISO 1456	2003	Metallic coatings – electrodeposited coatings of nickel plus chromium and of copper plus nickel plus chromium	金属镀层　镍加铬的电镀层和铜加镍再加铬的电镀层
S－EN－009	ISO 2081	1986	Metallic coatings – electroplated coatings of zinc on iron or steel	金属镀层　铁或钢的锌电镀层
S－EN－010	ISO 2177	2003	Metallic coatings – measurement of coating thickness coulometric method by anodic dissolution	金属镀层　镀层厚度的测量　阳极分解的电量计法
S－EN－011	SS EN ISO 4628－3	2004.03.05	Paint and varnishes – evaluation of degradation of coatings – designation of quality and size of defects, and of intensity of uniform changes in appearance – part3：Assessment of degree of rusting	涂料和清漆　色漆涂层剥蚀的评定　一般性缺陷程度、数量和大小的规定　第3部分：生锈程度的规定
S－EN－012	ISO 6508－1	2005	Metallic materials – Rockwell hardness test – part1：test method（scales A, B, C, D, E, F, G, H, K, N, T）	金属材料　洛氏硬度试验　第1部分：试验方法（A、B、C、D、E、F、G、H、K刻度）
S－EN－013	ISO 6508－2	2005	Metallic materials – Rockwell hardness test – part2：Verification and calibration of testing machines（scales A, B, C, D, E, F, G, H, K, N, T）	金属材料　洛氏硬度试验　第2部分：试验机器的检验和校准（A、B、C、D、E、F、G、H、K刻度）

续表

Serial No	Standards No.	现有版本	英文名称	中文
S – EN – 014	ISO 6508 – 3	2005	Metallic materials – Rockwell hardness test – part3：calibration of reference blocks （scales A，B，C，D，E，F，G，H，K，N，T）	金属材料　洛氏硬度试验　第 3 部分：参考块的校准（A、B、C、D、E、F、G、H、K 刻度）
S – EN – 016	SS EN ISO 8442 – 2	1997	Materials and articles in contact with food-stuffs cutlery and table holloware – part2：requirements for stainless steel and silver plated cutlery	与食品接触的材料和制品　刀具和凹形餐具　第 2 部分：不锈钢和镀银刀具的要求
S – EN – 017	ISO 9227	2006	Corrosion test in artificial atmospheres – salt spray test	人造环境中的腐蚀试验　盐雾试验
S – EN – 018	ISO 10289	1999. 10. 15	Methods for corrosion testing of metallic and other inorganic coatings on metallic substrate – rating of test specimens and manufactured articles subjected to corrosion test	在金属衬底上金属和其他无机覆层的腐蚀试验的方法　用于腐蚀试验的试验样品和生产产品的分级
S – EN – 022	SS – ISO 2768 – 1	ISO 2768	General tolerance – part1：tolerance for linear and angular dimensions without individual tolerance indications	通用公差　第 1 部分：未注公差的线性和角度公差
S – EN – 023	ISO 6507 – 1	2005	Metallic materials – Vickers hardness test part1：test method	金属材料　维氏硬度试验. 第 1 部分：试验方法
S – EN – 024	ISO 898 – 7	1992	Mechanical properties of fasteners – part7：Torsional test and min torques for bolts and screws with nominal diameters 1mm to 10mm	紧固件的机械性能　第 7 部分：公称直径 1 - 10mm 的螺栓和螺钉的扭力试验和最小扭矩
S – EN – 027	EN 12527	1998	Castors and wheels Test methods and apparatus English version of DIN EN 12527	脚轮和轮子　检验方法和检验设备
S – EN – 029	SS ISO 4540	1983	Metallic coatings – coatings cathodic to the substrate – rating of electroplated test specimens subjected to corrosion tests	金属镀层　基质为阴极的镀层　以腐蚀试验为条件的电镀试样测定
S – EN – 032	ISO 4161	1999. 03. 15	Hexagon nuts with flange – Coarse thread	带法兰的六角螺母　粗螺纹
S – EN – 033	ISO 7380	2004. 01. 15	Hexagon socket button head screws	内六角圆头螺钉

续表

Serial No	Standards No.	现有版本	英文名称	中文
S－EN－034	EN ISO 2178	1995.01	Non－magnetic coatings on magnetic substates Measurement of coating thickness Magnetic method	磁性基质的非磁性镀层 镀层厚度的测量 磁性法
S－EN－035	EN12528	1998.9	Castors and wheels－Castors for furniture Requirements	脚轮和轮子 家具用脚轮 要求
S－EN－036	EN 12529	1998.09	Castors and wheels－Castors for furniture－Castors for swivel chairs－Requirements	脚轮和轮子 家具用脚轮 转椅用脚轮 要求
S－EN－037	ISO/TR 22971	2005	Accuracy（trueness and precision）of measurement methods and results－Practical guidance for the use of ISO 5725－2：1994 in designing，implementing and statistically analysing interlaboratory repeatability and reproducibility results	测试方法与结果的准确度（正确度与精密度）设计、实施和统计分析实验室采用 ISO 5725－2－1994 对重复精度和再现精度结果的实用导则
S－EN－038	ISO 5725－1	1994	Accuracy（trueness and precision）of measurement methods and results－Part 1：General principles and definitions	测量方法和测量结果的精确性 第1部分：一般原理和定义
S－EN－039	ISO 5725－2	1994	Accuracy（trueness and precision）of measurement methods and results－Part 2：Basic method for the determination of repeatability and reproducibility of a standard measurement method	测试方法和结果的准确度（正确度与精密度） 第2部分：确定标准测试方法重复性和可再现性的基本方法
S－EN－040	ISO 5725－4	1994	Accuracy（trueness and precision）of measurement methods and results－Part 4：Basic method for the determination of the trueness of a standard measurement method	测试方法与结果的准确度（正确度与精密度） 第4部分：确定标准测试方法正确度的基本方法
S－EN－041	ISO 5725－6	1994	Accuracy（trueness and precision）of measurement methods and results－Part 6：Use in practice of accuracy values	测量方法和测量结果的精确性 第6部分：准确值的实际应用
S－EN－042	ISO 1502	1996	ISO general－purpose metric screw threads－Gauges and gauging	ISO 一般用途米制螺纹 量规和量规检验
S－EN－043	ISO 6892	1998	Metallic materials－tensile testing at ambient temperature	金属材料室温拉伸测试

续表

Serial No	Standards No.	现有版本	英文名称	中文
S－EN－044	ISO 4027	2003	Hexagon socket set screws with cone point	六角凹头锥端定位螺钉
Serial No	Standards No.	Existing Edition	Description	Translation of Chines
S－DIN－001	DIN 101	1993.05	Rivets－technical delivery conditions	铆钉　技术规范
S－DIN－002	DIN 660	1993.5	Round head rivets；with normal diameters from 1－8mm	半圆头铆钉　公称直径 1～8mm
S－DIN－003	DIN 6791	1993.5	Semitubular pan head rivets；with normal diameters from 1.6－10mm	平头半空心铆钉　公称 直径1，6～10mm
S－DIN－004	DIN 17440	2001.3	Technical delivery conditions for stainless steel drawn wire	不锈钢　拉钢丝的交货 技术条件
S－DIN－006	DIN 68150－1	1989.07	Wooden dowels	定缝木销　尺寸　技术 规范
S－DIN－007	DIN EN 10016－2	1995.04	Non－alloy steel rod for drawing or cold rolling；specific requirements for general purpose rod	拉拔和/或冷轧用非合 金钢棒　第2部分：通用 钢棒的特殊要求
S－DIN－008	DIN EN 10084	1998.6	Case hardening steel－Technical delivery conditions	渗碳钢　技术交货条件
S－DIN－009	DIN EN 10087	1999.2	Free－cutting steels－Technical delivery conditions for semifinished products，hot－rolled bars and rods	高速切削钢　半成品热 轧制棒材和线材的技术交 货条件
S－DIN－010	DIN EN 10130	1999.02	Cold－rolled low carbon steel flat products for cold forming－Technical delivery conditions	用于冷变形的低碳钢冷 轧板　交货技术条件（包 括修正件 A1：1998）
S－DIN－011	DIN EN 10132－4	2003.4	Cold－rolled narrow steel strip for head treatment－Technical delivery conditions part4：Spring steels and other applications	热处理用冷轧窄钢带 材　技术提交条件　第 4部分：弹簧钢和其他 用途钢
S－DIN－012	DIN EN 10292	2003.9	Continuously hot－dip coated strip and sheet of steels with higher yield strength for cold forming－Technical delivery conditions	冷加工用高屈服强度的 连续热浸镀层钢带材和薄 板　交货技术条件
S－DIN－013	DIN EN 10305－3	2003.2	Steel tubes for precision－applications－Technical delivery conditions part3：welded cold sized tubes	精密装置用钢管　技术 交货条件　第3部分：焊 接冷分级管

续表

Serial No	Standards No.	现有版本	英文名称	中文
S – DIN – 014	DIN EN 12527	1999. 5	Castors and wheels – test method and apparatus	脚轮和轮子 检验方法和检验设备
S – DIN – 015	DIN EN 12528	1999. 05	Castors and wheels – castors for furniture requirements	脚轮和轮子 家具用脚轮 要求
S – DIN – 016	DIN EN 12844	1999. 01	Zinc and zinc alloys – castings：specifications	锌和锌合金 铸件规范
S – DIN – 018	DIN EN ISO 2178	1995. 01	Non – magnetic coatings on magnetic substrates – Measurement of coating thickness by the magnetic method（ISO 2178：1982）	磁性基质的非磁性镀层 镀层厚度的测量 磁性法
S – DIN – 019	DIN 976 – 1	2002. 12	Metric thread stud bolts	螺栓 第1部分：米制螺纹
S – DIN – 022	Supplement 1 to DIN 918	1987. 11	Fasteners – Representation of standardized fasteners and their nomenclature	紧固件 标准件的名称和说明
S – DIN – 023	DIN 18265	2004	Metallic materials – Conversion of hardness values	金属材料试验 硬度值的换算

家具五金相关标准汇总

标准号	标准名称	英文名称	发布单位	发布日期	摘要	状态
QB/T 1241—2013	家具五金 家具拉手安装尺寸	Furniture hardware Installation size for furniture handles	轻工行业标准（QB）	2013 – 7 – 22	家具五金家具拉手安装尺寸	现行
QB/T 2189—2013	家具五金 杯状暗铰链	Hardware for furniture Cup hinges	轻工行业标准（QB）	2013 – 7 – 22	家具五金杯状暗铰链	现行
QB/T 2454—2013	家具五金 抽屉导轨	Hardware for furniture Guide rails	轻工行业标准（QB）	2013 – 7 – 22	家具五金抽屉导轨	现行
QB/T 1242—1991	家具五金 杯状暗铰链安装尺寸	—	轻工行业标准（QB）	1991 – 1 – 1	本标准规定了家具用杯状暗铰链的基本安装尺寸。本标准适用于家具用杯状暗铰链的设计、制造和安装	现行
GB/T 28203—2011	家具用连接件技术要求及试验方法	—	CN – GB	2011 – 1 – 1	本标准规定了家具用连接件的术语和定义、分类、要求、试验方法、检验规则以及标志、使用说明、包装、运输和贮存	现行
QB/T 1621—2015	家具锁	Furniture lock	轻工行业标准（QB）	2015 – 1 – 1	本标准规定了家具用锁的术语和定义、产品分类、要求、试验方法、检验规则和标志、包装、运输、贮存。本标准适用于各类家具用机械锁	现行

续表

标准号	标准名称	英文名称	发布单位	发布日期	摘要	状态
QB/T 4767—2014	家具用钢构件	Steel menbers for furniture	轻工行业标准（QB）	2014-1-1	本标准规定了家具用钢构件的术语和定义、产品分类、要求、试验方法、标志、运输、包装、贮存。本标准适用于家具产品中的钢构件	现行
DIN 68856-6-2004	家具五金件. 术语和定义. 第6部分: 橱柜悬架托架	Hardware for furniture – Terms and definitions – Part 6: Cabinet suspension brackets	德国标准化学会（DE-DIN）	2004-06	家具部件; 词汇; 五金件; 符号; 柜橱; 家具附件; 图形符号; 术语; 家具; 定义; 橱柜悬架托架; 吊架	N
DIN CEN/TR 15588—2011	家具五金. 铰链及其组件术语. 三种语言版本	Hardware for furniture – Terms for hinges and their components; Trilingual version CEN/TR 15588: 2007	德国标准化学会（DE-DIN）	2011-12	Definitions; English language; French language; Furniture; Furniture accessories; Furniture components; German language; Graphic representation; Hardware; Hinges; Terminology; Vocabulary	TR
DIN EN 15828—2011	家具五金. 垂直轴向转动的铰链及其部件的强度和耐久性; 德文版本 EN 15828-2010	Hardware for furniture – Strength and durability of hinges and their components – Stays and hinges pivoting on a horizontal axis; German version EN 15828: 2010	德国标准化学会（DE-DIN）	2011-01	Axis of rotation; Definitions; Dimensions; Durability; Fitness for purpose; Flaps; Furniture; Furniture accessories; Hardware; Hinges; Horizontal; Inspection; Locking pressure; Measurement; Measuring techniques; Specification (approval); Strength of materials; Test doors; Test reports; Testing; Testing conditions; Wood; Wood technology	N
DIN 68857—2004	家具五金件. 杯形铰链及其安装底板. 检验	Hardware for furniture – Cup hinges and their mounting plates – Requirements and testing	德国标准化学会（DE-DIN）	2004-06	五金件; 木材; 家具附件; 安装底板; 铰链; 木材技术; 家具; 试验; 定义; 规范（验收）; 检验（验收）; 杯形铰链; 尺寸; 测量; 锁紧压力; 试验门	N

续表

标准号	标准名称	英文名称	发布单位	发布日期	摘要	状态
EN 15570—2008	家具用五金件. 铰链及其部件的强度和耐久性. 垂直轴向转动的铰链	Hardware for furniture – Strength and durability of hinges and their components – Hinges pivoting on a vertical axis; German version EN 15570: 2008	德国标准化学会（DE–DIN）	2008–08	转动轴；腐蚀；腐蚀试验；定义；尺寸；耐久性；适用性；家具；家具附件；五金件；铰链；检验；锁紧压力；测量；性能；规范（验收）；试验门；试验报告；测试；试验条件；垂直；木材；木材技术	N
DIN EN 15706—2009	家具五金. 滑动门和滚动前门门的强度和耐久性	Hardware for furniture – Strength and durability of slide fittings for sliding doors and roll fronts; English version of DIN EN 15706: 2009–08	德国标准化学会（DE–DIN）	2009–08	耐腐蚀性；防腐蚀；定义；耐久性；五金件；水平的；五金（建筑）；过载试验；性能试验；滚动遮板；推拉门；吊链；小的铁制品；规范（验收）；材料强度；测试条件；试验条件；试验装置；可移动的；垂直；木材技术	N
BS PD CEN/TR 16015—2010	家具五金件. 锁紧机构术语	Hardware for furniture – Terms for locking mechanisms	英国标准学会（GB–BSI）	2010–05–31	This Technical Report specifies terms for all types of locking mechanisms for all fields of application. With the aid of figures it establishes different types, with the aim of facilitating comprehension of the technical language.	N
DIN 68856–5–1983	家具装配附件术语. 高度调节螺钉. 家具腿, 底架	Hardware for furniture; terms for furniture fittings; height adjusters, furniture legs, underframes	德国标准化学会（DE–DIN）	1983–08	五金件；家具附件；家具；支架；定义	N
BS PD CEN/TR 15349—2006	家具用五金件. 延伸件及其部件用术语	Hardware for furniture – Terms for extension elements and their components	英国标准学会（GB–BSI）	2006–03–31	This European Technical Report specifies terms for all types of extension elements and their components for all fields of application, except table extensions. With the aid of figures it establishes different types, with the aim of facilitating understanding the technical language.	N

附录 2　家具材料标准体系

家具材料种类繁多，涉及众多行业，而且随着成品家具的发展，很多新材料也越来越多地被应用于家具成品中。家具材料的快速发展以及品种的快速增长，使其在生产、销售、物流、展览、电子商务等方面不可避免地遇到了很多分类不清的难题，大大阻碍了家具材料的发展。因此有必要对其进行规范，使之能更好地符合市场的需求。根据 2016 年 7 月 1 日实施的国家标准《GB/T 32445—2015 家具用材料》分类中对家具材料分类和编码进行了规定。

（1）家具材料分类与编码原则

考虑角度不同，将导致分类的原则不尽相同，例如：从贸易的角度考虑，应利于采购，利于编码，利于施工和进程的应用；从用途的角度，则会更多地考虑模块化以及流程中工艺用途。而且，要进行一个科学的分类，还应该考虑市场的实用性以及和国家、行业标准的兼容性等问题。因此，要对家具材料进行一个较为科学和有效的分类，必须首先确认好家具材料分类的基本原则。

GB/T 32445—2015 标准中确认的家具材料分类的主要原则是按材料在家具加工工艺中不同的使用用途和材料属性不同两种方式结合考虑来对家具材料进行系统分类，将家具材料最多分为五个层次，每一层次逐步往下细分，按照现行市场需求最终分类到具体产品类别，并进行统一编码。一般是先按材料在家具加工工艺中不同的使用用途进行分类，再按材料属性进行分类，为减少分类的层次和便于分类扩展，某些材料种类中两种分类方式会交替进行。同时还考虑与现行标准的兼容性，以及和行业通用做法的一致性，并以满足市场为主，再做适当简化，而不是包罗万象。

在第一层次上，GB/T 32445—2015 标准按照家具的构造和工艺，将家具材料细分为家具用基材、家具用五金配饰件、家具用包覆材料、家具专用化工材料、家具用填充材料、家具用包装材料、其他七大类，基本包括了目前家具成品中所使用的各种原辅材料。在第二层次上，按照家具材料属性的不同，家具用基材细分为木质材料和非木质材料，其中木质材料主要包括木材、竹藤材和人造板材等，非木质材料主要包括金属、塑料、玻璃、石材等；家具用五金配饰件细分为金属类，即我们通常所说的五金件，以及非金属类的家具配件和装饰件；家具用包覆材料细分为皮革、纺织品、饰面材料、封边材料、其他等几类；家具专用化工材料分为涂料、胶黏剂、其他等几类；家具用填充材料分为海绵、蜂窝纸芯、棕丝、弹性带、弹簧、其他等几类；家具用包装材料细分为纸箱、木箱、胶带、胶袋、泡沫、护角、其他等。而第三、四层次则根据第二层次每种材料再按照上述两种原则进行细分，详见材料体系图和分类表所述。

GB/T 32445—2015 标准将家具材料最多细分到四个层次，每个层次用两位阿拉伯数字进行编码，第一层次用两位阿拉伯数字按升序进行编码，如：家具基材用 01 代表，家具五金配饰件用 02 代表；第二层次用四位阿拉伯数字进行编码，前两位为所在第一层次的对应编码，后两位在本层次中按升序进行编码，如：家具用基材中的木材用 0101 代表，人造板材用 0102 代表；以此类推，第四层次即用八位阿拉伯数字进行编码。

GB/T 32445—2015 标准分类中的每一层次根据需要设立了带有"其他"项，为了便于识别，原则上规定"其他"项的编码为"99"，以适应今后增加或调整类目需要。详见编码表。

（2）家具材料分类及编码表

层次及编码				家具材料名称	说明
一	二	三	四		
				家具基材	
	0101			木材	包括实木锯材和拼接板材
		010101		实木锯材	包括阔叶锯材和针叶锯材
			01010101	阔叶材	
			01010102	针叶材	
		010102		实木板材	又称实木拼板、集成材胶合板或指接板，是一种由实木材的短小料拼接而成的板材
	0102			人造板	
		010201		纤维板	指直接加工而成，没有进行涂饰、贴膜等二次加工的板材
			01020101	高密度纤维板	
			01020102	中密度纤维板	
			01020103	低密度纤维板	
		010202		刨花板	
			01020201	普通刨花板	
			01020299	其他刨花板	
01		010203		细木工板	
			01020301	饰面人造板	
		010204		胶合板	即三聚氰胺板
			01020401	普通胶合板	
			01020402	成型胶合板	
			01020499	其他胶合板	
		010205		饰面人造板	
			01020501	浸渍胶膜纸饰面	三聚氰胺板
			01020502	不饱和聚氨树脂装饰板	
			01020503	聚氯乙烯薄膜饰面板	
			01020504	装饰单板贴面人造板	
			01020599	其他饰面人造板	
		010206		空芯板	
			01020601	蜂窝板	
			01020699	其他空芯板	
		010207	01020700	单板层积材	
		010208	01020800	重组装饰板	
		010299	01029900	其他人造板	

续表

层次及编码				家具材料名称	说明
一	二	三	四		
	0103			复合板	
		010301	01030100	铝塑复合板	
		010302	01030200	塑木复合板	
		010399	01039900	其他复合板	
	0104			金属	
		010401		钢材	
			01040101	碳素钢	
			01040102	合金钢	
			01040103	特殊钢	
		010402		铁材	
			01040201	铸铁	
			01040202	锻铁	
		010403		铝材	
			01040301	铝板	
			01040302	铝合金	
01		010404		铜材	
			01040401	纯铜	
			01040402	铜合金	
		010499	01049900	其他金属	
	0105			塑料	
		010501	01050100	聚乙烯	俗称 PE
		010502	01050200	丙烯青－丁二烯－苯乙烯共聚合物	俗称 ABS
		010503	01050300	聚氯乙烯	俗称 PVC
		010504	01050400	聚丙烯	俗称 PP
		010505	01050500	聚苯乙烯	俗称 PS
		010506	01050600	聚酰胺	尼龙
		010507	01050700	发泡塑料	
		010508	01050800	聚基丙烯酸甲酯	PMMA、有机玻璃、亚克力
		010509	01050900	玻璃纤维增强塑料	玻璃钢
		010599	01059900	其他塑料	

续表

层次及编码				家具材料名称	说明
一	二	三	四		
	0106			玻璃	
		010601	01060100	平板玻璃	
		010602	01060200	钢化玻璃	
		010603	01060300	半钢化玻璃	
		010604	01060400	热弯玻璃	
		010699	01069900	其他玻璃	
	0107			石材	
		010701		天然石材	
			01070101	大理石	
			01070102	花岗岩	
			01070199	其他天然石材	
		010702		人造石材	
			01070201	树脂人造石	
			01070202	复合型人造石	
			01070203	烧结人造石	
01			01070299	其他人造石	
	0108			竹材	
		010801	01080100	原竹	
		010802	01080200	竹材人造板	
		010803	01080300	竹集成材	
		010804	01080400	重组竹	
		010899	01089900	其他竹材	
	0109			藤材	
		010901	01090100	原藤条	
		010902	01090200	磨皮藤条	
		010903	01090300	藤芯	
		010904	01090400	藤皮	
		010999	01099900	其他藤材	
	0110	011000	01100000	陶瓷	
	0199	019900	01990000	其他基材	

续表

层次及编码				家具材料名称	说明
一	二	三	四		
				家具五金及配件	
	0201			紧固件	标准件
		020101	02010100	螺钉	
		020102	02010200	螺栓	
		020103	02010300	螺母	
		020104	02010400	螺柱	
		020105	02010500	枪钉	
		020106	02010600	钉子	
		020107	02010700	扳扣	
		020108	02010800	铆钉	
		020109	02010900	挡圈	
		020110	02011000	垫圈	
		020199	02019900	其他紧固件	
	0202			连接件	按 GB/T 28203—2011 进行分类
		020201		偏心连接件	
			02020101	三合一偏心连接件	
			02020102	层板偏心连接件	
02			02020199	其他偏心连接件	
		020202	02020200	插接榫	木榫
		020203	02020300	L 型连接件	
		020204	02020400	层板销	
		020299	02029900	其他连接件	
	0203			位置保持装置	
		020301	02030100	门扣	门吸、门碰
		020302	02030200	床调节拍器	
		020303	02030300	背扣板	
		020304	02030400	限位卡	
		020399	02039900	其他位置保持装置	
	0204			铰链	
		020401		暗铰链	
			02040101	普通杯状暗铰链	
			02040102	液压式杯状暗铰链	
			02040199	其他暗铰链	
		020402	02040200	排铰链	

续表

层次及编码				家具材料名称	说明
一	二	三	四		
		020403	02040300	门头铰	
		020404	02040400	玻璃门铰	
		020405	02040500	合页	
		020499	02049900	其他铰链	
	0205			导轨	
		020501		抽屉导轨	
			02050101	托底导轨	
			02050102	滚珠导轨	
			02050103	液压导轨	
			02050104	木导轨	
			02050199	其他抽屉导轨	
		020502	02050200	移门导轨	
		020503	02050300	桌面伸拉导轨	
		020599	02059900	其他导轨	
	0206			高度调整装置	
		020601	02060100	沙发脚	
		020602	02060200	可调整脚架	
		020603	02060300	支架	
02		020604	02060400	座椅底架	
		020605	02060500	脚钉	
		020606	02060600	脚垫	
		020607	02060700	液压升降杆	
		020699	02069900	其他高度调整装置	
	0207			支承件	
		020701	02070100	吊撑	用于支撑吊柜
		020702	02070200	搁板座	
		020703	02070300	衣架座	
		020704	02070400	衣杆	
		020705	02070500	层板托	
		020799	02079900	其他支承件	
	0208	020800	02080000	拉手	
	0209	020900	02090000	脚轮	
		020901	02090100	定向脚轮	
		020902	02090200	万向脚轮	

续表

层次及编码				家具材料名称	说明
一	二	三	四		
		020903	02090300	衣架座	
	0210			锁具	
		021001	02100100	弹子锁	
		021002	02100200	弹簧锁	
		021003	02100300	叶片锁	
		021004	02100400	智能锁	
		021099	02109900	其他锁具	
	0299			其他五金配件	
02		029901	02990100	平衡调节器	
		029902	02990200	角码	
		029903	02990300	挂钩	
		029904	02990400	吊篮	
		029905	02990500	转盘	
		029906	02990600	防倒器	
		029907	02990700	领带架	
		029908	02990800	裤架	
		029909	02990900	弹簧扣	
		029999	02999900	其他	
				家具包覆材料	
	0301			皮革	
		030101		真皮	
			03010101	牛皮	
			03010102	猪皮	
			03010103	羊皮	
			03010199	其他真皮	
03		030102		再生皮	是利用回收的皮革边角碎料加工而成的产品
		030103		人造革	
			03010301	聚氯乙烯人造革	即 PVC 人造革
			03010302	聚氨酯干法人造革	即 PU 人造革
			03010303	聚氨酯人造革	
			03010304	聚氨酯束状超细纤维合成革	即超纤皮
			03010399	其他人造革	
	0302			纤维织物	纺织品

续表

层次及编码				家具材料名称	说明
一	二	三	四		
		030201	03020100	天然织物	包括棉、麻、草编制品等天然织物
03		030202	03020200	化学纤维	
	0399			其他包覆材料	
04				家具饰面及封边材料	
	0401			家具饰面材料	
		040101		薄木	木皮
			04010101	天然薄木	
			04010201	重组装饰薄木	薄木、科技木
		040102	04010200	装饰纸	
		040103	04010300	预油漆纸	
		040104	04010400	浸渍胶膜纸	三聚氰胺
		040105	04010500	固化性树脂浸渍高压装饰层积板	HPL、塑料贴面板、防火板
		040106	04010600	转印薄膜	
		040107	04010700	金属箔	
		040199	04019900	其他贴面材料	
	0402			封边材料	封边条
		040201	04020100	实木封边条	
		040202	04020200	三聚氰胺封边条	
		040203	04020300	塑料封边条	PVC
		040299	04029900	其他封边材料	
	0499	049900	04990000	其他包覆材料	
05				家具用涂料	参照 GB/T 2705—2003 确立的方式进行分类
	0501			溶剂型涂料	
		050101	05010100	醇酸涂料	
		050102	05010200	聚氨酯涂料	俗称 PU 漆
		050103	05010300	不饱和聚酯涂料	俗称 PE 漆
		050104	05010400	硝基涂料	俗称 NC 漆
		050105	05010500	酸固化涂料	俗称 AC 漆
		050199	05019900	其他溶剂型涂料	
	0502			水性涂料	
		050201	05020100	水性丙烯酸涂料	水性 PA 漆
		050202	05020200	水性聚氨酯涂料	水性 PU 漆

续表

一	二	三	四	家具材料名称	说明
		050203	05020300	水性丙烯酸－聚氨酯涂料	水性 PUA 漆
		050204	05020400	水性光固化涂料	水性 UV 漆
		050299	05029900	其他水性涂料	
	0503	050300	05030000	光固化涂料	UV 漆
	0504			天然漆	
		050401	05040100	大漆	生漆、中国漆
		050402	05040200	虫胶漆	
		050403	05040300	桐油	
		050499	05049900	其他天然漆	
05	0505	050500	05050000	粉末涂料	
	0506	050600	05060000	蜡	
	0507			涂料用辅助材料	
		050701	05070100	染料	
		050702	05070200	助剂	
			05070201	固化剂	
			05070299	其他固化剂	
		050703	05070300	颜料	
		050704	05070400	溶剂	
			05070401	稀释剂	
			05070499	其他溶剂	
	0599	0509900	05990000	其他家具用涂料	
				家具用胶黏剂	
	0601			溶剂型胶黏剂	
		060101	06010100	聚醋酸乙烯乳液胶黏剂	白乳胶
		060102	06010200	乙烯－醋酸乙烯共聚树脂胶黏剂	EVA 热熔胶
		060103	06010300	环氧树脂胶黏剂	
		060104	06010400	氯丁橡胶胶黏剂	
06		060105	06010500	脲醛树脂胶黏剂	UF 胶
		060106	06010600	SBS 胶黏剂	
		060107	06010700	聚氨酯类胶黏剂	
		060199	06019900	其他溶剂型胶黏剂	
	0602			水基型胶黏剂	
		060201	06020100	水性聚氨酯胶黏剂	
		060299	06029900	其他水性胶黏剂	
	0699	069900	06990000	其他家具用胶黏剂	

续表

层次及编码				家具材料名称	说明
一	二	三	四		
				家具填充材料	
	0701			软质泡沫聚合材料	海绵
		070101	07010100	聚氨酯海绵	定型海绵
		070102	07010200	聚醚发泡海绵	发泡海绵
		070103	07010300	天然乳胶发泡海绵	橡胶海绵
		070104	07010400	再生海绵	
		070199	07019900	其他海绵	由海绵碎料拼接而成的
	0702	070200	07020000	棕丝	
	0703	070300	07030000	弹簧	
		070301	07030100	蛇簧	
07		070302	07030200	塔簧	
		070399	07039900	其他弹簧	
	0704	070400	07040000	弹性带	松紧带
	0705	070500	07050000	羽绒	
	0706	070600	07060000	化纤棉	
	0707	070700	07070000	植物棉	
	0708	070800	07080000	蜂窝纸	
	0709	070900	07090000	蜂窝铝	
	0799	079900	07990000	其他家具填充材料	
				家具包装材料	指用于包装成品家具的材料
	0801	080100	08010000	包装绳	
	0802	080200	08020000	胶带	
	0803	080300	08030000	木箱	
	0804	080400	08040000	木架	
	0805	080500	08050000	纸箱	
	0806	080600	08060000	编织袋	
	0807	080700	08070000	护角	
08	0808	080800	08080000	珍珠棉	
	0809	080900	08090000	瓦楞纸	
	0810	081000	08100000	泡沫塑料	
		081001	08100100	硬质泡沫塑料	
		081002	08100200	软质泡沫塑料	
	0811	081100	08110000	气泡袋	
	0812	081200	08120000	塑料薄膜	
	0899	089900	08990000	其他家具包装材料	

（3）家具材料体系图

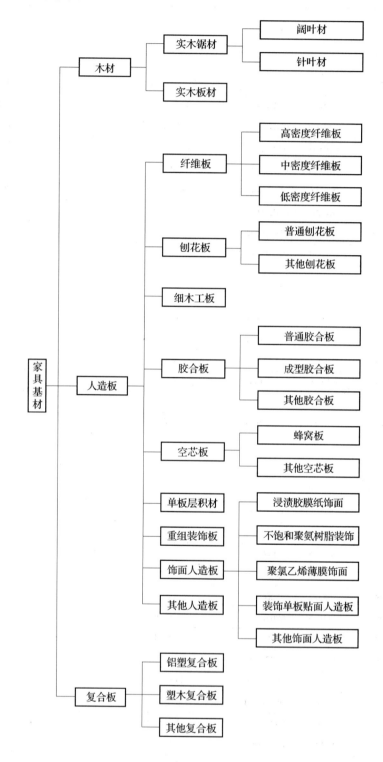

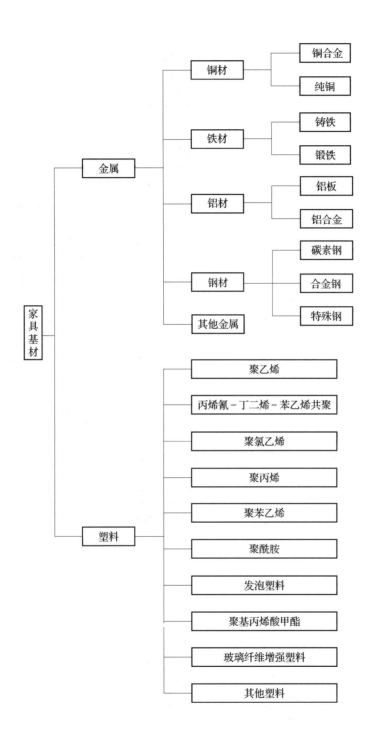

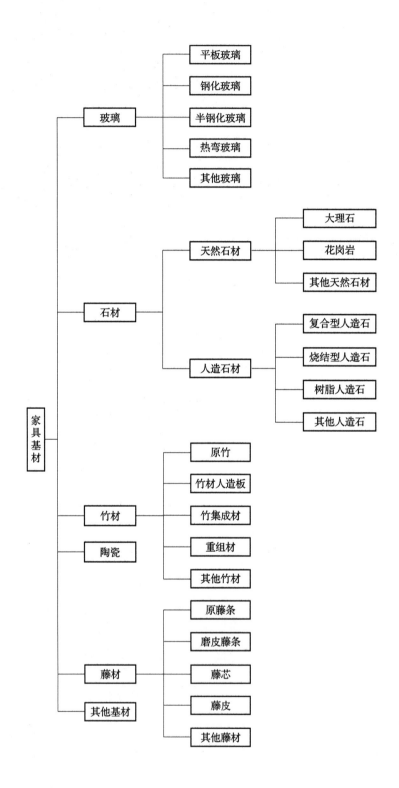

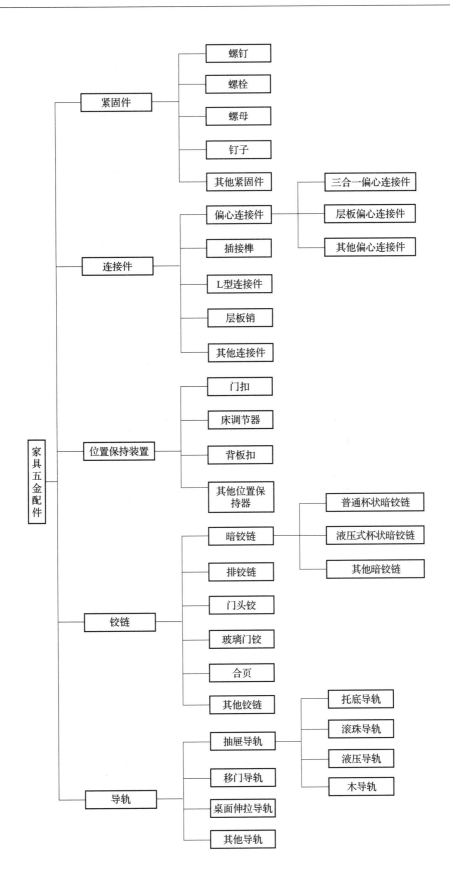

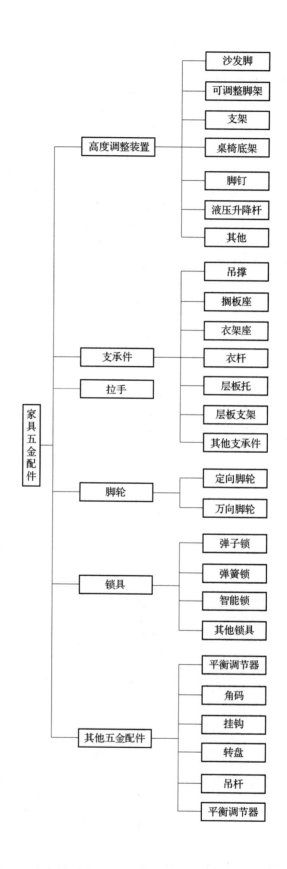

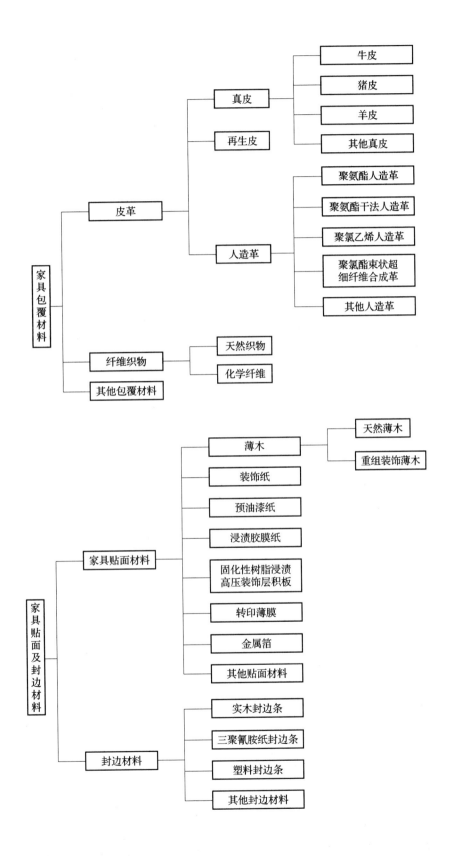

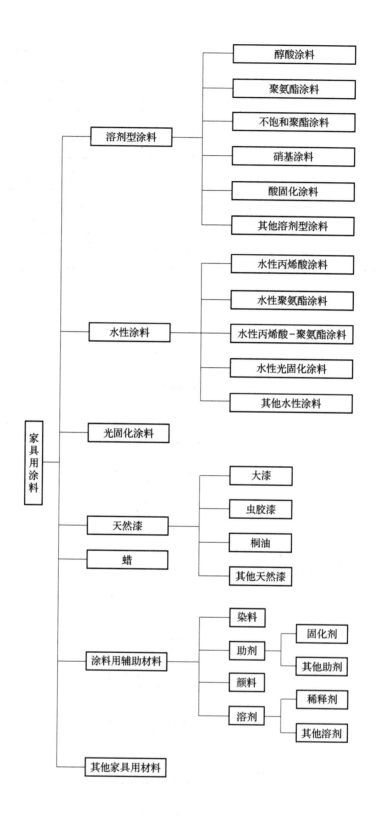

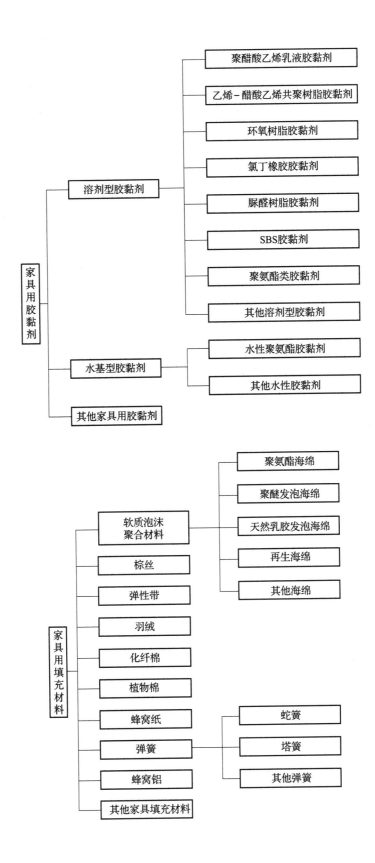

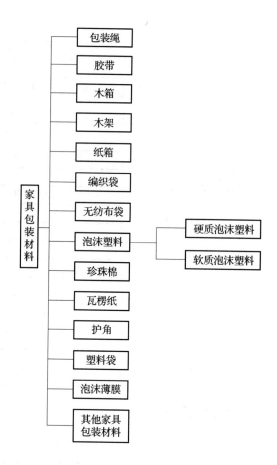

参 考 文 献

［1］ 杨艳红. 基于模块化的板式家具研究［D］. 陕西：西北农业科技大学，2006.

［2］ 李雪莲. 家具模块化设计方法与设计实务［D］. 江苏：南京林业大学，2007.

［3］ 崔续娟. 板式家具偏心连接件性能研究［D］. 江苏：南京林业大学，2006.

［4］ 王道静. 家具五金发展及无框蜂窝板家具专用五金件研究［D］. 江苏：南京林业大学，2011.

［5］ 唐艳. 人体工程学的厨房系统设计研究［D］. 湖南：中南林业科技大学，2007.

［6］ 董宏敢，邵卓平. 在实木家具结构中圆棒榫的强度分析［J］. 木材工业，2007，21（2）：28～40.

［7］ 刘晓红，江功南. 板式家具制造技术及应用［M］. 北京：高等教育出版社，2010.

［8］ 张继娟. 整体橱柜翻门的结构设计与安装方法［J］. 林产工业，2014（05）.

［9］ 李建胡. 板式家具抽屉生产工艺及专用数控设备研究［D］. 哈尔滨：东北林业大学. 2010.

［10］ 阮长江. 中国历代家具图录大全［M］. 江苏：江苏美术出版社，1992.

［11］ 朱家溍. 明清家具上［M］. 上海：上海科学技术出版社，商务印书馆（香港），2002.

［12］ 朱家溍. 明清家具下［M］. 上海：上海科学技术出版社，商务印书馆（香港），2002.

［13］ 菲利斯·贝内特·奥茨. 西方家具演变史——风格与样式［M］. 北京：中国建筑工业出版社，1999.

［14］ 莱斯利·皮娜家具史：公元前3000—2000年［M］. 吴智慧，吕九芳等，译. 北京：中国林业出版社，2008.

［15］ 范金民. 千年图，八百主：王齐翰《勘书图》的流转［J］. 南京大学学报（哲学人文科学社会科学版）.

［16］ 刘晓红. 板式家具的标准化探析［J］. 木材工业，2004，18（4）：20 - 23.

［17］ 张继娟，张绍明. 整体橱柜设计与制造［M］. 北京：中国林业出版社，2016.

［18］ 刘晓红，刘耀国. 家具企业的标准化建设——第一讲：家具企业实施标准化的意义和作用家具［J］. 家具，2006，1：66 - 69.

［19］ www. hettich. com/cn

［20］ www. blum. com/cn/zh/

［21］ 海蒂诗家具配件（上海）有限公司. 海蒂诗家具配件产品手册［M］.

［22］ 奥地利优利思百隆有限公司. 产品手册［M］. 2016/2017.

［23］ 广东安帝斯智能家具组件有限公司. 产品手册［M］.